生态文明教程

周 琼 杜香玉 编著

U0252148

中国环境出版集团·北京

图书在版编目（CIP）数据

生态文明教程/周琼，杜香玉编著. —北京：中国环境出
版集团，2023.11
ISBN 978-7-5111-5428-6

Ⅰ. ①生… Ⅱ. ①周…②杜… Ⅲ. ①生态环境建
设—中国—高等学校—教材 Ⅳ. ①X321.2

中国国家版本馆 CIP 数据核字（2023）第 020639 号

出 版 人	武德凯
责任编辑	孙 莉 李恩军
封面设计	岳 帅

出版发行	中国环境出版集团
	（100062 北京市东城区广渠门内大街 16 号）
	网 址：http://www.cesp.com.cn
	电子邮箱：bjgl@cesp.com.cn
	联系电话：010-67112765（编辑管理部）
	发行热线：010-67125803，010-67113405（传真）
印 刷	北京中献拓方科技发展有限公司
经 销	各地新华书店
版 次	2023 年 11 月第 1 版
印 次	2023 年 11 月第 1 次印刷
开 本	787×1092 1/16
印 张	19.5
字 数	300 千字
定 价	75.00 元

中国环境出版集团郑重承诺：
中国环境出版集团合作的印刷单位、材料单位均具有中国环境标志产品认证。

编委会

前　言

　　地球每个区域生态环境的变迁，都能对周边及整个地球的生态系统稳定造成不同程度的影响，并与人类未来的命运息息相关，人类命运共同体成为当今时代的主题，而生态命运共同体是人类命运共同体承载及发展的基础。生态文明时代已经来临，拥有文明而稳定的生态系统并良性发展，成为每个地球人共同的理念及发展需求。

　　但生态环境及生态系统对人类生存及发展的重要性，往往在经济、政治利益面前显得微乎其微，城市化的扩展及乡村的发展需求、工业废水及废气的排放、海陆空交通体系的无尽延伸、国际化及其贸易体系的超速发展、现代各类争端乃至战争等，都对不同区域的生态造成了毁灭性的破坏。究其原因，是生态系统的存在及其对人类的重要影响还没有深入每个人的思想意识里，大家潜意识里都觉得为我们提供生存资源的生态环境，总是自然就存在的。只要需要就会有理所当然的惯常心态，让大家选择性地遗忘，并漠视了一次次生态灾难的严重后果。

　　再究其原因，是生态及其文明发展的紧迫性、必需性尚未深入到人们的思想意识里，且尚未形成生态及环境至关重要的意识，更未形成以生态意识支配人类行为，并成为社会发展规则及日常生活习惯准则的意识及行动。而生态文明的思想、意识、理念及素养，并不是人们受到高等教育了、经济生活富裕了、国家地位提高了就会突然具备的，更不是与生俱来的，而是需要经过后天教育、规范来培养和养成的。而培养生态文明理念及素养的途径就是教育。这就是我和我们的团队一直呼吁、提倡生态文明教育要纳入国民教育体系的原因。2016 年，生态文明教育要纳入国民教育体系作为议案由人大代表何严萍教授提交给全国人大并得到了批复。再后来，由于生态文明建设及其教育的重要性，最终得到了六大部门及国家的认可及推进，即 2021 年 3 月，生态环境部、中央宣传部、中央文明办、教育部、共青团中央、全国妇联六部门发布《"美丽中国，我是行动者"提升公民生态文明意识行动计划（2021—2025 年）》（以下简称《行动计划》），《行动计划》明确提出：推进生态文明学校教育，将生态文明教育纳入国民教育体系，完善生态环境保护学科建设，加大生态环境保护高层次人才培养力度，积极推进生态文明教育法律规范建设。同时，加强生态文明社会教育，加强生态环境法律宣传教育，推进生态文明教育进家庭、进社区、进工厂、进机关、进农村，提升各类人群的生态文明意识和环保科学素养。而《行动计划》的发布及推进，进一步明确并奠定了生态文明教育在中国教育体系中的地位及作用，促使我们早就在筹划的生态文明教材的编写提上了日程。

中国目前倡导的生态文明建设及生态命运共同体、人类命运共同体的理念，不仅是中国在未来以生态为关键词的世界发展格局中要宣传的理念及要承担的环境责任，也是地球生态环境稳定且良性演替，尤其是各类生物之间及其与各类非生物共生的终极目标。生态文明教育及其理念的普及，亟须一部统领性的基础教材来实现。编写这部教材的努力及相关工作的目的，就是服务于国家战略、服务于高校生态文明教育及人才培养的现实需求。

进入 21 世纪以来，随着全球化进程的加快，人类社会面临着全球气候变暖、生物多样性锐减、物种入侵、自然资源耗竭、水土流失、环境污染等多方面的生态危机，如何实现环境—经济—社会的可持续发展已经成为世界各国广为关注的热点话题。在全球环境进一步恶化和能源危机的大背景下，中国已然在全球生态危机及环境问题的解决中，勇敢地承担起了大国的责任及理念导向。要真正承担起这个责任，完成这个任务，不仅中国的教育界、学术界及政府应该做出努力，每个中国公民也应该努力。此刻，想必大家都已经意识到了，编写、出版一部展现生态文明基础理念及其推进实施进程的教材，就成为这个桥梁上最为关键的一环。

2007 年，党的十七大报告中首次提出，建设生态文明，基本形成节约能源资源和保护生态环境的产业结构、增长方式、消费模式；循环经济形成较大规模，可再生能源比重显著上升；主要污染物排放得到有效控制，生态环境质量明显改善。2012 年，党的十八大报告将生态文明建设纳入"五位一体"总体布局，提出建设生态文明，是关系人民福祉、关乎民族未来的长远大计。面对资源约束趋紧、环境污染严重、生态系统退化的严峻形势，必须树立尊重自然、顺应自然、保护自然的生态文明理念，把生态文明建设放在突出地位，融入经济建设、政治建设、文化建设、社会建设各方面和全过程，努力建设美丽中国，实现中华民族永续发展。

2017 年，党的十九大报告中进一步指出，我们要建设的现代化是人与自然和谐共生的现代化，既要创造更多物质财富和精神财富以满足人民日益增长的美好生活需要，也要提供更多优质生态产品以满足人民日益增长的优美生态环境需要；必须坚持节约优先、保护优先、自然恢复为主的方针，形成节约资源和保护环境的空间格局、产业结构、生产方式、生活方式，还自然以宁静、和谐、美丽。这是对生态文明建设提出的新论断、新方向，这一论断成为新时代坚持和发展中国特色社会主义基本方略的重要组成部分。我们编写的生态文明教材，也是以此为基调，以服务国家战略及社会现实需求为主旨。

生态文明建设是一场涉及生产方式、生活方式、思维方式和价值观念的革命性变革。坚持生态文明建设全球共建共享，构建生态命运共同体和人类命运共同体。要建设一个生态安全、生态宜居的美丽中国，就要充分凝聚生态文明建设的整体合力，努力提高全社会对生态文明的认识，深入开展生态文明知识的宣传教育及普及活动，强化低碳节能、循环节约、绿色环保理念，适时加强社会公德教育，倡导低碳、循环、绿色、文明生产生活方式，推进良好习惯养成，提高社会公众整体文明素质，使崇尚自然、善待生命、保护环境、节约资源成为社会风尚和道德规范，培育形成生态文明价值观，创造人人自觉投身生态文明建设实践的社会氛围。这部教材，就是想通过高等教育的培养，让生态文明意识及理念深入人心，尤其是深入将会对未来产生重要影响的知识群体及精英群体的思想意识中。

2016 年、2018 年我们先后举办了两期生态文明研究生暑期论坛，就是为了在高校研究生中培养一批理念先行、学术先行的精英人才，以更好地为即将到来的生态文明时代培养高端的、具有家国生态责任及创新理念的新型人才。随着生态文明建设的开展，社会对具有生态文明基础知识及思想的专业人才显示出了极大需求，而目前各高校生态文明人才的培养教育工作相对滞后，因此，2015—2021 年，我在云南大学开设全校性素质选修课《生态文明建设与绿色发展》，目的也是在中国生态文明高等教育中做一点力所能及的工作。现在编写生态文明教材，倡导生态文明教育，最根本的目的就是充分发挥全国各高校学生在生态文明建设中的引领及积极示范作用。加强大学生生态文明教育已经成为时代的需求。

高校是培育社会英才的重要基地，是社会先进文化、先进思想的孵化器，高校的任务是"教书育人，树人铸魂"。高校的本科生、硕士及博士研究生一般都能掌握丰富的基础知识及较高的技能，他们中的少部分人具备了较高的理论素养，绝大部分处在人生发展及思想转型的黄金时期，唯有在教学中充分调动高校学生建设生态文明的主动性、积极性、创造性，培养出具有生态文明素养的、能为中华民族可持续发展千年大计贡献自己力量的年青一代，中国才能在全球生态命运共同体的建设中做出成绩。

这部教材力图立足于国际视野，全面梳理人类文明的演进历程，对全球生态危机现状、根源、影响进行总结及分析，阐释生态文明孕育的条件及手段，并针对中国生态文明建设的历史进程及现实要求进行系统探讨，通过古代、近代、现当代三个发展阶段，明晰中国生态文明建设的紧迫性、必要性及艰巨性；通过界定生态文明及生态文明建设的概念及内涵，准确把握生态文明建设的时代意义；重点对生态文明建设的思想基础、目标、制度体系进行阐释，从自然资源管理、生物多样性保护、流域生态文明建设、生态文化构建、生态产业发展、生态城市建设、美丽宜居乡村建设、生态安全屏障建设、国际生态合作等维度，深入探讨其在生态文明建设中所发挥的作用。最后，为推进全球生态文明建设理念的普及以及行动的展开，高举共建地球生命共同体的旗帜，对其概念、内涵、意义、原则及实践路径进行了具体探讨。

本书的编写及随后的运用，希望为高校生态文明教育及人才培养，为学生学习生态文明基础知识，也为相关政府部门、科研机构提供一定的理论与实践指导，当然也希望对中国生态文明建设的理论研究及实践工作，起到积极有益的借鉴作用。同时，也希望能对全球生态文明建设的推进、对全球生态文明教育的开展，起到积极而有益的推动作用。

编　者

2023 年 11 月

目 录

第一章 人类文明的演进历程

人类是生态环境的产物，其生存需要依靠生态环境，发展也离不开自然生态。在与自然的相处中，人类也在不断地通过改变生存方式来改造这自然，以便更好地服务于自己。生存方式的改变主要是通过改变生产方式实现的，而不同的生产方式又决定了人类社会的文明类型。迄今为止，以生产方式为标准划分，人类文明已经经历了原始文明、农业文明、工业文明并正处于生态文明阶段。

第一节 原始文明

原始文明是人类文明的第一阶段。面对强大而又神秘的自然界，人类和其他生物一样，依靠大自然的馈赠得以生存。这一时期，在人与自然的关系中，自然处于主导地位，人生活在其中，对自然的开发和利用能力都十分有限。在当时，人类的生产工具简陋，采集和捕猎是其主要的生产生活方式。

一、采集渔猎

大约 300 万年前，人类从类人猿进化出来，是地球史上一次重大变革。采集和渔猎是人类最早的一种生活方式，也是原始人类主要的生产生活方式。同生活在地球上的其他生物群体一样，原始人类完全依赖自然界中现成的食物及其他生物资源，借助简陋的工具，采集野生植物的根茎、果实、花叶等作为食物的主要来源。因此，原始人类经常会选择生存资源较为丰富的地区，如河流、谷地，这些地方气候适宜，动植物资源丰富，人们容易获得生存和生活所需的资源。但是四季的变化会出现季节性食物短缺的情况，导致饥荒的出现。

在当时，人类活动对大自然的影响非常微弱，正如马克思所说："自然界起初是作为一种完全异己的、有无限威力和不可制服的力量与人们对立的，人们同自然的关系完全像动物同自然界的关系一样，人们就像畜生一样慑服于自然界，因而，这是对自然界的一种纯粹动物式的意识"①，生态环境的变化几乎完全是大自然自身运动的结果。然而，人之所以为人，是因为它能够制作工具，使用符号，具有文化能力，能够利用文化手段开展有目标的劳动，谋取所需的生活资料，这与其他动物完全依靠自然本能觅食有着根本性的差异②。在与自然的不断交往过程中，人类通过不断地探索，对自然的认识和利用能力不断提高，首先是生存技术逐渐取得进步。

人们开始借助石器、骨器、陶器等较为简陋的工具来捉一些兽类和鱼虾等作为食物补给，在旧石器时代考古遗存中也有发现。考古学家认为，石器中，渔猎工具及与渔猎有关的用具占多数。小石器中常见器形有尖状器、投射器、雕刻器、小刮器和石镞等。这些器形有的直接与渔猎生产有关，如石铁、投射器等；有的则与割裂兽皮、切断筋肉有关，如部分小尖状器和小刮器③。石器的出现，使得渔猎采集得到进一步的发展。但是火的使用是人类生存方式的重大转折，也被认为是人类进入文明的开端。

在原始社会，面对异常强大的自然界，人类力量是非常微弱的，常常面临寒冷、野兽、疾病等的威胁。火的使用，极大地改变了人类的生活方式。《韩非子·五蠹》记载："上古之世……民食果、蓏、蚌、蛤，腥臊恶臭而伤害腹胃，民多疾病。有圣人作，钻燧取火以化腥臊，而民悦之，使王天下，号之曰燧人氏"④。人类最早对火的使用，是无意中发现，在电闪雷鸣后，自然火将树木点燃，大火熄灭之后，留下一些被烧死的动物和被烧熟的植物。原始人类捡起这些动物和植物，尝试着品尝，感到味道比未经烧过的食物更加美味，并且吃熟食之后，也更利于消化，增强了人们的体质。火的使用也起到了防御野兽的作用。因此，人类开始学

① 马克思，恩格斯. 马克思恩格斯选集：第一卷[M]. 北京：人民出版社，1995：81-82.
② 王利华. 中国环境通史：第一卷[M]. 北京：中国环境出版集团，2019：26.
③ 张之恒. 考古学通论[M]. 南京：南京大学出版社，1991：92.
④ 韩非. 韩非子：第十九卷[M]. 上海：上海古籍出版社，1989：152.

着保存火种，进而开始人工取火。恩格斯曾说："摩擦生火第一次使人支配了一种自然力，从而最终把人同动物界分开"[①]。

火石工具组合使古人类逐渐易于实现自身的生存安全追求。火使古人类能够吃到熟食、防御野兽蚊虫的攻击、取暖以避免严寒环境、祛除湿气以防止疾病滋生；旧石器工具使古人类能够挖掘块根类植物、采集野生谷物、获取更多渔猎产品；将滚烫的石子投入装水的容器可以使古人类喝到开水，石烹法成为最早的饮食方式[②]。但是这些工具的使用，并未从根本上改变这一时期自然占据主导地位的现状。人类最初从自然界中分化出来，是由于不可抗拒的自然力量，而非人类有意识的自觉行为。因而，当人与自然界的关系问题摆在人类祖先面前时，他们并没有把自身作为从自然界中脱离出来并与之对立的存在物看待；在他们的思维中，人与自然是处于浑然一体的状态[③]。人类的前文明时代是蒙昧和野蛮的，人类完全依靠从生态系统中取得天然生活资料维持生存，如采集野果和昆虫，用简单的石器等工具猎杀野兽。这种活动对大自然的影响，与强大的自然资源相比，则是微不足道的。

原始人与生态系统中的其他生物及其环境也存在矛盾。比如，由于火的发明和生产工具的改进，大大加强了采集、狩猎等活动的影响，这就有可能使某些动植物资源由于过度消耗，再生能力受到损害，甚至造成食物链环的缺损，但这种矛盾从根本上说，属于生态系统内部的矛盾，表现为一种自然生态过程[④]。这一时期，人类活动主要是顺应自然，对自然的改造意识不强，自然环境对人类活动具有巨大的约束力。由于活动范围有限，可供采集和渔猎的生物资源十分有限，往往因采集和渔猎过度引起生物资源枯竭，于是产生了食物危机，这是人类活动直接影响产生的环境问题。食物危机迫使古人类迁移，而迁移的结果又往往使新的地区生物资源枯竭[⑤]。但是，这时人类对生态环境的影响力是微不足道的，对自然的改造也只是局部的。

① 恩格斯. 反杜林论[M]. 北京：人民出版社，1970：112.
② 赵越云，樊志民. 中国前农业时期古人类的文明化进程探析[J]. 科技思想史，2016（12）.
③ 任金秋. 人类自然观辩证演进过程的历史反思[J]. 内蒙古大学学报（人文社会科学版），1999（3）.
④ 徐春. 生态文明在人类文明中的地位[J]. 中国人民大学学报，2010（2）.
⑤ 卞文娟. 生态文明与绿色发展[M]. 南京：南京大学出版社，2009：4.

二、畜牧养殖

驯化野生动植物是人类历史的分水岭，畜养牲口是发展复杂社会结构、控制自然环境的必要条件。距今 1 万年前，由于狩猎技术和石器加工技术的进步，一些部族开始从狩猎采集生活向农耕畜牧生活过渡。总体看来，居住在草原地带的部族大都向畜牧生活过渡，居住在山泽、丘陵地带的部族大都向农耕生活过渡。目前发现最早反映农耕畜牧生活的遗迹，位于西亚"新月形"地区附近的一些山麓地带。在大约公元前 6500 年的西亚查尔莫遗迹中，出土了原始大麦和小麦种子以及用黑曜石、燧石制成的石锹、石杵等工具，还发现了大量的山羊、绵羊、狗等家畜及尚未被驯化的猪、牛、马等动物遗骨，说明这些地方已经在向饲养家畜过渡。

动物的饲养是从狩猎发展而来的。狩猎是不稳定的，有时收获多，有时收获少。生存使人类必须贮存食物，而除了将狩猎所得烘烤晒干之外，将它们养起来是最好的贮存办法。成年的动物不好养，而捉到的幼年动物或捉到怀孕的动物喂养时生下的那些小动物，则容易驯养一些。驯养时间长了以后，动物失去野性，习惯于圈养生活，便成了家畜。原始农业的动植物驯化技术主要从三个方面来体现：一是进行选择性畜养和种植。在采猎过程中逐渐将采猎的对象集中在某些动物和植物上，而后选择其中效益好的动植物进行培养。首先是地点控制，将动物用栅栏围起来，将植物种在宅地附近。二是控制性的动物和植物培育，即在人工干预下，创造人工条件，并选优去劣，使优良的品性保存、强化。三是动植物品种的形成。经长期选择、控制、定向培养，使一些动植物成为家畜和作物，并分化出许多品种①。

最早被人类驯化的是犬，大约公元前 1.2 万年在欧洲被驯化，主要是将其作为猎人的助手。牛是公元前 8000 年前后在现土耳其一带被驯化的，公元前 6000 年前后水牛在中国南方被驯化；绵羊是公元前 7000 年前后在西亚的沙漠绿洲中被驯化的，山羊的驯化时间和地区与绵羊差不多；猪以中国和西亚驯化最早，大约在

---

① 李中东. 中国农业可持续发展技术概论[M]. 北京：中国财政经济出版社，2002：26.

公元前 7000 年；马一般认为驯化较晚，可能于公元前 3000 年前后在亚洲中部的草原上进行驯化，并用作运输工具，世界上现存的野马分布在阿尔泰山两侧的草原上①。

畜牧业的发明和种植业发明一样，是人类历史上的一项重大革命，由此，人类摆脱了完全依赖自然的状况，极大地提高了自身的生存能力，人们可以有选择地从事食物的生产活动，改变了纯粹靠天吃饭的生活格局，有了相对稳定的食物来源和相对可靠的生活保障，从而奠定了人类文明发展和进步的物质基础，人类进入了一个全新的历史时期。畜牧业养殖虽然极大地缓解了人类的温饱问题，改善了人们的饮食结构，有利于人的发展，但是对各民族而言，人口控制的主要因素是疾病。在自然状态的生物中，疾病是少见的。人类对动植物驯化之后，与驯化动植物的伴生、杂处，为疾病的演化和传播创造了有利条件，使之成为有史以来人类的头号杀手。畜牧业养殖也会影响人类的居住环境，被驯养的动物往往会与人杂居在一起，动物的粪便会污染人居环境。

总体来看，原始文明时期，人与自然的相处过程中，自然占据主导地位，人类对生态环境的改变能力较小，生态环境的变化主要源于自然本身，生态环境的破坏也只是局部的，未超出自然的自我修复能力。

第二节　农业文明

农业文明是人类文明的第二个历史形态。人们不再只依赖于自然界，开始有意识地创造条件来满足自身的生存和生活，人类社会进入了一个新的发展阶段，实现了人类对自然的初步开发。人们开始使用畜力和金属器具，极大地增强了对土地的开发和利用。因此，人类活动的空间范围和人口规模都急剧扩大，人类社会系统也跟着发生了一次根本性的变革。

---

① 李中东. 中国农业可持续发展技术概论[M]. 北京：中国财政经济出版社，2002：27.

一、刀耕火种

大约在 1 万年前的旧石器时代末期或新石器时代初期，原始农业在人类采集、狩猎活动中逐步过渡出来，是一种近似自然状态的农业，其特征是使用简陋的工具，采用粗放的"刀耕火种"的耕作方法。人类从单纯的食物采集者转变为食物的生产者，食物获得方式的改变，在很大程度上改变了人与自然的关系，人们开始通过自己的努力来改造自然并获得满足自身生存和繁衍的资源。这对于人类的发展来说是一大进步，但是对于生态环境来说，"刀耕火种"的种植方式和种植理念都十分不利于自然环境的恢复。

"刀耕火种"又叫迁移农业，有些地方称为"打游击农业"。在这种耕作方式下，人们没有固定的农田，一般都是选择山林为耕地。用简陋的工具将山林上的草木砍掉并覆盖在地面上，等晒干之后用火焚烧，清理出一片土地，而燃烧的草木灰可以当作肥料，也会将藏在其中的害虫烧死。这样的耕作方式，同样会给生态环境带来极大的破坏。由于人类一般会选择林地作为开垦的对象，焚烧森林的草木灰虽然可以当作肥料，但也造成森林的破坏。在天气晴朗的时候，人们进行焚烧，忽然起风会导致周围的林木也随之点燃而引发火灾，会进一步破坏森林。森林有巨大的生态平衡能力，在很大程度上决定着当地的环境质量，尤其是它的气候调节能力、水源涵养能力、水土保持能力对农业有着深远的影响。现代研究表明，坡度大于 25 度的山坡上不适合种植农作物和果树，只有天然植物可以在这种条件下生存，从而保护山坡地的土壤。①森林被人们砍伐殆尽之后，坡面裸露地表，由于失去天然植被的保护，雨水对地表的冲刷作用大为加强。尤其是热带雨林地区，雨季多暴雨，冲刷力极强，凡是植被破坏地区，一遇强降雨，便易泥沙俱下，出现不同程度的水土流失。水土流失导致河流淤积，降低河流排洪能力，增加洪涝灾害发生频率，使山区的生产受到严重的束缚。

除此之外，"刀耕火种"是一种原始的、几乎没有人工管理的耕作方式，是一种自给自足性的自然农业，它只能满足人们最低限度的食物需要。这种耕作方式

---

① [美]赵冈. 中国历史上生态环境之变迁[M]. 北京：中国环境科学出版社，1996：62.

的特点是将农作物播种以后，便任由其自生自灭，不会做任何施肥、灌溉等田间管理措施，因此收成较低，需要大面积的土地来维持人们的生存。由于不向土壤施肥，没有精心管理田地，经过两三年以后，土壤养分就会消耗殆尽，土地生产力水平逐年降低，直至最后被人们弃耕。当人口数量较少，人类所需要的土地能够满足需求时，还会给土地休整的时间，待其植被基本恢复后再行"刀耕火种"。但随着人口的增长，土地资源日益紧俏，人们就会加快土地更替的速度，往往不等植被恢复，就再进行"刀耕火种"。这样导致火烧后留下的可供谷物吸收的营养就逐步减少，土地维持谷物生长的年限就不断缩短，更替速率就更快。如此恶性循环，最后导致生态平衡破坏。

总体看来，这一时期，人类在相当程度上保持了自然界的生态平衡。这是因为这一时期社会生产力和科学技术发展较为缓慢，人类物质生产活动基本上是利用和强化自然的过程，对自然的开发利用是局部的、表层的，缺乏对自然实行根本性的变革和改造。所以，人类对自然的破坏尽管具有一定的规模，并且破坏的总趋势从未中止，但只是造成整个自然界的局部斑秃和伤痕，并没有造成严重的生态危机。

二、精耕细作

相对于农业文明产生之前，农业文明时期的人类在改造自然的能力方面发生了质的飞跃，这标志着人与自然的关系演化进入了一个新的阶段。人类通过与自然的密切交往，通过在农业生产活动中对自然规律的经验把握和利用，在一定程度上认识到了自己和自然的区别。人们开始通过改造工具等来实现对自然的控制，如随着社会的发展，人口增多，依靠广种薄收已养活不了增多的人口，人们只有设法提高土地生产力，才能获取维持温饱需要的农产品。为了提高土地生产力，人们从两个大的方面去努力：一是改进生产工具，提高工效，以便对土地进行精细地耕作，为提高单产创造条件；二是直接以提高单产为目的的栽培技术改进、灌溉设施修建、良种推广等措施的使用。

但是灌溉技术的不当使用，也会给当地的生态带来破坏。公元前 3500 年，苏美尔人在两河（底格里斯河和幼发拉底河）流域的下游，即美索不达米亚（现今的伊拉克）建立了城邦，这是人类文明的发源地之一。它也是世界上最早使用文字的社会，时间约在公元前3000年。在使用文字的同时，苏美尔人在幼发拉底河流域修建了大量的灌溉工程。这些工程不仅浇灌了土地，而且防止了洪水。巨大的灌溉工程网提高了土地的生产力，使数百万的人从土地上解放出来，去从事工业、贸易或文化活动，他们创造了灿烂的古代文化——巴比伦文明。

巴比伦文明从人类利用水灌溉开始，以不合理的灌溉所造成的土地盐碱化和灌溉渠道淤积的严重后果而告终。苏美尔人对森林的破坏，加上地中海气候冬季倾盆大雨的冲刷，使河道和灌溉渠道的淤积不断增加，人们不得不反复清除淤泥，甚至重新挖掘新的渠道，而后又无奈地将其放弃，这样的不良循环，使得人们越来越难将水引到田中。与此同时，由于只知道灌溉，不懂得排盐，其结果使美索不达米亚的土地盐碱化严重。土地的恶化和人口的增加，使文明的"生命支持系统"濒临崩溃，并最终导致文明的衰落。历次朝代的更迭，都没能恢复土地的生产力、改善生态环境和自然资源的恶化状况，美索不达米亚地区永远地沦为一个人口稀少的穷乡僻壤。如今伊拉克境内的古巴比伦遗址，已是满目荒凉，只有沙漠和盐碱化的土地。

由于处于对自然认识、利用和改造的初始阶段，人口总量还是相对较少，生产力相对落后、低下，改造和利用自然的能力还没有得到较高程度的发展，人类对自然的开发强度不大，人类的生产方式、生活方式对生态环境的破坏和影响都很小，生态系统还是属于一种动态平衡、相互协调发展的类型。大规模的农业生产，使人类获得了比较丰富的赖以生存的物质财富，人口显著增加，生活水平大幅提高，破坏了局部生态系统的动态平衡，初步引发了生态问题。但是，人们通过有条件地迁移到别的地区建立新的动态平衡，还不至于达到造成生态系统失衡的程度。自然生态系统依然周而复始，循环不止。

因此，总体来说，这一时期由于社会生产力发展和科学技术进步比较缓慢，没有也不可能给人类带来高度的物质文明与精神文明以及主体的真正解放，人类有着不自觉的环保意识，强调的不是与自然的对立，而是如何与自然协调好关系以及适应自然。在这种意识支配下，人类活动还是一种依从自然演化规律，依赖自然力的行为，人与自然的关系还称得上是基本和谐的。

第三节　工业文明

工业文明是人类继农业文明之后的第二个社会文明，工业文明以动力的变革为标志。在工业革命之前，人类只能利用人力、畜力或者简单的自然动力来从事生产劳动，效率十分低下。18世纪，英国工业革命推动了世界工业化的进程，从瓦特改良蒸汽机以及珍妮纺纱机应用开始，现代科学技术逐渐广泛应用于物质生产中。经过不断地发展，社会物质生产实现了机械化、自动化和电气化的转变，人类进入了工业文明新时代。工业文明为人类创造了巨大的物质财富，同时也给人们赖以生存的自然环境造成了巨大的破坏，使人类面临发展困境。

一、蒸汽时代

在18世纪70年代的英国，以机器为主体的工厂制度代替以手工技术为基础的手工工场的革命开始于纺织工业的机械化，这次产业革命是一次生产技术上的根本变革。1776年，瓦特在对纽科门大气压力蒸汽机改进的基础上，研制出了第一部单动式蒸汽机，随后在1782年又成功研制出旋转运动的复式蒸汽机。1785年改良型的蒸汽机投入使用，以蒸汽机的广泛使用为主要标志的产业革命拉开了序幕。从技术史的角度来看，这次产业革命创立了一个新的时代，即蒸汽时代。

蒸汽时代的到来，首先改进了矿井的排水问题。由于矿井越来越深，将矿井中的水抽出需要巨大的动力。自17世纪开始，随着人们对大气压力和真空的认识越来越深入，大气压力开始被考虑用在动力机械上。1690年，法国工程师巴本制成了第一台单缸活塞式蒸汽机。经过一系列的改进，英国工程师纽科门在1705年造出了纽科门蒸汽机，专门用于矿井抽水，且效果良好。到了1712年，几乎所有的煤厂和矿井都用上了这种蒸汽机。煤矿产业得到了迅速发展，同时对生态环境的破坏也越来越严重，挖井的过程中会破坏地下水系，造成地面沉降等问题。

蒸汽时代的到来，其次是改善了交通工具。1804 年，英国人理查德·特雷维塞克设计制造的蒸汽机车"新城堡号"，是世界第一辆成功行驶的蒸汽机车。蒸汽机车必然会产生大量粉尘、有毒烟气，该类物质对人体健康非常不利，但是其带给人们的快捷，使人们忽略了这些潜在的威胁。到了 19 世纪中期，英国的铁路网络基本形成，蒸汽机车在英国普遍使用。交通建设的完善，促进了人的流动，大量的移民开始疯狂涌入伦敦。1800 年，伦敦人口仅为 100 万人，而到了 1850 年，仅 50 年的时间，伦敦人口就已经飙升到 236 万人之多，英国有一半的人口生活在城市或者城镇中。人口爆炸式的增长，给城市环境带来了极大的挑战。为了容纳这么多人，伦敦市区房屋密布，市区街道十分狭小，生活垃圾增加，导致城市环境十分恶劣。面对日益恶化的城市环境，一些富裕的居民开始向空气质量较好和人口更少的郊区搬迁，白天到市区工作，晚上回到郊区。作为伦敦市内主要交通工具的马车，在这时发挥重要的作用，同时马粪也成为伦敦城市环境的梦魇。马粪在伦敦的每条街上堆积起来，粪便散发出的恶臭令人作呕，已经达到令人无法忍受的地步。这些马粪污染环境，吸引了大量的苍蝇，而这些苍蝇可以传播致命疾病。

英国伦敦泰晤士河原本是英国著名的"母亲河"，发源于英格兰西南部的科茨沃尔德希尔斯，全长 346 千米，横贯英国首都伦敦与沿河的十多座城市，流域面积 13 000 平方千米。产业革命后，人口集中，大量的城市生活污水和工业废水未经处理直接排入河内，加之沿岸又堆积了大量垃圾污物，使该河成为伦敦的一条排污明沟。夏季臭气熏天，致使沿河的国会大厦、伦敦钟楼等不得不紧闭门窗。由于伦敦饮水遭受污染及清晨常有大雾弥漫，与工业排放的二氧化硫、一氧化硫和氮氧化物等有毒气体混合，终于暴发霍乱大流行和震惊世界的伦敦烟雾事件。其中仅丧生于霍乱者竟达 33 460 人[①]。另外该河还受潮汐的影响，在潮汐上涨期间迫使污废水产生急剧的倒灌而造成污臭水满街流的情形。

蒸汽机是人类继发明用火以后，在驯服自然方面所取得的最大胜利。蒸汽时

---

① 吴季松. 治河专家话河长，走遍世界大河集卓识，治理中国江河入实践[M]. 北京：北京航空航天大学出版社，2017：4.

代的到来带来了物质财富的爆炸式增长，为人类提供了舒适的生活条件。但与此同时，工业化和城市化也导致了严重的环境污染问题。

二、电气时代

第一次工业革命中蒸汽机的发明对人类的意义巨大，而第二次工业革命从某种意义上说更为波澜壮阔。这次革命最具标志性的成就就是电力的广泛使用，使生产力再次突飞猛进，这次伟大的技术创新使人类历史从"蒸汽时代"跨入了"电气时代"[①]。

19 世纪 80 年代中期，德国发明家卡尔·本茨发明了内燃机，这种发动机以汽油为燃料。内燃机的发明，一方面解决了交通工具的发动机问题，引起了交通运输领域的革命性变革。19 世纪 80 年代，德国人卡尔·本茨成功地制成了第一辆用汽油内燃机驱动的汽车。1896 年，美国人亨利·福特制造出他的第一辆四轮汽车。随后，以内燃机为动力的内燃机车、远洋轮船、飞机等不断涌现出来。另一方面，内燃机的发明推动了石油开采业的发展和石油化学工业的产生。石油也像电力一样成为一种极为重要的新能源。1870 年，全世界开采的石油只有 80 万吨，到 1900 年猛增至 2 000 万吨[②]。

电力的发明和应用成为人类历史上自 18 世纪以来，世界发生的三次科技革命之一，从此科技改变了人们的生活。1831 年，英国科学家法拉第发现了电磁感应现象，提出了发电机的理论基础。科学家们根据这一理论，从 19 世纪六七十年代起对电做了深入的探索和研究，出现了一系列电气发明。终于在 1866 年，德国人西门子制成发电机，到 19 世纪 70 年代，实际可用的发电机问世了。1882 年，法国人德普勒发现了远距离送电的方法，美国科学家爱迪生建立了美国第一个火力发电站，把输电线连接成网络，电力这种优良且价廉的新能源从此得以广泛应用，推动了电力工业和电器制造业等一系列新兴工业的迅速发展。1870 年，比利时工程师格拉姆发明了电动机，能把电能转化为机械能，电力开始用于带动机器，成为补充和取代蒸汽动力的新能源而进入生产领域。随后，电灯、电车、电钻、电

---

① 盖玉云. 创新时代[M]. 北京：中国财富出版社，2018：31.
② 梁洪亮. 科技史与方法论[M]. 北京：北京邮电大学出版社，2015：107.

焊等电气产品如雨后春笋般涌现出来，电力得到了广泛的利用，它不仅开动了工厂机器，还大大推动了其他领域的科技革命。

内燃机的发明和电的发现推动了第二次科学技术革命，带领人们进入电气时代，它们的发明不但极大地改变了人们的生活，而且为后面的信息技术革命奠定了基础。但是内燃机和火力发电机是以煤为原材料，煤是一种不可再生的资源，而且煤燃烧后的烟雾中会产生大量的污染气体。

被列为世界八大公害事件之一的伦敦烟雾事件，其带来的危害和影响是空前的。1952年12月5日这一天，伦敦被厚厚的浓雾笼罩着，这样的情形持续了四天之久，直至8日浓雾才开始消散。据统计，在12月5日之后的一周时间内，伦敦死亡人数达4 703人，这一数字远高于上年同期的1 852人。更严重的情况在大雾消散后的两个月里逐渐显现，在这两个月里，相继死亡的人数超过了8 000人①。1952年的烟雾事件发生后，起初英国政府对此并不以为然，反而是推卸责任。但由于烟雾事件已经严重危及民众的生命和财产安全，迫于巨大的压力，英国政府于1953年5月成立了专门调查空气污染问题的委员会。经过21个月的调查后，该委员会指出，烟雾事件导致大量人口死亡的原因是12月的伦敦正值严冬，依靠煤炭取暖早已成为当时伦敦居民的常态生活，而此时的伦敦也是世界著名的工业重地，大量的工厂源源不断地排出大量的二氧化硫和烟尘。此时的伦敦又出现了严重的逆温现象，导致居民取暖和工厂同时排放出的大量二氧化硫和烟尘在城市上空持续蓄积，无法散去，大气中的烟尘和二氧化硫的含量严重超标。由于工业化引发的类似环境污染问题也在美国、日本、德国等地频频出现。

19世纪末20世纪初，第二次工业革命在几个主要资本主义国家同时发生，随着石油、电力成为主要能源，重化工业发展迅速，环境污染日趋严重。

三、科技时代

20世纪四五十年代以来，人类在原子能、电子计算机、微电子技术、航天技术、分子生物学和遗传工程等领域取得了重大突破，标志着新的科学技术革命的

---

① 梅雪芹，等. 直面危机，社会发展与环境保护[M]. 北京：中国科学技术出版社，2014：96.

到来，这次科技革命被称为第三次科技革命。第三次科技革命是人类文明史上继蒸汽技术革命和电力技术革命之后科技领域里的又一次重大飞跃，是以原子能、电子计算机、空间技术和生物工程的发明和应用为主要标志，涉及信息技术、新能源技术、新材料技术、生物技术、空间技术和海洋技术等诸多领域的一场信息控制技术革命①。科学技术其实是人类战胜自然、改造自然的武器，是推动社会生产力发展的重要力量。科技的每一次发展都是人类文明史上的飞跃，都是人类征服自然、征服自身的划时代的胜利。随着科学技术的不断使用，带给整个社会的危害也越来越大，科学技术所产生的破坏性也随着时间的推移而越来越明显。

不同于其他两次革命，高科技时代对环境的破坏是毁天灭地、不可逆的。如光污染、噪声污染，以及令人闻风丧胆的核污染，其影响范围、对环境造成的伤害巨大。2011年3月11日13时46分，日本近海发生9.0级地震，随之导致的海啸和核泄漏危机使这个国家陷入了前所未有的灾难之中。福岛第一核电站位于福岛工业区，始建于20世纪70年代初，同在该工业区内的有福岛第二核电站，两个核电站统称为福岛核电站。福岛县在核事故后以县内所有儿童约38万人为对象实施了甲状腺检查。截至2018年2月，已诊断159人患癌，34人疑似患癌，其中被诊断为甲状腺癌并接受手术的84名福岛县内患者中，8人癌症复发，再次接受了手术。事后，日本将大量核废水排入海中，对海洋造成极大的污染。

我们一方面不顾一切地运用现代科学技术，力图取得人类更辉煌的成就，另一方面却又不得不面对科学技术带来的日益严峻的全球性生态环境问题，这是工业文明内在的、无法自我解决的一个矛盾。事实证明，在工业文明的框架内，采用"头痛医头，脚痛医脚"的方法，不能从根本上解决问题，人类再也不能继续按照工业文明时代的道路走下去了。这是因为工业文明依赖的是一种以掠夺资源为主要特征的发展模式，是不可持续的。也就是说，当人的行为违背自然规律，资源消耗超过自然承载能力，污染排放超过环境容量时，就将导致人与自然关系的失衡，造成人与自然的不和谐，甚至引发全球生态危机。

---

① 李卿，刘倩. 英美社会与文化[M]. 北京：北京工业大学出版社，2018：109.

第二章　生态危机与生态文明的孕育

生态系统具有系统性特征，这一特征决定了一旦生态系统的某个结构或功能出现问题，整个生态系统也会随之出现问题，最终影响整个系统的正常运转，影响的范围随即扩大。一旦生态危机爆发，会遍布在大气圈、水圈、土壤和岩石圈等各个圈层，对人类生存的危害也是全面的。从生态危机的成因来看，其深层次的原因离不开人类社会的诸多方面，如人口、生产方式、消费、科技、贫困以及人类中心主义等。生态危机从 20 世纪中叶成为全球性危机开始，至 21 世纪初达到顶点，经历了一个愈演愈烈的过程[①]。随着生态危机的加剧，人类的生存与发展也必将面临前所未有的挑战。

第一节　生态危机的现状

一、生态环境恶化

生态环境恶化的问题十分突出，受到全世界各国人民的普遍关注，已经成为制约各国经济和社会发展的主要"瓶颈"。生态环境的恶化主要表现为区域性和全球性的环境污染。从环境要素来分，主要包括大气污染、水体污染和土壤污染[②]。

首先是大气污染。大气污染物包括硫氧化物、氮氧化物、挥发性有机物、重金属和其他固态粉尘。工业革命的深入，导致大气污染也随之加重，因大气污染导致的环境公害事件也频频发生。1943 年发生在美国洛杉矶的光化学烟雾事件和

---

① 黎祖交. 生态文明关键词[M]. 北京：中国林业出版社，2018：175.
② 黎祖交. 生态文明关键词[M]. 北京：中国林业出版社，2018：97.

1952 年发生在英国伦敦的烟雾事件是典型的大气污染事件，这些污染事件造成了严重的经济损失，也给该地区人们的健康带来了极大的威胁。

其次是水体污染。水污染物主要包括重金属、氮磷化合物、有毒有机化合物、悬浮颗粒物等。造成水体污染的原因，主要是生产和生活所产生的废水，其中包含大量污染物。氮磷化合物就是造成水体富营养化污染的主要因素，而水体的富营养化会威胁到水体中鱼类和其他生物的生存。不仅如此，水体的污染还会限制经济和社会的发展，甚至给人类的生命安全构成极大威胁。位于欧洲西部的国际河流莱茵河，发源于瑞士的阿尔卑斯山，流经奥地利、法国、德国和荷兰等九国，河流全长约 1 320 千米。莱茵河拥有广阔的流域面积，在流域面积内居住着约 5 000 万的人口。莱茵河拥有充足的水量，是欧洲最为繁忙的水运交通线路，这也为莱茵河流域成为欧洲工业中心提供了良好的条件。随着工业中心的形成，带来了大量人口的聚集，给流域内的资源开发以及河流和陆地环境带来一定的压力。20 世纪50 年代以后，随着第二次世界大战的结束，各国的工业开始走上复苏的道路，莱茵河流域国家的城市化进程加快，在莱茵河两岸建立起了大批的化工、冶炼等企业。渐渐地，莱茵河的河水不可避免地受到严重污染，河流生态系统遭到破坏。一方面，在这里建立和发展起来的工业用水取自莱茵河；另一方面，工业生产产生的废水、废弃物的去向也是莱茵河，导致莱茵河的水质急剧恶化。莱茵河也因此获得了一个新的称号——欧洲下水道。1986 年是莱茵河灾难的发端年。在这一年的 11 月，瑞士巴塞尔一家公司的仓库发生火灾，火灾引发了严重的爆炸，大火扑灭后产生的大量消防水流入了莱茵河，而这些消防水中含有大量的杀虫剂、除草剂等有毒物质。大量的有毒化学品随着消防水流入莱茵河，并一直流向下游国家。此次事件给莱茵河带来了极为沉重的打击，不光河流水质遭到严重影响，河底也因为排入的有毒物质的沉积而遭到了严重污染。这次污染事件严重破坏了莱茵河的河流生态系统，河水随即被染成了红色，河水中的鳗鱼、蜗牛、蚌、虾等水生动物大量死亡，水生植物也未能幸免。此外，受影响的还有地下水，有毒物质的污染侵入地下，导致地下水被污染，最终沿岸的自来水厂被迫关闭，公共饮用水也受到了一定的影响。

最后是土壤污染。土壤是环境中特有的组成部分，它是一个复杂的物质体系，组成的物质有无机物和有机物。在地球表面，土壤处于大气圈、岩石圈、水圈和生物圈之间的过渡地带，是生态系统物质交换和物质循环的中心环节，是连接地理环境各组成要素的枢纽[①]。土壤是各种作物生长的基础条件，为植物提供其生存所需的营养物质，没有土壤就无法种植农作物，因此土壤污染会严重威胁到人类的粮食安全。1986 年 4 月 26 日凌晨，乌克兰境内切尔诺贝利核电站发生核子反应堆事故，被认为是人类历史上最重大的核泄漏事故，也是首例被国际核事件分级表评为第 7 级事故的特大事故。这次核泄漏造成苏联 1 万多平方千米的领土受到污染，其中乌克兰有 1 500 平方千米的肥沃农田因污染而废弃荒芜。

二、资源短缺突出

万物生长都离不开水，水是我们生命的源泉，俗话说 "人可三日无食，不可一日无水"，可见水资源在日常生活中的重要性。但是 20 世纪后半叶以来，随着人口的增长、工业的发展等，许多国家对水资源的需求日益增大，一些地区开始出现水资源短缺的情况。目前，获取淡水和使用清洁的淡水已经被认为是最需要引起重视的环境问题之一。在全球水资源中海洋总储水量为 13.38 亿立方千米，占全球总水量的 96.54%；南极、北极和高山地区冰川积雪的储水量约 0.24 亿立方千米，占 1.74%；全球地下水约 0.23 亿立方千米，占 1.69%；存在于陆地河流、湖泊、沼泽等地表水体中的水约 50.6 万立方千米，占 0.037%；其中全球淡水仅占总水量的 2.53%，这些淡水有 77.2%分布在南北极，22.4%分布在很难开发的地下深处，仅有 0.4%的淡水可供人类维持生命[②]。

水是生存的必要条件，而土地资源则是人类获取粮食的必要条件。近年来，土地资源短缺，其主要原因是人类过度放牧、采伐薪材、不合理的耕作方式等，使得水土流失不断加剧。土地正以每年 800 万公顷的速度流失。与此同时，不合理的土地开发也导致土壤荒漠化程度越来越严重。联合国环境规划署的资料显示，

---

① 韩薇薇. 迫在眉睫的生态问题[M]. 长春：吉林美术出版社，2014：48.
② 侯春梅，张志强，迟秀丽.《联合国世界水资源开发报告》呼吁加强水资源综合管理[M]. 地球科学进展，2006（11）.

全球荒漠化的土地面积达 4 500 多万平方千米，这其中又以亚洲和非洲的荒漠化面积占大多数。并且全球每年平均有 5 万~7 万平方千米的土地沙漠化。全球荒漠化的面积仍然在扩展中，全球人口深受其影响，约有 25 亿人口遭受此危害，其中 12 亿之多的人口则直接受此威胁，受荒漠化影响的国家和地区达百余个[①]。土地荒漠化不仅会导致人类可利用的耕地资源减少，影响农业生产，严重时还会引发沙尘天气的肆虐。

随着人类的开发与利用，森林面积一直处于动态变化之中，如远古时期中国的森林覆盖率曾达到当时土地总面积的 60%以上。其后我国随着人口数量的增加及迁移范围的扩大，技术和社会的进步，森林资源不断遭到破坏，森林面积持续锐减，特别是近百年来，是我国森林面积减少速度最快的时期。截至 1949 年，全国森林面积仅为 10 901 公顷，覆盖率仅为 11.4%[②]。森林是"地球之肺"，森林的损耗直接影响地球的整个生态系统，因为森林在调节大气二氧化碳含量方面具有不可替代的作用。森林覆盖面积的不断缩减，导致大气中温室气体的含量升高，致使大气升温，全球变暖的情况逐渐严重。联合国政府间气候变化专门委员会（IPCC）第五次报告指出，自 20 世纪 50 年代以来，地球气候系统观测到的很多变化在几十年乃至上千年时间里都是前所未有的，大气和海洋已变暖，积雪和冰量已减少，海平面已上升，温室气体浓度已增加，目前地球处于过去千年以来温度最高的时期。潮汐等观测数据表明，尽管幅度不同，全球大部分海域的水面均有上升趋势[③]。

三、气候变化

全球气候变化受到世界各国政府的密切关注，其中威胁最严重、影响范围最广的是温室气体持续上升导致的全球气候变化。温室气体包括水蒸气、二氧化碳、甲烷、氧化亚氮、氟利昂及其替代物等，这些温室气体的主要来源包括

① 张坤，张颖，李永峰. 基础生态学[M]. 哈尔滨：哈尔滨工业大学出版社，2018：3.
② 何凡能，葛全胜，戴君虎，等. 近 300 年来中国森林的变迁[J]. 地理学报，2007（1）.
③ 方精云，朱江玲，石岳. 生态系统对全球变暖的响应[J]. 科学通报，2018（2）.

化石燃料燃烧、畜牧业、农业化肥施用、某些作物的种植、化学废弃物等[①]。大量的温室气体造成大气升温，致使全球变暖。吸收温室气体的森林是人类生产生活中极为重要、不可或缺的陆地资源之一，是陆地生态系统最大的碳储存库，不仅为人类提供了丰富的能源和物种，还提供了源源不断的氧气和碳汇，在其生长过程中通过光合作用，还会吸收大气中的二氧化碳，一直受到各国政府和公众的普遍关注。

全球气候变化造成的后果是多方面的，除了引发极端天气，温室效应还会导致南北极冰盖融化进而引发海平面上升，威胁沿海地区人民的生产生活。除此之外，二氧化碳浓度升高会造成海洋酸化，直接影响珊瑚礁的形成，进而破坏海洋生态系统，可能触发全球性生态失衡。当气候的剧烈变化远超生物的适应能力，便会加剧生物的灭绝。最后，气候的变化会改变农业生产状况，灾害的发生会给某些地区的农业造成破坏性影响，从而引发局部的粮食危机。

四、生物入侵

物种入侵也称"生物入侵"，1958 年，英国动物生态学家查尔斯·埃尔顿在其著作 *The Ecology of Invasion by Animals and Plants* 中第一次提出了"生物入侵"的概念，并加以阐释："生物入侵（biological invasion）是指某种生物从原来的分布区域扩展到一个新的地区（一般指遥远的地区），且在新的区域里，其后代可以繁殖、扩散并维持下去。"随着交通的发展、科技的进步，社会更加开放，全世界形成巨大的人流和物流，因而极大地促进了生物物种的迁移和扩散，加剧了生物入侵的危害，生物入侵已经成为全球性的生态环境问题。生物入侵大致可分为动物、植物、微生物的入侵，这些外来物种的入侵或因其在入侵地强大的生存适应以及繁殖能力而抢占了原物种的生存空间，或因其分泌物足以杀死周围物种（化感效应）导致巨大的社会、经济、生态损失。

外来物种入侵会对生物多样性造成影响，从而威胁生态安全。由于入侵物种在新的生态环境中入侵速度不断加快，严重影响了入侵地区生物资源的多样

---

① 黎祖交. 生态文明关键词[M]. 北京：中国林业出版社，2018：96.

性。如里海斑马贻贝入侵北美水域造成的灾难性生物入侵事件，肉食性尼罗河鲈入侵东非的维多利亚湖造成 50% 的土著鱼种灭绝[①]。外来物种通过捕食或者侵占土著种的生存空间，致使本土物种多样性减少甚至丧失，从而威胁该地区的生态安全。

生物入侵会给入侵地区经济造成严重损失。生物入侵会导致农作物减产，也会给家畜的生命安全造成威胁。紫茎泽兰具有较强的生命力，在农田、牧地、经济林地甚至荒山、荒地、沟边、路边、屋顶、岩石缝、沙砾堆都能生长，其在生长过程中会侵占农田、林地，与庄稼、苗木争肥，争水，争阳光，争空间，造成粮食作物、经济作物和经济林木减产减收。不仅如此，紫茎泽兰还会导致采食它的家禽、家畜中毒，引起腹泻、脱毛，重者气喘致死；如用它的枝叶垫圈，还会引起牲畜烂蹄，是农、林、牧生产及牲畜健康的大敌。为了预防和解决生物入侵带来的危害，入侵地区需要花费大量的人力、物力和财力。如美国每年由于外来物种入侵造成的经济损失达 1 230 亿美元[②]。

物种入侵会对人类健康产生不利影响。随着人类交流和交往的不断深入，一些入侵生物也成了病毒传播的媒介，会造成疾病的大面积暴发，严重影响人类的健康。麻疹早期由欧洲征服者从欧洲带入美洲，而梅毒却以相反的方向从美洲传入欧洲[③]。无论是麻疹还是梅毒都对人类的生命安全构成了极大的威胁。

生物入侵已经成为全球面临的一个重大问题，给入侵地区的生态环境及经济、社会等各个方面都带来了很大的压力和影响，对生物入侵的防控也是未来全球需要探索的方向。

五、灾害频发

自然是一个完整的系统，各部分要素之间相互依存，相互制约。人类在发展的过程中，或多或少地以某种形式对自然系统造成干扰和破坏，导致自然系统的内部秩序紊乱，并以自然灾害的形式显示出来，主要体现在以下几个方面：

① 曾北危. 生物入侵[M]. 北京：化学工业出版社，2004：27.
② 曾北危. 生物入侵[M]. 北京：化学工业出版社，2004：59.
③ 曾北危. 生物入侵[M]. 北京：化学工业出版社，2004：54.

　　大气的污染引发酸雨。随着经济活动的不断开展，人类不断地向大气中排放化学物质，据统计，全世界每年排入大气的二氧化碳有 200 亿吨，有毒气体 6.14 亿吨。这些有毒气体的排放，造成局部地区大气中二氧化硫聚集，二氧化硫在水凝结过程中溶解于水形成酸雨，给人类身体健康、森林植被以及建筑物等带来极大的危害。如 1975 年，梅雨季节，日本关东一带下的酸雨，虽然是细雨霏霏，却使数万人眼痛难忍。酸雨使湖泊、河川及地表水酸化，严重地影响水生生物的生长和生存。瑞典全国 9 万多个湖泊中，有 2 万多个受到酸雨的危害，约 4 000 个湖泊因水质酸化，鱼类绝迹；加拿大约有 5 万个湖泊，正面临着变成水之"荒漠"的危险①，这样的报道屡见不鲜。

　　森林的破坏导致水旱灾害频发。随着人类的开发活动，森林面积不断缩小，其涵养水源以及调节气候的能力变弱，导致水旱灾害频发。孟加拉国是著名的水灾多发国，当喜马拉雅山雪水融化时，境内将有 18% 的面积洪涝成灾，其洪涝灾害的形成与该地区森林破坏具有直接关系。并且森林面积的不断缩减，势必会弱化森林吸收二氧化碳的能力，会导致森林调节气候的作用减弱或消失，因此常导致异常气候的出现，局部地区会出现气候恶化的情况。极端气候事件的频率、强度和持续时间的增加，成为人类面临的最严峻的挑战之一。如 2003 年和 2010 年欧洲地区的高温热浪，2005 年和 2010 年亚马孙地区的严重干旱，以及 2014 年年初发生在英国的风暴等②，这些事件的发生牵动着世界人民的心，因为极端天气出现频率的增加对人类生产生活和生态系统都会造成直接的危害。

　　矿产的开发导致滑坡和山崩等灾害的发生。据统计，全世界 70% 的滑坡都与人类无节制的过度开发有关。在山坡下面挖洞、开隧道、开矿会导致山崩和滑坡的发生；此外，砍伐森林会导致山体裸露，造成岩石风化，也会引发山崩和滑坡等自然灾害。

---

① 何清. 生态与环境[M]. 石家庄：河北科学技术出版社，2013：64.
② 朴世龙，张新平，张安平，等. 极端气候事件对陆地生态系统碳循环的影响[J]. 中国科学，2019（9）.

第二节　生态危机的根源

一、生产力的提高

生产力是指人们在物质生产活动中形成的，解决社会同自然之间矛盾的实际能力，是人类改造自然使其适应社会需要的物质力量①。因此，生产力水平是人类改造自然的程度和能力的象征，从根本上体现了人与自然的关系。而生态危机是在生产力发展的一定阶段上产生的，在这个阶段，生产力有了较大的提高，但还没有提高到能控制自然过程的程度②。由此可以看出，生态危机的产生与生产力的发展有着密切的联系。

"动物也进行生产，但是它们的生产对周围自然界的作用在自然界面前只等于零。只有人才办得到给自然界打上自己的印记，因为他们不仅迁移动植物，而且也改变了他们居住地的面貌、气候，甚至还改变了动植物本身"③。在原始时代，人类的生产力水平相对低，对自然的认识也是十分有限的，作为自然界中的普通一员，主要是依靠自身的力量以及简单的石器工具等从自然界获取生活资料。虽然这一时期，人类面对自然时已经具备自觉能动性，但是由于生产力水平低下，对自然的改造和控制力比较有限，一般不会造成自然环境的破坏，导致生态危机的出现。

农业文明的到来标志着人开始制造并使用工具，人类已经不再完全依赖自然界提供的现成的生活资料，可以通过种植植物和驯养家畜来满足自身的需求。生产力水平提高了，人类开始摆脱对自然的依赖，对自然的干预更加明显，开始改造自然。此时，生态问题开始萌芽。恩格斯在《自然辩证法》中告诫我们不要过分陶醉于人类对自然界的胜利，他说："美索不达米亚、希腊、小亚细亚以及其他各地的居民，为了想得到耕地，把森林都砍光了，但是他们做梦也想不到，这些

---

① 李秀林，王于，李淮春. 辩证唯物主义和历史唯物主义原理[M]. 北京：中国人民大学出版社，1982：101.
② 陶庭马. 生态危机根源论[D]. 兰州大学，2011.
③ 马克思，恩格斯. 马克思恩格斯选集：第四卷[M]. 北京：人民出版社，1972：274.

地方今天竟因此成为不毛之地，因为他们使这些地方失去森林，也就失去了水分的积聚中心和贮藏库。"①生产力水平的不断发展意味着人类改造自然的能力越来越强，但在人类不断地从自然界获得更多的生活资料的同时，那种对自然界涸泽而渔式的索取，最终导致人类以及所有物种面临生态危机的威胁。

二、人口的增长及其对环境压力的增强

在人类刚从类人猿分化出来的时候，生产力水平很低，对自然的改造力度也很微弱，因此常受到自然灾害、饥饿、疾病等的影响，生命受到威胁，因此人类的平均寿命较低。农业文明的到来，极大地解决了人类的温饱问题，人口开始高速增长。随着近代医疗水平的不断发展，生产力的提高，人的寿命不断延长，人口迅猛增长。人口激增，超过了环境承载力，生态环境受人的干预日益显著，给人们赖以生存的生态环境带来了极大的挑战，人口的快速增长也给人类经济系统带来了日益沉重的压力。

我们无法知道在人类刚刚学会采集和狩猎生活方式时的人口数量，但估计1万年以前的地球人口总数不会超过500万人。农业革命的到来，极大地满足了人们对粮食的需求，提高了人们的生活质量，增强了人的体质，因此这一时期人口急剧增长。即便如此，在公元初期，整个地球上的人口也只保持在2亿～3亿人。到了18世纪以后，工业革命的巨大发展带来了人口的急剧增加，到18世纪中期，全球人口首次达到了10亿人。从1950年开始，由于预防疾病的药品的出现，世界人口开始以不可阻挡之势增加，到1975年，世界人口就达到了40亿人。在由联合国于2000年提交的人口报告中，世界目前的人口已经超过60亿人②。人口数量的大量增长，给生态环境造成了极大的压力。

为了保证增加人口的生存，必须要扩大耕地面积，以养活快速增长的人口。世界耕地面积在19世纪初仅有4.5亿公顷，其后，伴随着人口的急剧增加，耕地面积也在迅速扩大，现在约达15亿公顷，这相当于地球面积的1/10③。面临着巨

① 马克思，恩格斯. 马克思恩格斯选集：第四卷[M]. 北京：人民出版社，1972：24.
② 向玉乔. 生态经济伦理研究[M]. 长沙：湖南师范大学出版社，2004：25.
③ 魏晓笛. 生态危机与对策，人与自然的永久话题[M]. 济南：济南出版社，2003：6.

大的人口压力，而生态环境承载力早已饱和，有限的低地丘陵与河谷地区早已被
开垦殆尽，人地矛盾日益尖锐。为了生存，人们大肆地毁林开荒，加紧对生态资
源的索取。毁林开荒虽然能够暂时扩大作物种植面积，增加粮食产量，但随着土
壤肥力下降，人们不得不寻找新的开垦区域。换言之，呈现出一种从生态环境退
化的地区转向生态环境较好的地区的动向，长此以往，人与生态环境的矛盾将愈
加凸显。人口的快速增长，使得人类在许多方面都面临着严峻的挑战和危机，但
从长期来看，这种以牺牲生态环境为代价的方式不仅不能达到缓解人口增长危机
的目的，反而将自身引入无尽的灾害深渊。随着生态的失序，人们终将承受一系
列生态灾难的恶果。

三、科学技术的发展及其对环境的强大破坏力

人类科学技术水平的提高，为人类征服自然、改造自然提供了可能。在原始
社会时期，原始人类还不具备与自然抗衡的能力，通过采集来获取自身所需，生
态环境的自我修复能力能够维持自身的平衡，不足以对生态环境造成破坏性的影
响。生态问题的出现是伴随着人类能够生产劳动工具而出现的。火的使用标志着
人类文明的开端，在此之前人类同自然界中的其他生物一样，但是火的使用使人
类从动物中脱离出来，火便成为人类社会不可或缺的工具，使得人类改造自然的
强度不断加大。此后，人类对自然界的作用就越来越显示出来。随后铁器的使用，
极大地促进了生产力的发展。"铁使更大面积的农田耕作、开垦广阔森林地区成
为可能；它给手工业工人提供了一种极其坚固和锐利的、非石头或当时所知道的
其他金属所能抵挡的工具"[①]。这是一次革命性的进步，铁器的广泛使用利于大量
荒地的开垦，大大提高了耕作的效率，是人类生产力发展过程中的一次重大革命。
但与此同时，随着对土地开发程度的加深，也带来了一定的土地问题，最直接的
问题是土地不合理使用造成土壤侵蚀和土地退化的情形。

到了工业革命时期，机械化的程度加速提高，人力和手工工具逐渐被机械化
的生产方式所取代。机械化的发展解放了人类体力劳动所带来的限制，同时机器

---

① 马克思，恩格斯. 马克思恩格斯选集：第四卷[M]. 北京：人民出版社，1972：159.

的发明和使用、机器的高效和远超人类的效能，提高了人们改造自然的能力，加速了人类对自然资源的开垦和消耗，也使得人类开始凌驾于自然之上，成为自然的主宰者。如原始社会时期，人类获得鱼类资源只能通过石器或者陶器进行捕捞，能获得的渔业资源十分有限，不会导致渔业资源的枯竭。近现代由于声呐设备的使用，以及其他现代技术的使用，渔民可以在短时间内捕捞到大量的鱼类，如果不加制止，全球鱼类资源将会大幅减少甚至枯竭。

四、资源的有限性及索取的无限性

在 17 世纪，工业文明的到来，代表着人类进入了一个新的历史。这一时期，生产力和科技水平都得到了迅猛发展，人类开始积极地发挥主观能动性来征服自然，使自然更好地服务于人类。人类一方面开始无节制地向自然索取煤炭、石油、矿产等各种资源，另一方面向自然大量地排放污染物，造成严重的大气污染、水资源污染等。1992 年《增长的极限》中再一次明确指出："人类的部分需要及满足需要的行为方式已经超出了地球的承载能力，世界经济的发展和生态环境已处于一种危险状态，如粮食短缺、人口爆炸、环境污染、能源危机、臭氧层破坏……这场全球性危机程度之深、克服之难，对迄今为止指引人类社会进步的若干基本观念提出了挑战"[①]。这一时期大面积的环境破坏比比皆是，并最终引发全球性的生态危机。

地球的资源是有限的，当今世界无论是可再生资源森林、土壤、水，还是矿产等不可再生资源，都面临着不同程度的短缺问题。据科学家估计，石油的全球最终储量为 8 000 亿吨，探明储量为 957 亿吨。20 世纪 70 年代以来，世界每年消耗石油 33 亿吨，约为探明储量的 3%。若按此速度开采下去，探明储量只能开采 30 多年。到 20 世纪末，石油的产量将达到最高峰[②]。人类并未因此而减少对石油的使用，最终在 1973 年爆发了石油危机。诸如此类的事件，在森林资源、水资源以及其他资源中均有体现，各类资源正在以惊人的速度减少。

① 魏晓笛. 生态危机与对策，人与自然的永久话题[M]. 济南：济南出版社，2003：7.
② [美]梅萨罗维克，[德]佩斯特尔. 人类处于转折点——给罗马俱乐部的第二个报告[M]. 北京：三联书店，1987：36.

五、环境承载力的超载

马克思、恩格斯曾强调过："人创造环境，同样，环境也创造人"[①]，人类的发展离不开环境。随着经济社会的发展，世界资源约束趋紧，环境污染、生态系统退化等形势日趋严峻，一些地区资源环境承载力已达到或接近上限。现在，人类同生态环境所处紧张的状况是前所未有的，因环境承载力的超载导致的环境公害事件比比皆是，如著名的库巴唐"死亡谷"事件。巴西圣保罗以南 60 千米的库巴唐市，20 世纪 80 年代以"死亡之谷"知名于世。该市位于山谷之中，20 世纪 60 年代引进炼油、石化、炼铁等外资企业 300 多家，人口剧增至 15 万人，成为圣保罗的工业卫星城。企业主只顾赚钱，随意排放废气废水，谷地浓烟弥漫、臭水横流，有 20% 的人得了呼吸道过敏症，医院挤满了接受吸氧治疗的儿童和老人，2 万多贫民窟居民严重受害[②]。这些环境公害事件的发生进一步导致环境的恶化。人口的增长，对资源的需求不断增加，资源利用率不高等问题都会导致环境承载力严重超载。

六、生态自我修复能力的丧失

工业革命后，古老的人力、手工工具逐渐被机械化的生产方式所取代。机器的出现解放了人类体力劳动所带来的限制，提高了人类征服自然的能力，然而，机器的发明和使用也引起了生态的扩张。在人与自然的关系中，机器的出现所带来的巨大威力和效能将使用机器的人类逐渐凌驾于自然之上，成为自然的控制者和主宰者。可以说，机器的出现引起了整个经济社会的革命性变革，过度机械化的生产方式最终导致生态扩张，自然环境破坏程度加深。

由于科学技术的发展，人类砍伐森林的工具越发先进，对森林的砍伐速度不断加快。《联合国环境规划署年鉴 2009》中的数据显示，目前全球有 25 个国家的整个森林生态系统已经消失，另外还有 29 个国家则减少了 90%。除了森林面积的

---

① 马克思，恩格斯. 德意志意识形态[M]. 北京：人民出版社，2009：545.
② 魏晓笛. 生态危机与对策，人与自然的永久话题[M]. 济南：济南出版社，2003：13.

不断锐减，人类通过不断地开发，致使 20 世纪全世界半数湿地消失；在过去的 50 年中，全世界 2/3 的农田受到土壤退化的影响；堤坝、河流改道及运河几乎破坏了 60%的世界大河的完整性；全世界 20%的淡水鱼种类或灭绝，或濒临灭绝，或受到威胁。森林面积的锐减，不仅使其涵养水源的功能受到破坏，还会导致灾害频频，如洪旱肆虐、水土流失、生物多样性下降以及温室效应加剧等，而且会带来各种各样综合性的自然灾害。

人类开发和破坏的速度和程度远大于生态自我修复的能力，而生态自我修复能力的下降又会进一步导致生态问题的出现，因此生态自我修复能力的丧失，也是生态危机产生的重要原因。

第三节　生态危机的影响

一、威胁人类的生存

生态危机不断加深，生态系统进一步失衡，而人类作为自然界中的一部分不可避免地会受到影响。随着现代化大工业的出现，劳动生产力大幅提高，从而大大增强了人类利用和改造环境的能力，新的环境问题随之而来，而这些环境问题也逐渐地开始威胁人类和动植物在内的生命体的生存和发展。20 世纪 30—60 年代，在工业发达国家相继出现了震惊世界的公害事件，对人类的生存及经济发展造成了严重的威胁，形成了环境问题的第一次高潮。所谓公害事件，是指因环境污染造成的在短期内人群大量发病和死亡的事件①。

工业的迅猛发展给自然环境带来了新的"疑难杂症"，环境污染等问题也正在深入到地球的许多地区。工业发展过程中制造和生产了大量为人类服务的产品，但生产过程中也形成了大量的工业剩余物，有钢渣、粉煤灰等一般工业废物，这些工业废弃物对水体造成了严重的污染，人饮用被污染的水体会对健康造成极大

---

① 李广科，云洋，赵由才. 环境污染物毒害及防护——保护自己、优待环境[M]. 北京：冶金工业出版社，2011：6.

的伤害。1955—1972 年，日本富山县神通川流域暴发一种怪病。1931 年的时候这个地区开始莫名其妙地出现居民骨骼疼痛、骨骼软化，最后水米不进，只能痛苦地死去，随后连河里的鱼虾也开始大量地死亡。1955 年这种怪病开始大规模暴发，但是依然找不到引起病痛的原因。直到 1961 年才查明是由于日本富山县神通川河附近工厂排放含镉废水，污染了神通川河，当地居民使用污染了的水灌溉农田，农作物受到镉污染，当地居民吃了被污染的农作物而患上这种怪病。这样的事件在全球范围内很多，《1992 年世界发展报告》中指出，水污染每年造成 200 多万人死亡，数十亿人患病①。

与此同时，世界范围内空气的污染也造成很多急性病和慢性病，过高的城市颗粒物水平是每年 30 万～70 万人提前死亡的原因，儿童慢性咳嗽有一半是由此引起的①。1930 年 12 月，发生在比利时的马斯河谷工业区的烟雾事件，是 20 世纪最早记录下的大气污染事件。马斯河谷地区是一个重要的工业区，这里建有 3 个炼油厂、3 个金属冶炼厂、4 个玻璃厂和 3 个炼锌厂，还有电力、硫酸、化肥厂和石灰窑炉。该工业区处于狭窄的盆地中，这一年由于气候反常，整个地区都被大雾笼罩，加之各化工厂有大量有害气体排出，雾气混合着有害气体在近地层积累，对人体健康造成综合影响，症状表现为流泪、喉痛、胸痛、咳嗽、呼吸困难、恶心、呕吐等。一周内有几千人呼吸道发病，60 多人死亡，心脏病、肺病患者死亡率最高，许多家畜也纷纷死去。而这样的悲惨事件在全球各地纷纷发生。如 1948 年的多诺拉烟雾事件、20 世纪 40 年代初期发生在洛杉矶的光化学烟雾事件以及 1952 年的伦敦烟雾事件等，这些 20 世纪人类遭受的重大环境灾难，都是工业污染造成的悲剧，给人们留下了惨痛的记忆和教训。

二、阻碍经济的发展

世界上的任何事物都是矛盾的统一体。我们面对的现实世界，就是由人类社会和自然界组成的矛盾统一体，两者之间是辩证统一的关系。人类为了更好地生存和发展，在创造财富的时候不可避免地会对自然资源进行开发和利用。对自然

---

① 世界银行.1992 年世界发展报告：发展与环境[M]. 北京：中国财政经济出版社，1992：4.

资源适当的开发和利用不会对环境平衡造成影响，但随着近年来人口基数的不断扩大，人均资源占有量不断减少，为了满足人们对社会财富日益增长的需求，必然会造成对自然资源过度开发，从而导致环境平衡的破坏，引发生态危机。与此同时，生态危机的爆发也给经济带来直接的重大损失。

水体污染会造成渔业产量下降。如日本熊本县水俣湾外围是一个内海，其中水产资源十分丰富，这里的渔民依靠这些生活。1925 年日本氮肥公司落户到这里，噩梦也就随之开始。由于该化工厂将未经任何处理的废水排放到水俣湾中，水俣湾受到污染，生活在其中的鱼虾也不能捕捞食用，本地区人民失去经济支柱，很多家庭陷入贫困之中。

土地是人类生产和生活的基础，是国土的主要组成部分，是一个国家最宝贵的自然资源和农业生产最基本的生产资料。土地资源是有限的和不可替代的。因而，土地资源是制约整个国家经济和社会发展、生存的根本性要素。长期以来，我国土地资源的退化和破坏主要表现在水土流失、土地沙化、土壤污染、耕地缩减和质量下降上。人类社会在漫长的发展过程中人口的数量在不断增加，活动范围不断扩大，甚至高海拔地区的人口数量也不断增加，致使坡地承载力显著透支，加剧水土流失。不合理的土地利用方式也会进一步加剧坡地的水土流失。森林资源遭到乱砍滥伐，使得地表失去植被根系和落叶的保护，表土遭遇流水冲刷时失去了"护盾"，流水对表土的冲刷加剧。当前，全球水土流失面积达 30%，每年流失的有生产力的表土达 250 亿吨，而每年损失的耕地面积则在 500 万～700 万公顷。

近年来，全球土地荒漠化的范围日益扩大，荒漠化已经成为全球性的环境灾害，已影响全球大部分的国家和地区。联合国环境规划署的资料显示，全球荒漠化的土地面积达 4 500 多万平方千米，这其中亚洲和非洲的荒漠化面积占大多数。而与此同时，全球每年平均有 5 万～7 万平方千米的土地继续转变为荒漠。全球约有 25 亿人口遭受此危害，其中 12 亿之多的人口则直接受此威胁，受荒漠化影响的国家和地区达百余个。土地荒漠化所带来的直接影响是地球上可供人类利用的土地资源直接减少，土壤内养分流失，土壤肥力下降，且这种损失在短时间内难以恢复。土壤质量的下降给农业生产带来严重问题，荒漠化地区的农作物成活率受影响更加严重，直接造成农作物减产，作物减产还会引发新的社会和环境问题。

随着环境问题给人类发展带来的困扰和不确定性逐渐增加，寻求可持续发展已经成为国际社会的共识。自工业革命兴起以来，西方社会取得了经济的迅速发展，也遭遇了环境剧变带来的发展困境，同时，也逐渐走上了一条可持续发展的实践道路。

三、生物多样性的丧失

导致物种灭绝的因素较为多样，既有生态系统自然进化引起的自然灭绝，也有自然灾害引起的大量灭绝，还有人类活动的加剧而引起的人为灭绝[①]。当前物种的灭绝主要是人类不合理的活动而导致的。人类的活动范围不断扩展，森林砍伐、过度开发、水土污染等活动，都会直接或间接地破坏动植物的生存空间和生活环境，影响其生存，进而导致物种的数量日趋下降，生物多样性由此逐渐减少。一些科学家甚至认为，我们目前正在经历全新世生物灭绝或第六次生物大灭绝。在过去的 500 年间，已知受人类活动影响而灭绝或已经在野外灭绝的物种接近 900种。根据世界自然保护联盟（IUCN）的估计，截至 2016 年，近 25%的哺乳动物和 42%的两栖类动物濒临灭绝。2006—2016 年仅 10 年间，被列入红色名录的濒危物种数量就增加了 51%，达到 24 307 种。与此相关的是生物整体数量的下降，世界自然基金会（WWF）的研究显示，1970—2012 年，全球脊椎动物种群整体数量下降了 58%，海洋物种种群整体数量下降了 36%，而淡水物种种群整体数量更是下降了 81%[②]。物种的灭绝，导致生物多样性随之减少，对人类的生产生活也造成极大的影响。

生物多样性与人类、其他各种生物的生存和发展以及生态环境的可持续发展密切相关。正是由于各类动植物的存在，才构成了一个完整的生态系统，为人类的发展提供了需要的食物、药材以及工业原料等。维护生物多样性的发展也是促

---

① 严耕，杨志华. 生态文明的理论与系统建构[M]. 北京：中央编译出版社，2009：5.
② 黎祖交. 生态文明关键词[M]. 北京：中国林业出版社，2018：95.

进人类可持续发展的必然要求。

四、生态系统的毁坏

工业革命以来，科学技术的飞速发展促进了经济的发展，但经济发展的环境代价巨大，也在很大程度上影响了经济和社会的发展质量与速度，不利于可持续发展。科技的发展赋予了人类改造自然的强大力量，但是由于人类不合理的资源开发和利用，导致自然环境和生态系统的结构和功能被破坏，自然界的自我调节机制和动态平衡机制被破坏，使生态系统的平衡被打破且短期内难以得到恢复。环境的破坏不仅有森林和植被减少、水污染、水资源短缺、土壤退化、土地荒漠化等陆地生态破坏问题，还有近海海岸线退缩、海生生物多样性减少和海洋生态系统破坏等海洋生态破坏问题。这些环境问题发生面广、影响深远，对国家社会经济的可持续发展和个人的生产生活都造成了巨大限制和干扰，已经成为世界各国社会经济发展的重要制约因素。

时至今日，高科技的发展对生态环境破坏范围更广，强度更大，甚至是不可逆的。如农药的发明和使用，能够有效地保护农作物的生长，增加农产品的产量，在满足全球粮食需求方面发挥了巨大作用。但是，农药也是环境污染的罪魁祸首。1962 年蕾切尔·卡逊《寂静的春天》一书问世，书中生动地描述了因大量杀虫剂的使用而给环境造成污染的情形。在书的开头就写道："鸟儿不知道飞到哪里去了，许多人谈起鸟儿时感到困惑、不安。后园里的饲食器不再有鸟儿光顾。见到的少数几只鸟大多气息奄奄，浑身不停颤抖，飞不起来。春天变得无声无息。从前，知更鸟、猫鸟、鸽子、松鸦、鹪鹩和其他几十种鸟类从黎明就开始和声鸣唱，现在却寂然无声。寂静笼罩着田野、树林和沼泽地。"[1]因为农药的使用污染了小镇的空气、土壤和水资源，这些化学产品的使用还通过食物链层层传递，危害到人类和其他生物的生命健康，因此本该生机盎然的小镇，却在这个春天变得安静。很多时候人类认为自己征服了大自然，殊不知，却在无形中破坏了环境，我们也终将自尝生态破坏带来的恶果。

---

[1] [美]蕾切尔·卡逊著；王思茵等译. 寂静的春天[M]. 南京：江苏文艺出版社，2018：1-2.

第四节　生态文明的孕育

一、自然对人的惩罚呼唤生态文明

20 世纪以来，随着工业革命的开始，人类对自然掠夺和征服的能力不断加强，正如马克思和恩格斯在《共产党宣言》中所说："资产阶级在它不到一百年的阶级统治中所创造的生产力，比过去一切时代创造的全部生产力还要多，还要大。自然力的征服，机器的采用，化学在工业和农业中的应用，轮船的行驶，铁路的通行，电报的使用，整个大陆的开垦，河川的通航，仿佛用法术从地下呼唤出来的大量人口，过去哪一个世纪能够蕴藏有这样的生产力呢？"[1]科技的发展和生产力的提高，使人类社会得到了前所未有的发展。人类片面地追求经济的生长，却忽略了对生态环境的保护。

人类对自然的索取已经远超过生态自我修复的能力，导致生态系统毁坏，生态问题层出不穷。极端气候的不断出现，环境污染的日益严重，资源的极度匮乏等严重威胁着人类的生存和发展。震惊世界的八大公害事件，比利时马斯河谷烟雾事件、美国多诺拉镇烟雾事件和洛杉矶光化学烟雾事件、英国伦敦烟雾事件以及日本的四日市哮喘事件、米糠油事件、水俣病事件、富山痛痛病事件，都是工业革命对环境造成严重污染的真实写照。这些事件不断地提醒着人类对生态的破坏所带来的严重后果。自 20 世纪 60 年代以来自然灾害发生的频率也不断提高。半个世纪前，每年发生的自然灾害在 100 次左右，现在则达到每年 500 次以上，而且灾害的程度加剧了。1964 年，阿拉斯加发生了 9 级以上的强烈地震，并引起大海啸，但仅有 125 人丧生。2005 年，印度洋地震引起的大海啸，死亡人数接近 17 万人，并且毁灭所到之处的人类文明成果[2]。人类面临着巨大的生存危机，人类开始反思自身，生态文明应运而生。

① 马克思，恩格斯. 马克思恩格斯选集：第 1 卷[M]. 北京：人民出版社，1995：73.
② 王天玺. 海啸与文明[N]. 人民日报，2005-01-20.

二、生态文明是人类可持续发展的必要条件

现代科技和经济的发展使得生态系统被严重破坏，与此同时，人类也遭到自然的报复，各类自然灾害不断，甚至危及人类生命安全，究其根源，是人类无节制的对自然的索取导致的。人们已经意识到，不仅要注重经济的发展还要重视生态建设，走可持续发展道路，才能有长远的发展。这是因为，自然界就它自身不是人的身体而言，是人的无机的身体。人靠自然界生活，这就是说，自然界是人为了不致死亡而必须与之处于持续不断的交互作用过程的、人的身体。所谓人的肉体生活和精神生活同自然界相联系，不外是说自然界同自身相联系，因为人是自然界的一部分①。因此人类必须合理地利用自然资源，保护生态环境，如果我们只注重眼前的利益，自然将会遭到更大的破坏，可持续发展的能力也就会消失。"阿尔卑斯山的意大利人，在山南坡砍光了在北坡被十分细心地保护的松林，他们没有预料到，这样一来，他们把他们区域的高山畜牧业的基础给摧毁了；他们更没有预料到，他们这样做，竟使山泉在一年中的大部分时间内枯竭了，而在雨季又使更加凶猛的洪水倾泻到平原上。"②生态文明倡导人与自然和谐相处，追求和重视可持续生存和发展。人和社会的可持续生存与发展离不开自然资源，而自然资源的可持续发展又依赖生态文明。

建立人与自然和谐相处新格局，实现人与自然的协调发展，是人类生存和发展的必经之路。人类在与自然的相处过程中要善待自然、尊重自然规律，在考虑发展的同时，也要重视生态利益。人与自然关系的割裂必然带来一系列的生态问题，只有人与自然建立和谐、可持续的发展关系，才能最终形成一个生态自然与经济发展有机整体。

三、科学技术的发展是生态文明实现的手段

科学技术的发展促进了生产力发展的同时，也给环境造成了不可逆转的破坏。

---

① 马克思. 1844 年经济哲学手稿[M]. 北京：人民出版社，2000：56.
② 马克思，恩格斯. 马克思恩格斯选集：第 3 卷[M]. 北京：人民出版社，1972：518.

但是科学技术是一把"双刃剑",生态破坏、环境污染源自科技的发展,同时人类也在利用科学技术的发展改善自然环境,即绿色科技的诞生。

绿色科技的宗旨便是改善生态环境,使用科技的手段来治理生态污染、缓解资源短缺等环境问题。首先在污染治理方面,通过科技的手段对污水进行处理,减少了污水排放对水资源的污染,增加了水资源的循环利用;研发可降解的材料代替塑料等不可降解的物品,减少白色污染。其次通过改变以往高能耗、重污染的资源利用模式,增加资源的使用效率,促进能源的循环利用,促进第三产业的发展,建设生态产业。最后可再生能源在生活中的广泛运用,太阳能、风能、地热能等取代原来的煤炭、石油等不可再生资源,缓解资源短缺的压力。

科技的合理运用,能够促进资源的合理开发、增强能源的利用率,促进可持续发展,有利于协调经济发展与生态保护,维护生态平衡。

第三章　生态文明与生态文明建设的概念

第一节　生态文明的概念及特征

世界各国在生态文明实践方面已经做出了巨大努力，也取得了显著的成效。在了解世界各国为何如此重视生态文明建设之前，首先要对"生态文明"的定义和内涵形成一定的认识。

一、生态文明的概念

（一）生态及相关概念

《现代汉语词典》中对"生态"有如下定义：生态"指在一定的自然环境下各种生物生存、发展的状态；也指生物的生理特性和生活习性"。[①]这里的生态是作为名词的"生态"。而在现实的生活中，生态的用法渐趋多样化，不同的语言环境下具有不同的词性、不同的含义。

对"生态"一词的理解大致可分三个方面。[②]首先是作为学术术语的生态。生态是生态学这门学科的研究对象。"生态"一词最早源于希腊文"Oikos"，其意为"住所、生存环境"。专门研究生态的学科为生态学，生态学是关于居住环境的科学，主要研究生物和环境之间的相互关系。19世纪中叶，德国生物学家海克尔（H. Haeckel）最早提出了"生态学"这一概念，认为生态学所研究的是生物（动

---

① 中国社会科学院语言研究所编辑室. 现代汉语词典[M]. 北京：商务印书馆，2002：1130.
② 黎祖交. 生态文明关键词[M]. 北京：中国林业出版社，2018：6.

物、植物和微生物等）之间以及生物与环境（生物环境和非生物环境）之间的相互关系。生态学从萌芽到发展再到巩固，最后则是我们现在所熟知的现代生态学的发展阶段。早期的生态学与现代生态学之间存在较大差异。早期生态学主要的关注对象是自然现象，对人类社会的关注较少。随着人类社会的不断发展，生态学的关注对象也出现了新的变化，现代生态学更加注重将人类活动和生态过程结合起来考察和认识，并非对单一自然的关注，而是将研究的视角从纯自然扩展到了自然、经济和社会的层面。①

其次是作为名词的生态。在这里，生态可以理解为一切生物的生存状态。作为名词使用的生态较为常见，如良好的生态，意指生态环境处在较好的状态；再如社会生态、学术生态等，则意指社会和学术运行的状态。

再次是作为形容词的生态。作为形容词的"生态"与环境问题有关。在环境问题以及食品安全问题频发的背景下，人们对健康、绿色的食物和物品的追求越发迫切。这就是作为形容词时的生态。较为常见的一些提法有生态食品、生态农场、生态城市、生态农村等。总之，对于"生态"一词的多重含义的理解是理解生态文明及其建设的基础。

此外，与"生态"在表述及内涵等方面密切相关的概念还有生物圈、生态系统、生态学等，对这些概念的了解和掌握有助于理解生态和生态文明。生物圈指的是地球上有生物的圈层，其范围包括大气圈的底部、水圈大部、岩石圈表层、生物土壤圈。生物圈是地球上最大的生态系统，是人类赖以生存的家园。生物圈的稳态是指生物圈的结构和功能均维持在一个长期相对稳定的状态。生物圈具有自我维持这种稳态的能力，但这种自我维持稳定的能力是有一定限度的，人类活动是影响这种稳态的重要因素。人类是生物圈中的一员，是生物圈中占据统治地位的成员，人类活动给生物圈带来了巨大改变。生态系统是生物与环境共同构成的一个自然系统，是在一定空间内的全部生物与非生物环境相互作用形成的统一体。生态系统是指生物与生物之间以及生物与其生存环境之间密切联系、相互作用，通过物质交换、能量转化和信息传递，成为占据一定空间，具有一定结构、

① 李博. 生态学[M]. 北京：高等教育出版社，2000：5-9.

执行一定功能的动态平衡整体。①

（二）文明及相关概念

文明的产生是自然环境与社会环境互相选择的结果，文明的发展是人类通过不断改变生产方式推动的，文明的发展遵循交相更迭的规律。②"文明"一词的用法大致可分为两种，一种是日常生活中所指的"文明"，如日常生活中所见的随地吐痰、公共场合大声喧哗等行为，属于不文明的行为，也即狭义的文明。另一种是广义的"文明"，《辞海》中将"文明"解释为社会进步的一种状态，这里的文明则与"野蛮"相对。③如此，广义的文明指的是人类社会文明的形态，如人类社会经历过以及正在经历的原始文明、农业文明、工业文明以及生态文明。

与"文明"关系最为密切的一词是"文化"。中国古代的"文化"与现代社会的"文化"有一定的差异。中国古代的"文化"指的是"文治和教化"④。《周易·贲》中载："观乎天文，以察时变；观乎人文，以化成天下"⑤，此句的意思是，通过观察天文即可以知道四时的变化，通过观察人的伦理道德，可以实现教化天下的目标。汉代刘向在《说苑·指武》中写道，"圣人之治天下也，先文德而后武力。凡武之兴，为不服也。文化不改，然后加诛"⑥，说的是"武功"和"文化"在社会治理中的关系，意思是说，圣人在治理天下的时候，先用礼乐教化，然后再用武力。使用武力是因为对方不肯归服。如果用礼乐感化之后仍不能改变的，然后再加以武力讨伐。此为中国古代的文化。

现代社会的文化，一般指的是人类创造的物质财富和精神财富的总和，特指精神财富，如文学、艺术、教育、科学等。⑦基于此，文化也可分为广义的文化和狭义的文化。广义的文化包括人类的一切活动及其所创造的物质和精神等的成果。

---

① 陈阜，隋鹏. 农业生态学（第 3 版）[M]. 北京：中国农业大学出版社，2019：44.
② 徐春. 人类文明进入生态化时代[N]. 社会科学报，2018-08-23（5）.
③ 辞海（第 6 版）彩图本[M]. 上海：上海辞书出版社，2009：2382.
④ 广东，广西，湖南辞源修订组，商务印书馆修订组. 辞源（修订本 2）[M]. 北京：商务印书馆，1998：1357.
⑤ （宋）朱熹注. 周易[M]. 上海：上海古籍出版社，1987：22.
⑥ 方勇主编，程翔评注. 说苑[M]. 北京：商务印书馆，2018：696.
⑦ 《现代汉语辞海》编辑委员会. 现代汉语辞海[M]. 北京：中国书籍出版社，2003：1142.

狭义的文化指的是人类通过精神活动创造的观念形态，与人类创造的物质、制度等其他形态相区别，主要指的是人的意识、观念、习俗、制度等内容。此外，文化还有其他的含义。考古学中的"文化"，指的是"同一个历史时期的不以分布地点为转移的遗迹、遗物的综合体，如仰韶文化、龙山文化"。文化还可以用来表示人们运用文字的能力及一般知识，在日常生活中的使用较为频繁，如日常所说的文化水平（小学、中学、大学等）之高低。[①]

　　文明和文化两者关系密切，又有其各自的特征。文明和文化都是人类基于自然的物质基础而创造的产物，是人类社会最伟大的发明和创造，而文明和文化生成以后继续影响人类社会和自然界。文化指的是"生物在其发展过程中逐步积累起来的跟自身生活相关的知识或经验，是其适应自然或周围环境的体现，是其认识自身与其他生物的体现"，具体包括语言、文字、建筑、饮食、知识、技能、习俗等内容。[②]文化也可指称一定地区人群的全部社会生活的内容。从形成来看，文化的形成要早于文明，文明是人类发展到高级阶段才出现的。文明具体包括物质文明、政治文明、制度文明和精神文明。人类历史上，不同的地域空间出现了多样的文明，如古埃及文明、古巴比伦文明、古印度文明、古希腊文明、玛雅文明和中华文明等。这些出现在不同地域的文明依据其所处的地理环境和社会环境，在历史上经历了不同的命运。中华文明绵延五千年，是其中存续发展最久远的文明，而很多文明业已消失在了历史长河中，这些文明消亡的原因与支撑其发展的环境发生变迁有很大关系。诚如所言，"生态兴则文明兴，生态衰则文明衰"。

　　从文明的发展阶段来看，人类文明已经走过和正在经历的阶段有原始文明时代、农业文明时代、工业文明时代、生态文明时代。每个阶段中，最核心的便是人与周围自然界的相处模式。由于各阶段中人类社会生产力发展水平的不同，人与自然关系的显著特征有较大差异。在原始文明时代，人类社会生产力发展水平不高，对周围自然界带来的影响较小；农业文明时期，人类社会的生产力水平逐渐提高，人类的活动空间逐渐扩大，影响自然界的深度和广度都有所发展；而在

---

① 《现代汉语辞海》编辑委员会. 现代汉语辞海[M]. 北京：中国书籍出版社，2003：1142.
② 牛华勇，周鑫宇，曹雪城. 全球治理新时代下的国际观：21 世纪中国人必备的国际视野[M]. 北京：中国经济出版社，2019：306.

工业文明时期，人类社会生产力水平已经得到显著提升，人类活动对自然界影响的广度和强度进一步加深。生态文明时期是我们正在经历的阶段，也是未来人类文明发展的重要阶段。生态文明是一种孕育于已有文明状态下的文明形态，其显著特征是人与自然的相处模式发生变化，人与自然和谐共生成为生态文明的显著特征。徐春提到，"从文明的一般意义上讲，生态文明是人类在利用自然界的同时又主动保护自然界，积极改善和优化人与自然关系，建设良好的生态环境而取得的物质成果、精神成果和制度成果的总和"。[①]

人类文明是一个复合的有机系统，主要涉及物质文明、精神文明和政治文明。生态文明建设融入其他四个方面的建设，能够整体推进物质文明、精神文明、政治文明、生态文明的发展。中共十九大报告中提出"社会文明"，将"社会文明"与物质文明、精神文明、政治文明、生态文明并列，此处的"社会文明"是狭义的社会文明。广义的社会文明是全面体现人类社会的开化状态和进步程度的文明形态，是人类文明的同义词。[②]物质文明是人类用文化力量创造的物质成果的总和。人类社会的物质文明是随着人口增加、生产力水平的提高、科学技术的发展和社会物质的发展而不断发展和繁荣的。精神文明则是在一定的物质文明基础上，经由人类的思维和智慧，"按照人的一定的观念和思想所创造的文化成果"，如思想理论、科学技术、文学艺术、网络影视、文教卫生等。政治文明是人类社会建设的政治成果的总和，指的是国家的政治权利、政治制度、政治观念和政治行为。狭义的社会文明是广义社会文明的组成部分，其目标导向和本质特征是社会和谐，具体涉及就业、教育、医疗、居住、养老等民生领域的问题。[③]

（三）何为"生态文明"

生态文明提出的背景与人类社会面临的生态环境问题密切关联。从生态与文明的关系来看，生态是文明发展的基础，文明形成后又反过来影响着生态环境的发展状态。生态文明的提出旨在能够实现人与自然的和谐共生，人类的发展和进

---

① 徐春. 生态文明在人类文明中的地位[J]. 中国人民大学学报，2010（2）.

② 黎祖交. 生态文明关键词[M]. 北京：中国林业出版社，2018：71-72.

③ 黎祖交. 生态文明关键词[M]. 北京：中国林业出版社，2018：66-74.

步需要自然界的同步发展，进而实现可持续发展。

生态文明的概念并非"生态"与"文明"的简单结合。生态文明在人类社会的发展历程中扮演着重要的角色，是现代文明的重要组成和显著特征。那么，什么是"生态文明"？简单来说，生态文明是一种不同于以往的原始文明、农业文明和工业文明的文明，是人类文明的新形态。生态文明是人类充分发挥主观能动性，认识并遵循地球生态系统运行的客观规律建立起来的自然—人—社会复合生态系统和谐协调的良性运行态势、持续全面发展的新的社会文明形态，是人类创造的物质成果、精神成果和制度成果的总和。①

从人类社会的生产方式来划分，人类文明可划分为原始文明、农业文明、工业文明和生态文明。②从人与自然关系的层面来理解这几种文明，在不同的时期人对自然的认知不同，人与自然关系的表现也不同。在原始文明时期，人对自然的整体态度是敬畏和恐惧的；农业文明时期，人对自然的态度以依附和顺从为主；在工业文明时期，人对自然的态度主要表现为征服和利用；在生态文明的阶段，追求的是人与自然和谐相处。③在不同的文明阶段，人与自然的关系具有不同的表现和特征。

生态文明是一种新的文明形态，但这并不意味着要"抛弃"或"否定"其他文明形态，生态文明和以往的农业文明、工业文明既有连接之点，又有超越之处。生态文明萌生于工业文明的母体中。此外，如果将"文明"视为一个大系统，那么，生态环境、经济、政治、文化则是其中的子系统。自然是人类社会及地球上其他生物生存的基础，那么，追求人与自然和谐的生态文明可以看作其他文明的基础。④

人与自然和谐相处是生态文明的核心。社会主义生态文明是生态文明原则与社会主义原则的结合，是人与社会关系矛盾分析和人与自然关系矛盾分析的统一。党的十八大通过的党章中提到"中国共产党领导人民建设社会主义生态文明。树立尊重自然、顺应自然、保护自然的生态文明理念，坚持节约优先、

① 黎祖交. 生态文明关键词[M]. 北京：中国林业出版社，2018：133.
② 徐春. 生态文明在人类文明中的地位[J]. 中国人民大学学报，2010（2）.
③ 王凤才. 生态文明：生态治理与绿色发展[J]. 学习与探索，2018（6）.
④ 徐春. 人类文明进入生态化时代[N]. 社会科学报，2018-08-23（5）.

保护优先、自然恢复为主的方针，坚持生产发展、生活富裕、生态良好的文明发展道路。着力建设资源节约型、环境友好型社会，形成节约资源和保护环境的空间格局、产业结构、生产方式、生活方式，为人民创造良好生活环境，实现中华民族永续发展。"党的十九大进一步强调，"建设生态文明是中华民族永续发展的千年大计"，"要牢固树立社会主义生态文明观，推动形成人与自然和谐发展的现代化建设新格局"。

人和自然的关系是人类基本的生存关系，人类如何看待自己和对待自然，集中体现于人类的自然观。自然观指的是"人们关于自然界如何存在和演化的根本观点，它既是世界观的重要组成部分，又是人们认识和改造自然的方法论"，[1]是人类对人与自然的认识和看法。生态文明观与自然观密切相关，内涵比自然观更为丰富，人类社会是其中的重要存在。生态文明观是"关于自然、人、社会三者相互之间有机联系、相辅相成、共生共荣的总的科学观点，以及人们正确处理三者各关系的科学方法"。[2]社会主义生态文明观是新时代中国生态文明建设观念体系的重要内容。社会主义生态文明观具有鲜明的社会主义意识形态属性，融合了生态世界观、生态政治观、生态价值观、生态民生观和生态伦理观；同时，它还是"一种全面地把握人与自然关系和人与社会关系辩证统一性的生态世界观"。[3]

二、生态文明的特征

生态文明是最基本也最重要的理念，是尊重自然、顺应自然、保护自然，实现人与自然的和谐发展，所要处理的是人、自然、社会三者间的关系，这就使得生态文明具有一些以往文明不具备或不突出的特征。生态文明的特征具体表现为可持续性、和谐性和整体性等。

① 饶品华，李永峰，那冬晨，等. 可持续发展导论[M]. 哈尔滨：哈尔滨工业大学出版社，2015：230.
② 黎祖交. 生态文明关键词[M]. 北京：中国林业出版社，2018：133.
③ 方世南，周心欣. 社会主义生态文明观：内涵、价值、培育与践行[J]. 南京工业大学学报（社会科学版），2018（3）.

（一）可持续性

人与自然和谐相处是生态文明的重要内涵，可持续发展便是人与自然和谐相处的重要表现。顾名思义，"可持续发展"要实现的是一种可以持续地发展，是正确处理人类社会与自然环境之间关系的发展。可持续发展理念的提出意味着，人类社会曾经走过或正在走的道路是无法实现人与自然的良性发展和循环的道路，而且这条道路不利于人类社会的发展和自然环境的健康。1987年，世界环境与发展委员会发布长篇报告《我们共同的未来》，报告围绕环境与发展两大主题，论述了人类社会经济发展与环境保护之间的关系。报告中清晰地阐释了"可持续发展"的概念，即人类应该实现的发展是"既能满足当代人的需要，又不对后代人满足其需要的能力构成危害的发展"[①]。可持续发展理念是在人类社会面临环境危机和资源短缺等问题，并已严重威胁到地球生态系统良好运行的背景下提出的，其最终的落脚点和着眼点是发展。与以往不同的是，这种发展是可持续的。可持续发展理念从人类社会的经济发展和自然环境立场出发思考两者的关系，重点关注的是人类代际的生存和发展需求能否得到满足，既要考虑当代人发展的需求，但也不能损害后代人发展的需求。

可持续性是生态文明的重要特征。可持续发展的核心内涵与生态文明所要求的发展的内在一致。可持续发展首先强调的是实现发展，是一种环境保护和经济发展关系得到妥善处理的发展。同时，强调时间尺度上的代际公平，当代人的发展不应影响支撑后代人发展所需的资源和环境，此即可持续发展的公平性原则。以上这些特性正是生态文明的显著特征，也是生态文明建设的目标和愿景。

（二）和谐性

人与自然和谐相处是生态文明的重要特征，也是生态文明和谐性特征的集中体现。"人与自然"这对关系是从"人—社会—自然"三方面来认识和剖析的，生态文明的和谐性在这三方面均有深刻体现，即人与人、人与社会、人与自然方面。

---

① 世界环境与发展委员会编著. 我们共同的未来[M]. 北京：世界知识出版社，1989：82.

首先，人与自然和谐共生是人与自然关系的本质、目标。[①]人与自然的作用是相互的。一方面，人类的生存和发展是以自然界提供的资源和环境为前提和基础的，人类通过对周围自然资源的取用而作用于自然界，由此人类活动与自然界发生接触。在不同时期，人类接触和作用于自然界的强度存在差异。另一方面，随着人类活动的强度和广度的加深和扩大，人类对自然界的影响逐渐扩大，自然界的异常变动则是自然作用于人的表现。随着人类活动强度的加大，对生态系统的运行产生了一定的负面影响，加剧了极端气候事件和极端灾害事件的频发，这些事件严重威胁人类社会系统的正常运行。可见，人与自然任何一方都不可偏废。党的十九大报告中提出"人与自然是生命共同体"，实现人、社会发展的同时实现自然的发展，才是人类社会发展的最佳状态，也是理解"人与自然是生命共同体"的重要维度。[②]人与自然的和谐共生需要人类发挥主观能动性，践行尊重自然、顺应自然的理念，树立绿色的发展观、消费观。

其次，人与社会、人与人关系的和谐。人与人的和谐是人与社会整体和谐的重要前提和基础，也是人与社会和谐的重要体现。人与人的和谐即可以理解为两个个体间的和谐，也可以理解为不同人群间、不同种族间、不同国家间、不同地区间的和谐。[③]人与人、人与社会的和谐是人类社会系统健康运行的重要内容，也是人与自然和谐相处的基础。只有当人类社会保持在一个良好运行的状态时，人类才可能有更多的精力将注意力放在周围的自然界，从而在环境治理和资源节约等方面投入更多精力。倘若人类社会本身处在"水深火热"之中，维持基本的生存则是人类社会的首要问题，此时显然很难对周围自然界给予很高的关注。故而，人与人、人与社会、人与自然的关系的和谐是生态文明的重要方面，是人与自然共同发展的重要内容，也是生态文明建设的目标追求和重要特征。[④]

① 黎祖交. 生态文明关键词[M]. 北京：中国林业出版社，2018：62、64.
② 穆艳杰，于宜含. "人与自然是生命共同体"理念的当代建构[J]. 吉林大学社会科学学报，2019（3）.
③ 张弥. 社会主义生态文明的内涵、特征及实现路径[J]. 中国特色社会主义研究，2013（2）.
④ 严耕，杨志华. 生态文明的理论与系统建构[M]. 北京：中央编译出版社，2009：175.

（三）整体性

自然生态系统具有系统性，人类社会系统的运行也有其系统性，只有各自系统良好运转才能保证两者的持续性发展。从发展的趋势来看，系统运行具有其复杂性，两大系统的接触和碰撞，都会影响各自系统的运行，只有系统的良好运行才能取得两者的共生和同步发展。如何才能实现整体、共生、同步的发展？生态文明是一个答案。

就人类社会系统而言，支撑人类社会系统的子系统既有自然系统，可以为人类社会提供发展资源；也有人口系统、社会系统等，可以进一步满足人类社会的个性化发展。而就生态系统而言，简单来说，生态系统的运转是生物和环境的相互作用。无论是自然生态系统还是人类社会系统都不可能单独运转，两大系统之间有着千丝万缕的联系。人类社会系统需要自然生态系统提供的各类资源和能源，而自然生态系统的运转中人类是其中的重要组成，人类活动还不断地影响着自然生态系统。

从更广义的层面来看，生态文明的整体性是兼顾人类社会系统和自然生态系统这两大系统的整体性。生态文明是包含了人类和自然的一个整体，关涉自然、经济、社会三大方面。[1]只有各个子系统实现可持续发展，整个地球生态系统（含人类生态系统）才能实现发展，反过来，当地球生态系统得以良性发展时，人类社会系统也才能得到真正的发展。[2]这也意味着，人类社会的发展应该具有全面性，要虑及自然生态环境，正如习近平总书记提出的"绿水青山就是金山银山"思想。

第二节　生态文明的发展和演变

一、生态文明的发展历程

生态文明的提出主要可以从两个角度来看，一是学术界的提出，二是政府层

[1] 李惠萌，于江丽，陈有根. 珠三角区域生态文明建设研究[M]. 广州：中山大学出版社，2016：11.
[2] 严耕，杨志华. 生态文明的理论与系统建构[M]. 北京：中央编译出版社，2009：174.

面的提出和实践。学术界提出一个新的概念时，更倾向于学术研究和讨论，尚且局限在一定范围内。当新的概念出现并被政府所重视，将其融入政府的执政理念，采取实际的行动和举措来践行这一理念时，新的概念的影响范围就已经从学术层面扩展至社会层面，并逐渐影响到公众和社会乃至国家和世界。"生态文明"的概念亦如是。

最早提出"生态文明"这一概念的是德国学者伊林·费切尔（Iring Fetscher）。1978 年，费切尔在《宇宙》（*UNIVERSITAS*）期刊上发表《人类生存的条件：论进步的辩证法》（*Conditions for the Survival of Humanity: On the Dialectics of Progress*）一文，该文中使用了 ecological civilization 这一词组，可译为"生态文明"。①这是学术界较早提出的"生态文明"。

1984 年，苏联学术界提出了"生态文明"，并将此作为共产主义教育的内容。1984 年《莫斯科大学学报·科学共产主义》期刊发表了《在成熟社会主义条件下培养个人生态文明的途径》一文，文中提出要培育生态文明，将生态文明看作工业文明中的一种新的文明成分，但并未将其视为一种新的文明形态。②

1995 年，美国学者罗伊·莫里森在《生态民主》（*Ecological Democracy*）一书中提出了"生态文明"（ecological civilization）的概念。莫里森认为，生态文明是继工业文明之后的一种新的文明；"生态民主"是由"工业文明"向"生态文明"过渡的必由之路。③莫里森对生态文明的解读对后来生态文明的发展产生了极大影响。

生态文明的理念是基于人类社会在发展过程中面临的环境问题而提出的，并在不同的国家和地区得到实践和发展，最早是在率先走上工业化道路的发达国家得到发展和实践。随着环境问题和生态危机的出现和发展，并逐渐显著威胁到人类社会的发展时，环境保护的思想和声音就会凸显，进而成为生态文明形成和发展的思想和理论基础。20 世纪 30—70 年代，美国、日本、英国等国家发生了著名的八大环

① 卢风，曹小竹. 论伊林·费切尔的生态文明观念——纪念提出"生态文明"观念 40 周年[J]. 自然辩证法通讯，2020（2）.
② 徐春. 唯物史观视阈下的生态文明——对生态文明将是未来文明形态的再思考[J]. 马克思主义哲学论丛，2013（2）.
③ 陈凤桂，蒋金龙，陈斯婷，等. 海洋生态文明区理论与定位分析[M]. 北京：海洋出版社，2018：4.

境公害事件①，这些事件的发生成为世界环境保护运动发展的契机②。西方环境保护运动兴起于 19 世纪末 20 世纪初，标志是由美国发起的资源保护和荒野保护运动。1962 年，美国海洋生物学家蕾切尔·卡逊（1907—1964）的《寂静的春天》一书出版，至此，美国的环境保护乃至全球环境保护运动进入了一个新的阶段。1970 年 4 月 22 日，首次"地球日"环境保护运动在美国发起，参加人数多达 2 000 万人。受此影响，加拿大、日本以及欧洲各国的群众性环境保护运动逐渐发展起来。1972 年《增长的极限》问世，引发了人们对发展和环境问题的思考。该报告分别从人口、工业、粮食生产、自然资源和污染五大方面考察了经济增长的因素及限制条件，得出的结论是，若人口、工业化、粮食生产、自然资源和污染按照当前的速度继续发展下去，地球的支撑能力将会达到极限。此后，"可持续发展"的思想和理念受到各国的重视。这些标志性的事件也从侧面印证了，全球各个地区和国家都在不同程度上面临环境恶化所带来的生存危机和发展危机，绿色发展和可持续发展的道路成为人类社会共同追求的发展目标。

二、中国生态文明的发展历程及演变

20 世纪 80 年代，中国学术界提出"生态文明"概念，并逐渐受到生态经济、生态哲学等学者的关注和重视。1984 年，生态经济学家叶谦吉③在苏联讲学，此时便已提出了生态文明建设的内容④。1987 年，在全国生态农业问题讨论会上叶谦吉再次提出了生态文明建设，他认为，生态文明"就是人类既获利于自然，又还利

---

① 这八大环境公害事件分别指的是 1930 年发生在比利时的马斯河谷烟雾事件，1943 年发生在美国的洛杉矶光化学烟雾事件，1948 年发生在美国的多诺拉烟雾事件，1951 年以来发生在日本的水俣病事件，1952 年发生在英国的伦敦烟雾事件，1955 年以来发生在日本富山神通川的痛痛病事件和四日市的哮喘病事件以及 1968 年的米糠油事件。

② 王如松，周鸿. 人与生态学[M]. 昆明：云南人民出版社，2004：5-10.

③ 叶谦吉，男，1909 年 6 月生，江苏无锡人，著名生态经济学家，教授、博士和博士后导师。金陵大学农业经济系毕业，经美国康奈尔大学研究生院农经系深造。曾任南开大学教授，重庆大学教授兼经济系主任。从事农业高等教育工作 60 余年。

④ 本刊记者. 正确认识和积极实践社会主义生态文明——访中南财经政法大学资深研究员刘思华[J]. 马克思主义研究，2011（5）.

于自然，在改造自然的同时又保护自然，人与自然之间保持着和谐统一的关系"①。此后，生态文明与物质文明、精神文明三大文明的建设进一步受到政府和学者的关注和重视，相关的表述和阐述愈加深入②。

在尚未明确提出"生态文明"之时，中国的生态文明思想和理念已经有了一定的发展和实践。中华人民共和国成立之初，政府的工作重心是经济建设，这一时期尽管对环境的关注有限，但在水土保持、植树造林等方面的工作已有开展，并积极参与世界环境保护工作。黄河、淮河的治理工作被纳入主要工作内容；林业建设工作进一步受到重视；1972 年参加联合国环境大会，次年，中国召开第一次全国环境保护会议。改革开放后，中国的环境保护工作进一步发展，环境立法和相关组织机构建设的工作受到重视，为我国环境保护的法制化、制度化、体系化奠定了重要基础，著名的"三北"防护林工程就启动于这一时期。20 世纪 90 年代至 21 世纪初，可持续发展、科学发展观的理念进一步发展。2007 年，中国共产党第十七次全国代表大会召开，党的十七大报告中明确提出建设生态文明的要求和目标，同时，要实现在全社会树立牢固的生态文明观③。至此，环境保护和生态文明被提高到新的高度。2012 年，党的十八大提出中国现代化建设的"五位一体"总体布局，生态文明建设与经济建设、政治建设、文化建设、社会建设并列，并强调要将生态文明融入经济建设、政治建设、文化建设、社会建设的各方面和全过程。党的十八大以来，中国特色社会主义生态文明理论和实践得到进一步发展，形成习近平生态文明思想。④

三、生态文明的远景

"远景"是我们站在此处看远处景色的一种视觉呈现。现在正在进行的生态文明建设是"此处"，而远处的生态文明将是什么样，一定程度上，是能预想到的。

① 刘思华. 对建设社会主义生态文明论的若干回忆——兼述我的"马克思主义生态文明观" [J]. 中国地质大学学报（社会科学版），2008（4）.
② 刘思华. 生态文明与可持续发展问题的再探讨[J]. 东南学术，2002（6）.
③ 胡锦涛. 高举中国特色社会主义伟大旗帜 为夺取全面建设小康社会新胜利而奋斗——在中国共产党第十七次全国代表大会上的报告[J]. 求是，2007（21）.
④ 黄承梁. 中国共产党领导新中国 70 年生态文明建设历程[J]. 党的文献，2019（5）.

"生态文明"是在有意识"建设"的前提下去追求的一种文明形态，同时，人类社会有意识和无意识的行为及其结果将会成为生态文明形成的基础，每一项制度、政策都是生态文明建设远景的切实呈现。以中国生态文明建设来看，是要将生态文明融入经济建设、政治建设、文化建设、社会建设的各方面和全过程，这就意味着未来我们的经济、政治、文化和社会都将是以绿色、可持续为主要特征，实现人类社会和自然界的和谐、有序发展。

经济发展是实现社会进步的重要推力，经济发展和建设也是人类文明发展的重要内容，而生态文明融入经济建设就是生态文明在经济方面的远景体现。人类社会已经经历过一个以牺牲自然环境为代价的阶段，也已经明白这样的发展最终给人类社会的发展带来了严峻的挑战。而绿色经济、生态经济、低碳经济、循环经济已成为现代社会可持续发展的共识，未来必将成为人类社会发展的常态。

生态文明融入政治建设是推动生态文明建设的重要力量。生态与政治的结合是生态文明建设的重要保证，反过来，也会带来政治建设的优化和调整。"生态"将逐渐成为全球不同国家和地区的政策、制度在制定和执行过程中的重要考量。

生态环境优美、社会和谐有序是生态文明融入社会建设层面的重要表现。在社会建设层面融入生态文明的思想和理念，意味着需要人们在思想、观念以及行动方面发生实质性转变，这也是生态文明时期人类社会的基本特征。人们生态意识和环境保护意识的形成是行动层面的基础。生态文明建设具有复杂性、艰难性等特征，需要人类社会的长期奋斗，而公众普遍参与生态文明建设将是未来生态文明时期社会的显著特征，这意味着社会层面已经普遍梳理了生态文明的发展理念，并将之付诸实践。

生态文化形成并在人类社会产生持续性影响是生态文明融入文化建设层面的重要表现。生态文化形成是人类社会生态文明建设成果的一种体现；而生态文化持续在人类社会产生影响则意味着生态文化具有较强的生命力和影响力。

生态文明建设的远景并不远，它离不开当下人类社会的每一个行为、每一项政策、每一种观念，只有当下人类社会坚持秉持人与自然和谐共生的发展理念，未来生态文明的建设才能取得更显著和突出的成效。

第三节　生态文明建设的概念及特征

一、生态文明建设的概念

（一）生态文明建设的提出

严格来说，当人类社会意识到环境问题所带来的生存和发展压力并为解决环境问题而主动采取行动之时，生态文明建设就已经出现了。从全球的生态危机和环境问题来看，欧美国家最早走上工业发展的道路，也较早经历了经济发展带来的环境问题和压力，故而欧美国家在环境治理方面的实践在一定程度上也是较早走上了生态文明建设的道路。

生态文明建设的内容涉及生态理念、生态经济、生态科技、生态制度和生态行为等方面。早期生态文明建设的实践中深刻包含着上述各个方面的内容，且为当前生态文明建设的深入提供了良好的基础。随着工业革命的发展，人类社会面临的生态危机和环境问题趋于严峻，西方各国为缓解环境问题带来的压力，摆脱环境问题给发展带来的限制，率先走上了环境治理的道路。随着环境问题的频发和加剧，世界各国和地区开始呼吁绿色低碳的可持续发展，并制定相应的政策和发展战略，相关的法律法规不断健全，不同程度地走上了可持续发展的道路。面对环境问题的日益严重，环境安全、生态安全成为国际非传统安全的重要范畴，与此同时，国际环境治理的合作也进一步加快。①20 世纪 50 年代以后，中国逐渐走上了生态文明建设的道路。以下主要梳理中国生态文明建设的历程。

1. 中国生态文明建设的萌芽阶段

自中华人民共和国成立以来，中国生态文明建设取得了长足发展，环境保护工作渐次开展。新中国成立至改革开放以前是生态文明建设的探索阶段，改革开

---

① 厦门市发展研究中心. 2015—2016 年厦门发展报告[M]. 厦门：厦门大学出版社，2016：242-243.

放至党的十六大召开是生态文明建设的全面推进阶段。2002 年，在党的十六大上提出了"可持续发展能力不断增强，生态环境得到改善，资源利用效率显著提高，促进人与自然的和谐，推动整个社会走上生产发展、生活富裕、生态良好的文明发展道路"的目标。①2003 年，党的十六届三中全会通过《中共中央关于完善社会主义市场经济体制若干问题的决定》，强调要"坚持以人为本，树立全面、协调、可持续的发展观，促进经济社会和人的全面发展"②，强调要实现的发展应该是全面的、协调的和可持续的，要重视人与自然的和谐发展，避免出现增长失调和制约发展的局面。实现可持续发展是生态文明建设的重要目标，这也是人类生存和发展的内在要求和基础。

2. 中国生态文明建设的进一步发展阶段

2007 年，中国共产党第十七次全国代表大会明确提出"建设生态文明"。"建设生态文明"作为全面建成小康社会奋斗目标的新要求之一被提出，其他四个要求分别为经济、政治、文化和社会方面的建设。尽管党的十七大报告中具体列举了"建设生态文明"，但总体的提法仍为"坚持中国特色社会主义经济建设、政治建设、文化建设、社会建设的基本目标和基本政策构成的基本纲领"，由此可见，此时的"生态文明建设"还未完全与其他四个建设并列，但是对于建设生态文明的具体内涵给出了深刻的解释和目标要求，"建设生态文明，基本形成节约能源资源和保护生态环境的产业结构、增长方式、消费模式。循环经济形成较大规模，可再生能源比重显著上升。主要污染物排放得到有效控制，生态环境质量明显改善。生态文明观念在全社会牢固树立。"③

党的十八大将"生态文明建设"纳入"五位一体"总布局。2012 年，党的十八大提出"大力推进生态文明建设"，将生态文明建设放在突出地位。在"建设生态文明"的基础上，党的十八大将"生态文明建设"纳入中国特色社会主义事

---

① 江泽民. 全面建设小康社会，开创中国特色社会主义事业新局面——在中国共产党第十六次全国代表大会上的报告[J]. 求是，2002（22）.
② 中共中央关于完善社会主义市场经济体制若干问题的决定[N]. 人民日报，2003-10-22.
③ 胡锦涛. 高举中国特色社会主义伟大旗帜 为夺取全面建设小康社会新胜利而奋斗——在中国共产党第十七次全国代表大会上的报告[J]. 求是，2007（21）.

业"五位一体"总体布局。"面对资源约束趋紧、环境污染严重、生态系统退化的严峻形势，必须树立尊重自然、顺应自然、保护自然的生态文明理念，把生态文明建设放在突出地位，融入经济建设、政治建设、文化建设、社会建设各方面和全过程，努力建设美丽中国，实现中华民族永续发展。"①这是将生态文明建设放在了一个新的高度，生态文明建设的重要性由此凸显出来。2013 年，中共十八届三中全会中提出建立系统完整的生态文明制度体系，实行最严格的源头保护制度、损害赔偿制度、责任追究制度，完善环境治理和生态修复制度，用制度保护生态环境。②2018 年 5 月，中国生态环境保护大会召开，习近平总书记强调，生态文明建设是关系中华民族永续发展的根本大计。这次会议也首次系统地总结和阐释了习近平生态文明思想，展现了中国生态文明思想在理论层面和实践层面取得的成就。

（二）何为"生态文明建设"

生态文明是人类文明的一种形态，也是人们思想和行为观念上对人与自然关系认识的一种体现。生态文明建设则属于实践层面的内容，是人们在深刻认识人与自然关系的基础上，运用生态文明的理念和思想，"主动自觉追求生态文明目标实现、价值归宿和生产生活方式的行为活动和实践过程"。③具体来说，"生态文明建设是指以生态文明观为指导，对社会建设进行全面的改造，不断地对人与人、人与自然、人与社会的关系进行完善与优化的实践活动。"④具体来看，生态文明建设是一个庞大的工程，是一个极为复杂的系统，包含建设主体、建设内容、建设领域、建设手段等内容，而且又融合并表现为生态物质文明建设、生态精神文明建设、生态法治文明建设、生态行为文明建设四个维度。⑤

生态文明建设的主体具有多元化的特征。以一国观之，生态文明建设与每个

① 胡锦涛. 坚定不移沿着中国特色社会主义道路前进 为全面建成小康社会而奋斗——在中国共产党第十八次全国代表大会上的报告[J]. 求是，2012（22）.
② 中共中央关于全面深化改革若干重大问题的决定[N]. 人民日报，2013-11-16（1）.
③ 董杰. 改革开放以来中国社会主义生态文明建设研究[D]. 中共中央党校，2018.
④ 张子玉. 中国特色生态文明建设实践研究[D]. 吉林大学，2016.
⑤ 谷树忠，胡咏君，周洪. 生态文明建设的科学内涵与基本路径[J]. 资源科学，2013（1）.

人都息息相关，需要全民的广泛参与才能实现，涉及政府、企业、家庭以及其他社会组织。每个人都有义务和责任参与到生态文明建设中来。此外，从建设的领域来看，生态文明建设的尺度包括全球尺度、国家尺度、地区尺度、地域尺度和社区尺度。从建设内容来看，涉及整个生态系统的建设，诸如森林生态系统、草原生态系统、荒漠生态系统、农业生态系统、城市生态系统、海洋生态系统、湖泊生态系统、河流生态系统等。生态文明建设的手段具有多样化的特征，主要有意识手段、制度手段、科技手段等。①

　　"五位一体"是中国特色社会主义事业的总体布局，生态文明建设被放在突出地位。"五位一体"指的是经济建设、政治建设、文化建设、社会建设和生态文明建设是一个有机整体，中国特色社会主义的经济建设、政治建设、文化建设、社会建设和生态文明建设之间是相互联系、相互促进和相互影响的。生态文明建设属于其他建设的基础，生态文明建设在经济建设、政治建设、文化建设、社会建设的各方面和全过程中均有体现。②

　　生态文明建设与经济建设、政治建设、文化建设、社会建设是彼此渗透、相互融入的关系。③一方面，其他四个方面的建设能为生态文明建设提供良好的基础。经济建设能够为生态文明建设提供物质基础和资金保障；政治建设能够为生态文明建设提供政治导向、决策支持和制度保障；文化建设能够为生态文明建设提供思想支撑和行为准则，培育和树立人与自然和谐的观念；社会建设为生态文明建设提供良好的社会基础，营造良好的环境保护的社会氛围。④另一方面，生态文明建设能够为其他四方面的建设提供良好的生态基础，生态文明建设过程中所包含的绿色发展、可持续发展、人与自然和谐、环境保护等思想和理论的发展、实践，对其他四项建设的推进发挥着重要的渗透、引导和导向的作用。⑤

---

① 谷树忠，胡咏君，周洪. 生态文明建设的科学内涵与基本路径[J]. 资源科学，2013（1）.
② 吴瑾菁，祝黄河. "五位一体"视域下的生态文明建设[J]. 马克思主义与现实，2013（1）.
③ 黎祖交. 生态文明关键词[M]. 北京：中国林业出版社，2018：234.
④ 环境保护部环境与经济政策研究中心编. 生态文明知识50问[M]. 北京：中国环境科学出版社，2014：45.
⑤ 黎祖交. 生态文明关键词[M]. 北京：中国林业出版社，2018：234.

（三）生态文明与生态文明建设的关系

生态文明是人类文明的一种形态，其内涵是人类要尊重自然、保护自然、顺应自然，目的是实现人与自然的和谐共生，引导人类社会走向可持续与和谐的发展道路。①生态文明建设重在"建设"，属于实践层面的内容。生态文明理念、意识需要通过"建设"来落实，最终才能真正实现人与自然的和谐、共生，促使人类社会走向可持续发展的道路。

走生态文明的发展道路是人类社会在总结和反思以往发展道路后形成的成果，是人类社会的智慧结晶。生态文明具有可持续性、和谐性、整体性等特征，这在生态文明建设的层面也有体现。人类社会要通过具体的行动和措施来培育和营造良好的环境保护的社会环境和氛围，需要将生态文明建设融入政治建设、经济建设、文化建设和社会建设的诸多层面。

生态文明既是生态文明建设过程中思想和理论的指导，也是生态文明建设的目标和归旨。首先，生态文明是生态文明建设的思想和理论指导。生态文明建设需要进行整体的规划和设计，唯有此才能避免人类社会的发展道路重蹈不可持续的覆辙。人类社会发展已经取得的成就是有目共睹的，但与之相伴随的环境问题也为世人共见。生态文明建设在生态文明观的指导下逐渐开展，在政府相关政策和制度的保障下深入发展，促使全社会普遍树立保护环境和爱护自然的生态意识，不断营造良好的适于生态文明建设的社会氛围，普通民众的绿色消费观、经济的绿色发展模式是生态文明建设成果的重要体现。从生态环境的角度来看，在生态文明建设的影响下，人类活动被限定在一定范围内，人类对环境、资源的保护意识和合理利用意识逐渐加强，不利于生态系统良性循环的因素减少，人类积极合理的行为给自然界提供了更多一层的人为保护，这对于自然生态系统的发展具有重要意义。

其次，生态文明是生态文明建设的目标和归旨。生态文明建设是一种极为复杂的行为，但其最终的目标和愿景则是生态文明。文明的形成与人群、环境密切

---

① 赵其国，黄国勤，马艳芹. 中国生态环境状况与生态文明建设[J]. 生态学报，2016（19）.

关联，生态文明的形成亦如是。一方面，人类社会在已经取得的发展成果的基础上，在当前所处的环境状态下，提出了种种的生态理念，寻求可持续发展之路；另一方面，在建设生态文明的道路上人类社会还将继续丰富生态文明的思想和理论，采取涉及政治、经济、文化、社会和生态诸多层面的措施。凡此种种都是生态文明这一文明形态的组成部分，是生态文明发展历程中的重要内容。

二、生态文明建设的特征

生态文明建设是一个庞大而复杂的工程，涉及建设主体、建设内容、建设领域、建设手段等多方面的内容。生态文明的建设主体有政府、公众和社会；建设内容有人类社会系统和自然生态系统，建设领域则涉及全球、国家、地区等；建设的手段则更为多样，如科技手段、制度手段等。由此观之，生态文明建设具有建设内容的全面性、建设时间的长期性、建设过程的渐进性和阶段性，以及共同建设和成果共同享有的特征。

（一）生态文明建设内容的全面性

生态文明建设内容的全面性主要体现在涉及的人类社会系统和自然生态系统。

生态文明建设与人类社会系统。第一，中国生态文明建设是"五位一体"总体布局中的重要组成部分，是生态文明建设内容全面性的重要体现。中国生态文明建设在具体的建设过程中，要将生态文明建设融入政治、经济、文化和社会的建设中，内容涉及广泛。"五位一体"的总体布局是理解中国生态文明建设全面性的核心维度。2012 年，党的十八大提出，要"全面落实经济建设、政治建设、文化建设、社会建设、生态文明建设五位一体总体布局"[①]。"五位一体"中的"五位"指的是政治、经济、文化、社会和生态五个方面，"一体"意在说明以上五个方面中的任何一方面的发展和前进都不能脱离其他四个方面而"独自前行"，要做到五个方面的统筹发展。"五位一体"是一种相互影响、相互促进和

---

① 胡锦涛. 坚定不移沿着中国特色社会主义道路前进　为全面建成小康社会而奋斗——在中国共产党第十八次全国代表大会上的报告[J]. 求是，2012（22）.

相互联系的有机整体。①这种总体布局实际说明的就是社会发展和自然环境之间交织交融的关系，是一种"唇亡齿寒"的关系。

第二，多主体参与生态文明建设也是生态文明建设内容全面性的一种体现。生态文明建设关乎普通民众日常的衣食住行，与企业的绿色可持续发展息息相关，更是国家可持续发展和民族伟大复兴的必经之路。因此，生态文明的建设是天然融入普通民众的日常生活和企业生存发展的全过程中的，如此形成了全社会参与建设的格局。

第三，从生态文明的内涵来看，具体包括生态物质文明、生态精神文明、生态制度文明、生态行为文明。每个方面都体现着生态文明建设的重要内容，各方面相互交织、渗透，经纬交错，编织出生态文明的美丽图卷。

生态文明建设与自然生态系统。首先，生态系统是个复杂的系统，生态文明建设便是在这样一个复杂的系统中开展和推进的。根据不同的划分方法，生态系统有多种分类。以生态系统的非生物成分和特征为划分依据，生态系统可划分为陆地生态系统和水域生态系统，这两个大系统又由若干个子系统组成。陆地生态系统主要有森林生态系统、草原生态系统、荒漠生态系统、农业生态系统、城市生态系统等。水域生态系统主要有海洋生态系统、湖泊生态系统、河流生态系统等。②以上这些生态系统根据人类活动的干预程度划分，则可划分为自然生态系统和人工生态系统。而无论对生态系统作何划分，人类赖以生存的环境均离不开各个生态系统中的环境要素，这些生态系统基本囊括了生物圈中的河湖山川、土壤森林等要素，而这也正是生态文明建设内容全面性的体现。

其次，发展过程中要处理好发展和环境的关系。大自然的存在为人类社会生存和发展提供了物质基础，人类社会生态文明建设的核心是调节人与自然的关系，换言之，在生态文明建设的过程中，要处理好发展与环境的关系，生态环境的状态将成为衡量社会发展状况的核心指标。习近平总书记提出"绿水青山就是金山银山"，"宁要绿水青山，不要金山银山"。人类的发展要关心自然环境的状况，一

---

① 吴瑾菁，祝黄河. "五位一体"视域下的生态文明建设[J]. 马克思主义与现实，2013（1）.
② 张坤，张颖，李永峰主编. 基础生态学[M]. 哈尔滨：哈尔滨工业大学出版社，2018：100.

方面要将人类活动限制在一定范围内，给自然界的动植物的生存发展留足空间，减少和避免人类活动给生物圈、大气圈、岩石圈可能带来的侵扰和破坏；另一方面，对已经受到人类活动破坏的资源和环境采取措施进行治理和修复。人类社会的发展是丰富、多彩的，生态要成为发展的底色。

（二）生态文明建设时间的长期性

长期性指的是事物的发展演变需要经历较长的历程。生态文明建设的长期性可以从生态文明建设任务、建设内容方面进行分析。从建设任务来看，生态文明建设是要实现人类社会的可持续发展，人与自然的和谐共生。实现这些目标的前提是要改变现有的发展模式，走可持续的发展道路。人类社会所面临的环境问题和生态危机是在人类较为长期的活动积累后逐渐形成和演变的，这在一定程度上决定了环境问题的解决和生态危机的缓解不可能一蹴而就，需要经历较为漫长的时期，经历不同的阶段。

从建设内容来看，生态文明建设内容的全面性也决定了其建设时间的长期性。生态文明建设的涉及面极为广泛，涉及人类社会系统和自然生态系统的方方面面。人类社会系统中人们的衣食住行，与此关联产业的发展，也涉及作为产业发展所需的自然资源。欲使人类社会走向和谐、可持续的道路，其中每一个环节的调整都需要经历复杂而漫长的过程，唯有此才能契合生态文明建设的目标和愿景。

再具体来说，生态文明的建设关涉人类社会系统和自然生态系统。一方面人类社会的发展需要经济发展作为基础，另一方面，人类社会的发展不可能脱离自然生态系统而实现。也就是说，生态文明的建设需要处理好经济效益、社会效益和生态效益三者间的关系。生态文明建设的目标是实现人类社会的可持续发展和人与自然的和谐相处。对应上述的三种效益，生态文明建设必须要面对和解决的是经济效益和生态效益之间的矛盾和冲突，要转变人们的思想和观念，意识到"绿水青山就是金山银山"，从唯经济效益到实现社会效益、生态效益、经济效益的多重效益。以上任何一种效益的片面获取或严重缺失都将不利于人类社会和自然环境的良性发展。故此，生态文明建设的复杂性和多重性决定了生态文明建设的长期性。

　　另外，从所面临任务的艰巨性和复杂性来看，生态文明建设的历程必然是长期的。生态危机并非一朝一夕之间形成的，它的出现和发展是在一定量变的基础上形成的。人类社会的发展已经走过了漫长的历程，在原始文明、农业文明和工业文明不同的发展阶段中，人类社会都不同程度地面临着环境问题，而在工业文明持续发展的两百年间，环境问题和生态危机的表现极为突出和严峻，并威胁到人类社会的正常发展。从环境问题、生态危机的出现到加剧经历了一个较长的时期，这也就决定了生态文明建设的历程必然是长期的，且具有复杂性。

（三）生态文明建设过程的渐进性和阶段性

　　从开始实践到成果显著可见，中间经历了漫长的时间和复杂的过程，而众多实践成果的积累则需要更长的时间来进行整体观察和分析。人类社会系统和自然生态系统的复杂性也决定了生态文明建设过程的漫长性，建设成果也需要一定的时间来进行综合分析和认识，并进行再次优化和调整，如此方能获得更高质量的建设成果。从这个过程来看，生态文明的建设是渐进的，需要经历若干阶段。

　　阶段性意味着事物的发展具有不同的表现和特征，由此而分为若干不同的阶段。生态文明建设过程的阶段性指的是，从生态文明建设之初到最终实现生态文明的建设，中间需要经过若干阶段，每个新的阶段是在前一阶段的基础上发展起来的，并在一定程度上解决和克服前一阶段中存在的问题。各阶段在如此的运转过程中不断地解决问题、取得进步，人们应对各类环境和生态问题的能力不断提高，生态文明建设的水平渐次提升。从横向来看，各地区在发展过程中会遇到不同问题，生态文明的建设模式也会因地制宜地进行调整，并形成适合本地区发展的模式；从纵向来看，随着时代的发展，生态文明建设会面临新的问题，也会不断注入新的活力。[①]生态文明的建设也是在如此往复的过程中逐渐推进。

① 张慧云. 人类命运共同体理念下的生态文明建设[J]. 南方论刊，2018（11）.

（四）生态文明建设的共建与共享

生态文明建设的一个重要特征还在于建设实践的共建以及建设成果的共享。共建、共享主要涉及两个方面的内容，共建指的是生态文明的建设需要多主体的参与，共享则是指建设成果为所有民众、全民族，甚至全人类共同享有。

第一，生态文明建设中的多主体参与。这里的多主体参与不仅仅指一个国家之内的政府、社会、公众的参与，更深层的含义还在于全球各个国家和地区的共同参与。以一个国家的参与主体观之，政府、社会和公众的参与是生态文明建设整体推进的重要保障。以全球观之，全球生态危机出现的原因中涉及众多的国家和地区，在生态环境质量的改善方面，这些国家和地区自然也不能"缺席"，各国和各地区有责任和义务参与到全球生态文明建设中来。其理论逻辑在于自然界运行的规律，自然界的运行规律一般不因国家和地区的行政空间的差异而发生巨大改变；而自然界的异常变化给人类社会所带来的影响，也不因行政空间的差异而出现本质区别。因此，生态文明建设的共建与自然界的运行规律相关联，与世界各国密切相关。

第二，生态文明建设成果全体民众、全民族共同享有。生态文明建设的成果在不同的地区、不同的阶段有不同的表现，涉及生态相关的思想理论的发展、环境质量的改善、经济绿色发展等，但无论何种表现形式，其成果并不为某个个体所享有，而是为一个国家、一个地区，乃至全球所共享。这便是生态文明建设的又一特性，这一特性实际也是生态文明建设"共建"特征的另一种表现方式。中国新时代生态文明的建设中所坚持的原则是"共谋全球生态文明建设之路"，构筑人类命运共同体，要"实现共赢共享，建设一个持久和平、普遍安全、共同繁荣、开放包容、绿色低碳的世界"。①

第四节　生态文明建设的当代意义

生态文明涉及人类和自然，其建设的意义也围绕这两方面而体现。从人类社

① 钟茂初. "人类命运共同体"视野下的生态文明[J]. 河北学刊，2017（3）.

会的层面来看，丰富生态文明的思想和理论体系，推动人类社会的可持续发展，利于人类社会的和谐发展。中国是当前生态文明建设的重要推动者，中国的生态文明建设既关乎中华民族的伟大复兴，又对全球环境治理具有重要意义。从生态环境的层面来看，生态文明建设有助于推动环境问题的解决，有利于生态系统的良性循环。

一、生态文明建设是实现中国梦的必由之路

生态兴则文明兴。历史的经验无数次告诉世人，文明的发展和繁荣离不开良好的自然环境作为支撑，文明的延续也需要良好的自然环境。人类社会已经面临着严峻的环境问题，必须采取措施治理环境，遏制环境持续恶化的势头，同时，也要对未来可能面临的环境问题和生态危机未雨绸缪，如此观之，生态文明建设肩负着沉重的时代使命。

中华民族伟大复兴中国梦的实现必须要走生态文明建设的道路。2013 年，习近平总书记提到，"走向生态文明新时代，建设美丽中国，是实现中华民族伟大复兴的中国梦的重要内容"[①]。无论是民族的永续发展，还是国家的繁荣富强，都不可能离开人与自然的和谐，人、社会、自然三者间关系的处理缺一不可。生态文明建设的全过程、各阶段、各领域均遵循的是人与自然和谐共生的理念和原则，通过建设实践保证自然环境良好、社会系统平稳，从而为可持续发展提供坚实基础。中华民族是世界上的重要民族，中国是世界大国，中华民族的复兴和中国的富强，必将惠及民族、国家和公众，与此同时，中国的可持续发展也会为全球的可持续发展做出贡献。

以中国生态文明及其建设来看，新中国成立以后，中国的环境保护事业进一步发展，生态文明理念、生态文明建设虽经历了较为漫长的发展历程，但也取得了显著的成效。整体来看，中国生态文明发展和建设的转折期始于 20 世纪 70 年代的改革开放时期。最为典型的实践是"三北"防护林的建设。该工程启动于 20 世纪 70 年代，并持续建设至今，当前该工程已经在生态、经济、社会方面取得了

---

① 2013 年 7 月 18 日致生态文明贵阳国际论坛 2013 年年会的贺信。

良好的效益，成为全球环境保护方面贡献中国生态智慧的典型案例。^①中国新时代社会主义生态文明建设有其显著的特色，有制度特色、目标特色、路径特色^②，更是实现中华民族伟大复兴的关键一步。

二、人类社会可持续发展的助推力

经济发展与生态环境之间的关系是人类社会发展过程中需要面对和处理的关键问题，如果将人类社会看作一个巨人，那么经济发展和生态环境就是巨人的两条腿，这两条腿的发育必须同步，方能保持人类社会发展的平稳前进，任何一方的不同步都将成为人类社会可持续发展的隐患。习近平总书记提出的"绿水青山就是金山银山"很好地诠释了发展和环境之间的关系，"宁要绿水青山，不要金山银山"则进一步坚定了生态文明建设的决心。

生态文明建设是摆脱当前人类社会发展过程中面临困境的关键途径，是实现人类社会可持续发展的必由之路。随着工业革命的兴起，人类社会的发展水平有了显著提升，生活水平有了极大改善和提升，但是伴随着人类社会高速发展的是生态环境的日趋恶化。随着人类社会对自然界的扰动越来越大，直接威胁着社会的发展和人类的生存，自然环境和生态系统的异常愈加频发，空气质量变差，环境污染加剧，极端天气频发等，人类社会走过了一段以牺牲环境为代价的发展道路。

生态文明建设则是对这种难以实现可持续发展模式的反思，所追求的是人与自然的和谐共生状态。生态文明建设成果最直观的表现，一是环境质量改善，二是民众安居乐业。环境质量改善是"自然"这个系统的重要表现；而普通民众安居乐业是人类社会维持良好运行的重要前提，一定程度上能够体现社会的发展状态，这种状态的维持需要强有力的支撑体系。人们的自然观、消费观发生转变，国家能够提供坚实的政策保障和制度支撑，社会营造良好的环境和氛围，由此观之，人民安居乐业是对生态文明建设的最佳诠释。故此，生态文明建设是促使人

---

① 朱教君，郑晓. 关于三北防护林体系建设的思考与展望——基于 40 年建设综合评估结果[J]. 生态学杂志，2019（5）.
② 赵凌云，夏梁. 论中国特色生态文明建设的三大特征[J]. 学习与实践，2013（3）.

类社会走向可持续发展的重要推动力。

三、人与自然和谐共生的根本保障

人与自然和谐共生是生态文明的关键特征，生态文明建设的实践则是持续保证人与自然和谐共生的重要保障。简单来说，只有当生态文明建设持续推进时，人类社会与自然环境和谐共生才能在更大程度上和更广范围内实现。

从中国的生态文明建设来看，中国生态文明建设有"五位一体"的总体布局，将生态文明建设放在突出地位，生态文明建设必须着眼于整体的协调发展，要实现与政治建设、经济建设、文化建设和社会建设彼此融合发展。政治建设、经济建设、文化建设和社会建设中无不体现着生态文明的思想和理念。政治建设层面的生态文明体现在法律、制度、政策层面，也体现在政府办公内部的"绿色""节能"方面；经济建设层面的生态文明体现在转变经济发展方式，实现绿色发展方面；文化建设层面的生态文明体现在良好社会氛围的营造方面，也体现在生态文化理念的发展和丰富方面；社会建设层面的生态文明与民生福祉紧密关联。每个方面的建设都体现的是人与自然和谐共生的理念。因此，生态文明建设是人与自然和谐共生的根本保障。

四、文明形态升级发展的重要途径

生态文明的出现和发展是时代发展的趋势，是实现人类社会可持续发展的重要途径。建设生态文明，既是对生态文明思想和理念的实践，也是对生态文明思想、理念的丰富过程。再进一步讲，这一过程也是人类文明不断丰富的表现。

首先，生态文明的建设是依托于生态文明思想和理论的丰富和发展而开展的。在生态文明建设的过程中，生态文明的思想和理论将得到进一步补充和丰富。生态文明思想是人类文明发展过程中对人与自然关系反思的成果。生态文明思想中深刻包含的可持续发展、绿色发展，以及尊重自然、顺应自然、保护自然等理念和思想，是在本国所面临的实际问题，进一步吸收和借鉴古今、中外的发展经验和生态智慧的基础上发展而来的。生态文明建设是将生态文明的思想和理念落到实处，并在实践的过程中进一步思考发展与环境的关系。

其次，从人类文明形态的发展历程来看，生态文明建设的实践是人类文明升级的重要途径。人类已经经历的文明形态有原始文明、农业文明、工业文明，而今生态文明的发展是时代发展所要求的。生态文明是在深刻反思以往文明中人与自然关系的基础上逐渐产生，并得到广泛认可。人类在不断地通过具体的实践行动缓解自然环境持续恶化的态势，且已经取得了丰富的成果。生态文明富含绿色发展、低碳理念、可持续发展的思想体系。生态文明建设是文明形态升级发展的重要途径，这种升级是在已有文明的基础上的升级，意味着生态文明的建设不可能脱离已有的文明，它需要在吸收农业文明、工业文明的合理成分的基础上进行建设，文明的发展本就具有传承的性质，传承性也是文明得以延续的重要条件。生态文明的发展也将经历一般文明发展所经历的阶段，并在这个过程中得到发展。

文明的发展有其所需的特定条件，自然环境和人文环境的结合是文明兴起和发展的重要基础。在人类对人与自然关系反思的当代，文化的形成和文明的发展在有计划的实践和无意识的实践中逐渐形成和发展。生态文明建设的涓滴智慧都将汇入人类文明的大河中，成为人类文明的组成，成为人类文明升级的重要途径。

第四章　生态文明建设的思想基础

生态文明建设对如何建设人与人、人与社会、社会与自然，进而达到人与自然美美与共、和谐共生、良性循环发展的问题进行回答，有实践品格，更有思想特点。改革开放 40 多年的高速发展出现了社会及其文化在传统与现代、固守与兼容、中国与世界共时性的特点，重视并推进生态文明建设是承继与弘扬中华优秀传统文化生态思想的表现，也是对建设社会主义现代化国家经验、教训的总结和反思，以及对当代西方生态思想理论的借鉴与超越。

第一节　中西文化中的生态思想

文化的定义有广义与狭义两种方式，广义定义将文化理解为人类创造的一切物质与精神文明的总和，凡是社会成员从其家庭和其他重要机构学到的一套基本的价值观、知觉、欲望和行为模式都称为文化①；狭义定义文化特指文艺为主的文化。文化的生态思想指在特定时空条件下经演化汇聚而成的，具有代表民族特质和风貌的生态观念形态的总称。

一、中国传统文化中的生态思想

我国重视并推进生态文明建设意义重大，既是承继中国优秀传统生态历史文化的体现，也是在此前基础上实现突破发展。习近平总书记在北大师生座谈会上提到"天人合一"，也讲到"道法自然"等警人哲理，更是以白居易"劝君莫打三春鸟，儿在巢中望母归"的动人诗句强调爱护环境的重要性，也引用朱柏庐的

_____

① 管理科学技术名词审定委员会. 管理科学技术名词[M]. 北京：科学出版社，2016：410.

《治家格言》让人知道粥饭丝缕来之不易，通过朴素智慧的自然观让世人备受警醒、得以启示。①我国在推动生态文明建设思想的过程中，始终以中华优秀传统文化中的生态思想作为基础。

回顾我国传统生态思想可以发现，"天人合一"极具代表性。"天"是"天道"，"人"是"人道"，两者连通、相互统一、彼此配合，是"自然"和"人为"相和的有力体现，也是"天道"和"人道"相通的有力证明，是我国极具代表性的传统教育特色。②季羡林指出，"在中国古代哲学中，天人合一可谓是主基调，是极具深意的哲学思想。"③庄子说："天地与我并生，而万物与我为一。"④庄子认为，天地人万物在物质世界和精神世界的基本法则都有规律可循，能够实现统一，其基本实现的途径就是"自然无为"，"自然无为"就是万事万物都有其自然规律，相互间均不可替代，生态的破坏往往会引起"云气不待族而雨，草木不待黄而落"。面对工业革命以来的生态危机和困境，中国"天人合一"蕴藏的生态思想成了人类自我拯救和解决生态问题最为有力的思想武器。

"天人合一"的哲理思想对生态文明建设的文化价值。一是"天人合一"注重整体生态观，人与自然的关系既是一种生存依赖关系，也是一种经济依赖关系，还是一种能够承载精神和人伦的依赖关系。二是"天人合一"是中国建设生态文明的精神支柱。在传统文化的熏陶下，"天人合一"思想始终以潜移默化的形式深刻影响着中国人，一方面表现在人对以"天"为代表的自然的敬畏、依赖和崇拜；另一方面表现在对自我的约束和道德的反省。梁启超指出，源自古代"天"的观念为后世所有的社会治理思想奠定了基础。⑤这是中国历史人文语境下特有的传统观念，是始终主导和支配中国广大民众的精神力量，也是中国建设生态文明的理念源泉。

① 习近平. 绿水青山就是金山银山[EB/OL]. [2021-10-23]. http://theory.people.com.cn/n/2014/0711/c40531-25267092.html.
② 教育学名词审定委员会. 教育学名词[M]. 北京：高等教育出版社，2013：45.
③ 季羡林. "天人合一"新解[J]. 传统文化与现代化，1993（1）.
④ 陈鼓应. 庄子今注今译[M]. 北京：中华书局，1983：71.
⑤ 梁启超. 梁启超论先秦政治思想史[M]. 北京：商务印书馆，2012.

二、当代西方文化中的生态思想

1967 年，林恩怀特（美）便已关注到生态危机问题，通过《我们生态危机的历史根源》表示，"人类认为大自然是以服务人类为目的的存在，从而埋下了生态危机的祸根，只有打破此类观念才能有所改变。"①出于解决现实环境问题的需要，西方环境哲学从多角度呈现对人与自然关系的反思，形成了诸多在当代西方文化中颇具影响力的生态思想流派。

人类中心主义生态思想。该思想认为，应以人为中心来构建起一切事物存在的逻辑，宇宙的中心是人，人的利益高于一切，人的利益需要一切来服务；同时，还要按照人类的价值观来考察宇宙中的所有事物。以此指导的人类实践，在行为上表现为极端利己主义和功利主义，以人的利益进行评价的体系发展出消费、资本和个人主义，形成了以环境和资源掠夺式开发为方法的资本主义经济发展模式，全球性生态危机的根源正是由此产生。诸多实践已经表明，上述观念是让人类深陷生态危机的根本原因。

现代人类中心主义生态思想。默迪等一众学者通过重新构建人类中心主义的方式来攻克该类思想此前存在的理论与实践问题。该学派认为，对人类的价值和伟大的创造能力的完全认可，即信仰，是完全正确的，高于自然的主体是人类，评价自身的利益高于其他非人类的主体是人类，这是一种自然的状态（事情），人类与自然始终是主体与客体的关系；生态危机的实质只是文化危机，完善人类中心主义思想，在开发和利用自然的同时有必要揭示非人类生物的内在价值，也只有这样，人类才会有动力来保存包括人的个性和人的物种属性在内的生存状态。②人类对生命和自然界道德态度的转变是人类中心主义思想的重要转变。

非人类中心主义生态思想。该类思想与人类中心主义生态思想对立存在，非人类中心主义生态思想并不全盘否定人类中心主义生态思想，而是力图从没有人类偏好的生物或生态立场来构建理论基础，可划分为生态、生物和动物权利中心

---

① 杨通进. 当代西方环境理论学[M]. 北京：科学出版社，2017：2.
② 默迪著. 一种现代的人类中心主义[J]. 章建刚译. 哲学译丛，1999（2）.

论。现以下列两类观点为主：一是内在价值在某种程度上而言是自然客观存在的，相较于组成部分而言，整体价值明显处于更高水平。二是将道德态度的概念扩展到其他实体，每一种事物都具有自己的地位，发挥着独特的作用。三是人类负有道德义务，在实现自身权利的同时，其他存在物同等地、其内在发展需要的机会也应得到关照。①所有自然存在物都得到了人类道德的关怀，这场观念变革由此引发了人与自然关系的重新定位，历史进步意义凸显。

三、中西生态思想的异同

中西传统生态思想根源的异同。中国传统生态思想基础强调人与自然和谐共生的意蕴，如孔子所言："天何言哉？四时行焉，百物生焉，天何言哉？"强调自然与人的整体性，是实现自然可持续性和人类可持续性的基本保证。而西方人类中心主义生态思想按照笛卡尔二元论哲学、传统机械论等论述，片面强调人类的主体性和对自然的主宰性，片面强调人与自然的对立，片面强调人与动物比较的区别性和独特性，局限性缺点突出。这种思想理论，使人类逐渐走向了自然的对立面，导致自然资源的大规模毁灭性开采、河流资源的不合理利用、气候环境的急剧变化和全球范围资源霸权主义等诸多问题。

中西方生态思想实践的异同。西方生态思想试图从生态科学和系统科学等角度解释自然界不同物种之间的相互联系，但又片面强调自然生态系统中不同物种的平等权利，忽视了人在保护自然生态中的主体作用，甚至将人类社会发展与生态环境保护割裂开来、对立起来。现代西方环境理论虽然在保护自然生态环境的必要性问题上能够形成基本共识，但未能从本体论层面揭示人与自然的内在联系，也未能从历史和现实相结合的角度阐明为什么要保护生态环境的问题，导致其往往囿于学术层面的争论，难以在理论与实践互动中有效保护生态环境。

中国生态文明思想对西方生态哲学的超越。中国生态文明思想强调"人"和"自然"两者间的共同体地位，倡导构建人类命运共同体。"保护绿水青山就是守住金山银山"回答了新时代我国生态文明建设的根据、途径和价值等重要问题。

---

① 陈金清. 生态文明理论与实践研究[M]. 北京：人民出版社，2016：140.

中国生态文明思想基于本体论视角清晰阐述了"人"和"自然"之间的紧密关联，讲清楚了为什么要保护生态环境的问题，而且从认识论、方法论层面提出了"绿水青山就是金山银山"的重要理念，清晰说明了保护与发展相互依存、彼此促进的关系，为"人"和"自然"协调发展提供相关路径与可行方法。中国生态文明思想强调全人类都应该为绿色家园的建设做出贡献，不仅指出全球生态文明建设的重要性，而且强调开展生态环境治理的必要性，全面总结了理论内容与实践方法。

第二节　马克思主义生态思想

马克思主义经典著作虽未针对生态思想展开专门论述，但唯物主义生态特征却是突出的，其全面论述了人、自然以及社会之间的深刻关联，清晰梳理三者运动规律，对人与自然关系的深刻认识在很大程度上已超越了时代的局限性，极具前瞻性，是生态文明建设理论基础并提供实践参考。

一、马克思恩格斯的生态思想

马克思的生态思想。美国学者福斯特认为，马克思对唯物主义自然观哲学理解极为深刻，对生态的见解亦是如此。[1]至少包括以下内容：第一点，关于人与自然界生态关系论述中，人属于自然的先决条件。《青年在选择职业时的考虑》指出，"动物在自然界中的活动范围是既定的，它从不想着如何突破这个范围，只是按照规定置身其中，也从不幻想有无其他范围。"[2]《1844年经济学哲学手稿》讲述了人和自然之间的关系，"对人而言，自然界类似于无机身体；对自然界而言，人是其中某个部分的存在"。[3]第二点，人与自然相统一。马克思认为，人和自然之间属于辩证统一关系，人既有自然属性，也具备社会属性。此外，人不仅具有意识和创造力，而且通常具有一定目的，因此存在社会属性。第三点，实践能实现人

---

① 福斯特. 马克思的生态学——唯物主义与自然[M]. 刘仁胜, 肖峰译. 北京：高等教育出版社, 2006：20.
② 马克思, 恩格斯. 马克思恩格斯全集：第40卷[M]. 北京：人民出版社, 1982：3.
③ 马克思. 1844年经济学哲学手稿[M]. 北京：人民出版社, 2000：105.

与自然相统一。基于实践视角分析自然时可以获得不一样的观点，会从新的角度阐述人与自然两者间的既有关联，既能发现自然的人化特征，也能体会"人化的"自然特点，两者统一最终构成"极具实践特征的人化自然观"。①

恩格斯的生态思想。他不仅在《路德维希·费尔巴哈和德国古典哲学的终结》中阐述了自己的观点，还通过《自然辩证法》展开深刻阐释：一是围绕人与自然展开探讨，注重两者辩证关系的思想。恩格斯指出，自然与环境既产生了人，也产生了人的意识，相较于人类而言，自然界始终属于第一性，反过来人类属于第二性，这也是人类必须在敬畏自然与遵循自然规律的前提下开展实践活动的根本原因。二是构成人与自然生态矛盾的根源，实质上依然是人的社会关系之间的冲突，既是基于生态矛盾反映的阶级矛盾，也是由此体现的社会矛盾。恩格斯通过《反杜林论》表示，"人与自然界保持着怎样的关系直接对应着人彼此间的实际关联，反过来也一样，换言之是其自己的自然的规定。"②三是诱发人与自然矛盾的根由是资本主义制度。他通过《致尼古拉·弗兰策维奇·丹尼尔逊》明确表示："俄国的气候变化远远超出了其他地方，江河淤浅的现象也愈加严重。"③资本主义经济制度的自由竞争机制，虽然能带来生产力和资本的增长，但同时也造成了对自然资源的无序利用。

二、马克思主义生态思想的历史演进

马克思主义生态思想发展主要历经了下列三大阶段：④

一是萌芽阶段，起源于马克思的博士论文。美国学者福斯特认为，马克思博士论文提出了思辨哲学的概念，讨论了唯心与唯物主义的冲突，从而完全超越了左翼黑格尔派。由此，马克思的唯物主义自然观初步呈现，他关于人与环境的关

① 解保军. 马克思自然观的生态哲学意蕴"红"与"绿"结合的理论先声[M]. 哈尔滨：黑龙江人民出版社，2002：41.

② 马克思，恩格斯. 马克思恩格斯全集：第3卷[M]. 北京：人民出版社，1995：35.

③ 马克思，恩格斯. 马克思恩格斯全集：第38卷[M]. 北京：人民出版社，1972：365

④ 周琼. 生态文明建设的云南模式研究[M]. 北京：科学出版社，2019：347.

系的思考也进一步展开。①第一，自然是人类生存和社会存在不可或缺的物质条件。"如果失去自然界……那么工人将会失去创造的基础……不再具有维持人体生存的方式。"②第二，社会促成现实的自然界，人类以劳动形式占据自然界。"人具有实在性，自然界亦是如此……人是自然界的存在"③，揭示了人与自然及人与人关系的基本结论。

二是形成阶段，形成于《1844年经济哲学手稿》。纵观马克思理论研究不难发现，后期批判集中在"市民社会"方面。马克思生态观的基本观点已经形成，并且建立在哲学和政治经济学紧密结合基础之上。他研究提出了"实践的人化自然观"，阐述了看待人、自然界以及两者关系的方式，在指出自然为人类生活提供基础支持的同时，还明确阐释了"人是自然的一部分"这一观点；两者彼此作用最终构成人化自然，借助劳动中介体现的自然最终呈现为"自然界的人的本质"；导致自然异化的根本原因是资本主义，因而想要实现人与自然统一就必须发展共产主义；④还重点阐述了自然对人的关键意义等内容。这些基本思想在系列著作中得到进一步具体化和拓展。

三是发展阶段，《共产党宣言》和《资本论》都是有力证明。《共产党宣言》批判资本主义生产方式造成城乡对立的历史局限性，明确只有到共产主义社会，才能实现人与自然的圆融，这种新的社会理想与政治主张，表明了关于人与自然关系发展趋势的观点。《资本论》在解释自然生产力与循环经济的同时，也详细阐述了可持续发展思想，还从制度层面批判了资本主义社会生态环境问题，马克思主义生态思想特征得以显现。《人类学笔记》采用文献学研究方法，分析了当时的人类学研究成果，把目光投向人类更久远的历史与更广阔的空间，为进一步完善唯物史观提供人类学依据，从历史维度和世界眼光深化对人与自然关系的认识。

---

① 福斯特著，刘仁胜，肖峰译. 马克思的生态学——唯物主义与自然[M]. 北京：高等教育出版社，2006：37.
② 马克思，恩格斯. 马克思恩格斯全集：第3卷[M]. 北京：人民出版社，1995：269.
③ 马克思，恩格斯. 马克思恩格斯全集：第3卷[M]. 北京：人民出版社，1995：310.
④ 杜秀娟. 马克思主义生态哲学思想历史发展研究[M]. 北京：北京师范大学出版社，2011：22.

三、马克思主义生态思想的主要内容

人与自然的思想。基于马克思观念可知，他认为自然界等同于物质的世界，人的意志并不会对自然界带来改变，属于原本就存在的内容，存在客观性的特点。马克思在阐述人与自然的关系时，提出自然界的存在要早于人，其具有第一性。马克思认为，自然是产生人类的根源，更是满足生产和发展的基础，人类的精神活动也要依附于自然，脱离自然万物皆空。不难发现，人与自然属于典型的有机整体，人源自自然却不能过度依赖自然。

自在自然与人化自然的对立有机统一的思想。马克思主义生态思想从劳动的角度来认识自然界，在坚持自然的客观性和优先性的唯物主义基础上，认为人通过劳动创造"对象性世界"。就人化自然观而言，是将人和自然间的现实关系作为基本出发点，将其视为基于实践彼此关联并产生作用的动态整体，两者彼此依存却又对立存在。除了自然的人化以外，基于实践层面的双向对象化还包括人的自然化。结合自然的人化可知，自然具备属人性质变成人的自然；结合人的自然化可知，人具备自然性质变成自然的人。①

人和自然之间的统一纽带就是人的实践活动。马克思主义指出，即便人属于自然界的一部分，却从未以动物心态以消极态度面对世界，而是提高适应能力的同时，尝试创造与改变。②劳动基础是促成人与自然统一关系的前提。在人类实践过程中，人的自然化愈加显著，不仅不再倡导征服自然，而且力求从改造自然中得到解放，要求人类将自然视为生活家园，由此寻求精神归宿，既要敬畏、爱护自然，也要在遵循自然规律的基础上利用自然。

面临生态危机时，只有社会主义才能解决问题。马克思主义生态思想指出，"共产主义……它既能根治人和自然界两者间的矛盾，也能真正处理人和人的问题……"③回顾人类改造自然界的过程可以发现，人类行为会对自然产生巨大影响，这一现象不仅在确立资本主义制度时得以证实，而且在工业建设扩张中得到印证，

---

① 陈金清. 马克思、恩格斯关于人与自然有机统一的思想[J]. 马克思主义哲学研究，2015（1）.
② 杜向民，樊小贤，曹爱琴. 当代中国马克思主义生态观[M]. 北京：中国社会科学出版社，2012：56.
③ 马克思，恩格斯. 马克思恩格斯全集：第 42 卷[M]. 北京：人民出版社，1979：120.

使自然资源、生态环境的先天存在状态不同程度地受到了破坏，制约了自在自然与人化自然的有机统一，而社会主义是走出生态危机的根本路径。

第三节　中国生态文明思想

中国对马克思主义人与自然关系的认识、实践和理论再发展，基于中华文明肥沃的文化土壤和生态智慧，构建起了具有丰富内涵、逻辑严密的系统的当代中国生态文明思想。[①]先从世界观角度解释了"何为生态文明"，又基于该视角讲述了构建生态文明的原因，在价值观层面揭示了"建设什么样的生态文明"，在方法论层面指明了"怎样建设生态文明"等根本性问题，让美丽中国人与自然和谐共生的现代化有所参考。

一、中国生态文明思想的世界观

中国生态文明思想的世界观，本质上是对人和自然实际关系的准确认知。

立足于我国社会主义发展实况分析马克思主义"人与自然关系"。在发展中国生态文明思想的过程中，充分汲取了马克思主义人与自然关系的相关理论，在具体实践中，结合中国的改革发展创造性地提出了很多新的观点，再度完善补充了马克思主义人与自然关系的理论内容。比如，强调客观存在的自然规律应该得到人类的尊重，否则将遭到大自然的报复，对待这种自然存在的规律，应有一种尊重与保护的态度，而不是选择视而不见甚至抗拒。历史为证，生态与文明之间一直都存在紧密联系，基于中国生态文明思想分析两者间的关系，可知生态决定着文明走向。从历史视野的宽宏角度为起点，中国生态文明思想坚持认为，我们不能沉醉于对自然的征服和利用，从历史发展的宽宏视野来尊重自然、保护自然，是实现人与自然和谐发展的新要求。

中华文明"人与自然关系"的厚植沃土。中华民族向来热爱与尊重自然，将

① 中共中央 国务院关于全面加强生态环境保护 坚决打好污染防治攻坚战的意见[EB/OL]. [2021-10-31]. http://www.gov.cn/ zhengce/2018-06/24/content_5300953.html.

人与自然的和谐统一认为是至高的人生境界，由此丰富和发展出了众多的中华生态文化和生态智慧。中华民族对绿水青山的向往使我们认识到，山水林田湖草沙与人组成的系统是一体的，在这种一体的生态系统中，各种要素之间息息相关、相互促进、和谐共生。结合当代中国的改革发展与生活实践，中国生态文明思想对古代生态文化和生态智慧进行了许多新的阐释。针对当今中国更加突出的多元化特点，将古代生态文化中"天人合一"等思想融合到绿色发展理念，将改革发展的核心驱动力量进行转变，让经济、社会和生态共同发展、共同受益。三者之间更加紧密的联系结合"天人合一"的传统认知，具备传承性、前瞻性和长远性等突出特点。这种人与自然和谐共生的生命共同体理念，给予了中华文明"人与自然关系"新的时代价值，是中国生态文明世界观的创新性发展。

就中国生态文明思想的世界观而言，既远超自然中心主义生态哲学思想，也远胜于西方人类中心主义思想。自然中心主义与人类中心主义相比，虽然对工业文明发展的种种突出矛盾进行了反思，指出了人类中心主义视自然为人类的价值工具的弊端，但在环境问题形成的根源的探讨上缺乏理论逻辑自洽，在对环境问题形成的根源的探讨上走向了另一个极端，错误地认为自然本身的自主性价值评价是决定人与自然关系的论断，依然采用人与自然的双主体价值评价方式。这一思想完全否定了人类生存保证的尺度条件，把保持自在自然的完全性作为评价人与自然关系的唯一尺度和终极尺度，主体泛化，因而存在逻辑不自洽等种种无法自圆其说的理论缺点。[①]中国生态文明思想从人与自然的系统整体论起，以人的价值主体性为基点，阐释了人与自然的关系既不是"双主体"也不是"对立"关系，而是一种共生关系。这种共生关系，纵然人类社会发展进步到强大的阶段，也不能高于自然，终归只是自然的一个组成部分。

二、中国生态文明思想的价值观

中国生态文明思想的价值观主要体现在绿色发展理念、生态民生理念和人类命运共同体理念，最终实现人与自然和谐共生。

① 刘福森. 自然中心主义生态伦理观的理论困境[J]. 中国社会科学，1997（3）.

现代化绿色发展道路是人与自然和谐共生的价值观。环境问题往往由带有强烈功利色彩的人类中心主义引发，一系列人的需要，特别是把自然当作可供人无休止索取的源泉的需要，导致内在矛盾的表象化：技术乐观主义、享乐消费主义和发展至上主义等。现代化绿色发展道路构建了一种基于现实和面向新时代的生态价值观，在践行生态经济学观点的前提下阐述经济和生态两者间的实际关系，指明了经济发展与生态保护要相互结合，人与自然的关系要放到经济与社会的改革发展的更高视角来评价。富有中国特色的现代化绿色发展的生态话语的表达，充分体现了经济发展不能以生态环境的破坏为代价，不能以物质主义等为目的，应时刻牢记保护生态环境就是发展生产力的要义。

以人民为中心的中国生态文明思想的价值观。中国生态文明建设的价值归宿是人民，人民性是中国生态文明建设的鲜明品格。中国生态文明思想继承和发展以人民为中心的价值观，把保障人民的生活质量，满足人民对美好生活的需要作为目标，激发人民参与生态文明建设的主动性。中国生态文明思想始终顺应人民群众对优良的生态环境的向往，让人民群众切实关注的城市空气质量问题、绿色蔬菜问题、绿色能源问题得到回应和解决。作为新型生态文明理论，中国生态文明思想不同于西方为了维护中产及资本阶级高资源消耗的生活方式的生态文明价值评价体系，中国生态文明思想将打造民众共同优美生态环境作为最终目的，人民群众满意与否是社会主义生态文明建设有无达到预期目标的判断依据。

共建美丽世界的人类命运共同体理念的价值观。自工业革命以来，世界的工业化发展使得自然环境的承载力达到了极限，征服自然的工业价值理念引发了系统的全球生态环境问题，如全球气候变化、跨境雾霾污染、海洋塑料漂流等跨国家、跨地区乃至全球的生态环境问题。由于地球生态环境的整体性和联动性，局部的环境问题往往会引发整体性、区域性的环境变迁，生态的不可分割性、无边界性和后果不分疆域的特性时刻提醒我们环境问题不是某个国家的问题，而是全球性的问题。生态文明共同体本质上就是人类命运共同体，我国现已展开尝试并不断推动实践，整体方向与未来人类共同价值需求相符。目前，中国生态文明思想已供全球借鉴学习，也让世界各国实现可持续发展成为可能。

三、中国生态文明思想的方法论

由中国生态文明思想可知，正确应对与处理人和自然关系是其方法论的核心内容，在此基础上围绕制度建设与标本兼治开展久久为功的实践。我国在追求发展的同时，也格外重视环境问题。根据"保护绿水青山就是守住金山银山"的理念可知，环境并不是阻碍发展的因素，两者并不存在对立，寻求有效解决两者之间的问题的方式才是重点，所以找到攻克发展与环境问题的手段与方法尤为紧要。要绿水青山，不是要把它"竭泽而渔""杀鸡取卵"，而是要在发展的要求下合理地开发利用。只考虑发展不考虑环境保护是不会长久，只考虑保护不考虑发展就是绝对化思想，都是不对的。发展与环境的关系不能用绝对的、停滞的观点来看待，保护优先不是抵制发展，重点是在推进发展的过程中注重生态保护，并在保护生态的同时推动发展。达到有效调节发展与保护的目的，既要追求人与自然和谐的目标，也要实现经济与社会的和谐发展，"宁要绿水青山，不要金山银山"意味着一旦环境和发展之间再现冲突问题，必须将重视与解决环境问题置于首位。生态环境保护始终有一条底线，这条底线始终在告诫我们，通过损害自然生态环境的发展是得不偿失的，终究是不可持续的，也是不被允许的。世界上许多发达、发展中国家的生态灾难，多是由"先发展后治理"的错误理念造成的，这样的老路我们不能走。

制度建设是中国生态文明思想贯穿执行的方法保证。思想与制度之间往往存在一定的张力，这种张力决定了思想与制度的动态平衡关系。制度构建合理到位，平衡的关系维持得相对长久一些；制度构建不好，思想理念无异于无源之水无本之木，很难得到预期成效。中国将国家战略布局上升为"五位一体"[①]，推动生态文明"四梁八柱"[②]的建设，搭建好中国生态文明建设的基础性制度框架。从严动真碰硬地落实制度规定，通过最严格的制度、最严密的法治，既取得立竿见影的

[①]　"五位一体总体布局"[EB/OL]. [2021-10-03]. http://theory.people.com.cn/n1/2017/0906/c413700-29519343.html.
[②]　"四梁八柱"："四梁"是指"优化国土开发""促进资源节约""保护生态环境""健全生态制度"四大任务；"八柱"是指逐步建立的"自然资源资产产权制度""国土开发保护制度""空间规划体系""资源总量管理和节约制度""资源有偿使用和补偿制度""生态环境治理制度""环境治理与生态保护市场体系""生态文明绩效考核和责任追究"八大制度体系。

效果，又有可持续的制度安排。2013—2020 年，我国重视与推动生态文明建设的步伐从未停止，现已构成"四梁八柱"的制度体系。同时，修订了多项生态资源保护与生态环境保护的相关法律政策，生态文明建设的环境保护法律体系日趋完善。

四、习近平生态文明思想的理论贡献与实践意义

习近平生态文明思想作为中国生态文明思想的重要组成部分，系统回答了"为什么建设生态文明、建设什么样的生态文明、怎样建设生态文明"等重大理论和实践问题，为推进美丽中国建设、实现人与自然和谐共生的现代化提供了方向指引和根本遵循，为世界可持续发展提供中国示范。2018 年 6 月 16 日中共中央、国务院发布了《中共中央 国务院关于全面加强生态环境保护 坚决打好污染防治攻坚战的意见》，将"深入贯彻习近平生态文明思想"放在意见的首要位置。意见指出，"习近平总书记传承中华民族传统文化、顺应时代潮流和人民意愿，站在坚持和发展中国特色社会主义、实现中华民族伟大复兴中国梦的战略高度，深刻回答了为什么建设生态文明、建设什么样的生态文明、怎样建设生态文明等重大理论和实践问题，系统形成了习近平生态文明思想，有力指导生态文明建设和生态环境保护取得历史性成就、发生历史性变革。"[①]

（一）习近平生态文明思想的理论贡献

习近平生态文明思想体现了高度的历史自觉和理论自觉，开创了马克思主义中国化时代化大众化的新境界，是中国特色社会主义的理论新成果、实践新亮点，彰显了以习近平同志为核心的党中央对生态环境保护经验教训的历史总结、对人类发展意义的深邃思考，是创造性地回答人与自然关系、经济发展与生态环保关系问题所取得的最新理论成果，是集大成与突破创新兼具的重要成果，展现了中国特色社会主义的道路自信、理论自信、制度自信、文化自信。[②]

① 中共中央 国务院关于全面加强生态环境保护 坚决打好污染防治攻坚战的意见[EB/OL]. [2021-10-31]. http://www.gov.cn/zhengce/2018-06/24/content_5300953.html.
② 全国干部培训教材编审指导委员会. 推进生态文明建设美丽中国[M]. 北京：人民出版社，2019：17-18.

一是丰富了马克思主义人与自然论述的思想内涵。在马克思主义强调人与自然是人类社会最基本的一对关系的基础上，习近平生态文明思想提出人与自然是生命共同体，强调人与自然和谐共生，着力实现人与自然、发展与保护的有机统一，致力于实现公平正义、促进人的全面发展的核心价值，在社会主义共同富裕内涵的基础上，强化了人与自然和谐共生的新特征，增强了中国特色社会主义制度优势。

二是弘扬了中华文明生态智慧的时代价值。历代先贤的哲学思想为习近平生态文明思想奠定了客观的历史文化基础。习近平生态文明思想充分吸纳中华优秀传统文化的时代价值，在集众家之大成、取思想之精髓、汲历史之营养的传承基础上，融合当前社会发展要求，提出了"生态兴则文明兴，生态衰则文明衰"等重要论述，肯定了生态环境的变化直接影响文明的兴衰演替，是对中华文明中朴素生态智慧的深刻理解和弘扬。

三是拓展了全球生态环境治理的可持续发展理念。习近平生态文明思想，在全球大国治国理政实践中独树一帜，坚持人类是命运共同体、建设绿色家园是人类的共同梦想，清醒把握和全面统筹解决全球性环境问题，积极倡导共谋全球生态文明建设，深化和丰富了世界可持续发展理论及最新理念，为后发国家避免传统发展路径依赖和锁定效应提供了可借鉴的模式和经验。

四是深化了中国特色社会主义思想发展与保护关系的实践认识。来源于实践并且已经得到实践证明的习近平生态文明思想，是习近平新时代中国特色社会主义思想的重要组成部分。面对资源约束趋紧、环境污染严重、生态系统退化的严峻形势，习近平总书记吸收了中国特色社会主义建设关于如何处理发展与保护之间关系的宝贵经验，在继承中创新，在创新中发展，将党和国家对于生态文明建设的认识提升到了崭新高度。

（二）习近平生态文明思想的实践意义

在习近平生态文明思想的指导下，我国贯彻绿色发展理念的自觉性和主动性显著增强，生态环境保护思想认识程度之深、污染治理力度之大、制度出台频度之密、监管执法尺度之严、环境质量改善速度之快前所未有。

将国家战略布局上升为"五位一体"。2012 年 11 月 17 日至 23 日，党的十八大站在历史和全局的战略高度，对推进新时代"五位一体"总体布局作了全面部署。从经济、政治、文化、社会、生态文明五个方面，制定了新时代统筹推进"五位一体"总体布局的战略目标。①将生态文明建设作为中华民族永续发展的根本大计，推动先后写入党章、宪法，上升为党的主张和国家意志，坚定不移走生产发展、生活富裕、生态良好的文明发展道路，加快建设资源节约型、环境友好型社会，推动形成绿色发展方式和生活方式，从战略和全局高度谋划推动了一系列根本性、长远性和开创性工作。

推动建立"四梁八柱"的生态文明制度。以解决制约生态环境保护的体制机制问题为导向，以强化政府及其有关部门生态环境责任和企业环保守法责任为主线，以改革整合、系统提升生态环境质量改善效果为目标，按照源头严防、过程严管、后果严惩的思路，推动构建产权清晰、多元参与、激励约束并重、系统完整的生态文明制度体系，建立有效约束开发行为和促进绿色循环低碳发展的生态文明法律体系，同时强化行政执法与刑事司法衔接，发挥制度和法治的引导、规制等功能，规范各类开发、利用、保护活动，坚决制止和惩处破坏生态环境的行为，让保护者受益、让损害者受罚、让恶意排污者付出沉重代价，包括自然资源资产产权、国土空间开发保护、空间规划体系、资源总量管理和全面节约、资源有偿使用和生态补偿、环境治理体系、环境治理和生态保护市场体系、生态文明绩效评价考核和责任追究等在内的生态文明制度"四梁八柱"基本形成。

指导生态文明建设取得显著成效。融入经济建设，协同推进经济高质量发展和生态环境高水平保护，对"大量生产、大量消耗、大量排放"的工业化模式进行生态化改造，使经济增长与生态环境退化脱钩。融入文化建设，崇尚生态文明的"最大公约数"正在形成。生态文明建设重新审视并超越传统工业文明下的文化价值体系，强调生态价值观念，使中华民族悠久历史中蕴涵的生态文明思想、智慧和文化得以传承和升华。融入社会建设，一切为了人民，一切依靠人民。生

---

① "五位一体总体布局"[EB/OL]. [2021-10-03]. http://theory.people.com.cn/n1/2017/0906/c413700-29519343.html.

态文明是人民群众共同参与共同建设共同享有的事业。2021年云南大象的北上及返回之旅，让我们看到了中国保护野生动物的成果。正如习近平总书记指出，"人不负青山，青山定不负人。生态文明是人类文明发展的历史趋势。让我们携起手来，秉持生态文明理念，站在为子孙后代负责的高度，共同构建地球生命共同体，共同建设清洁美丽的世界！"。①

习近平生态文明思想为推进美丽中国建设、实现人与自然和谐共生的现代化提供了方向指引和根本遵循，必须用以武装头脑、指导实践、推动工作。要教育广大干部增强"四个意识"，树立正确政绩观，把生态文明建设重大部署和重要任务落到实处，让良好生态环境成为人民幸福生活的增长点、成为经济社会持续健康发展的支撑点、成为展现我国良好形象的发力点。

---

① 习近平出席<生物多样性公约>第十五次缔约方大会领导人峰会并发表主旨讲话[EB/OL]. [2021-10-25]. http://www.gov.cn/xinwen/2021-10/12/content_5642065.html.

第五章 生态文明建设的目标

良好生态环境是实现中华民族永续发展的内在要求，是增进民生福祉的优先领域，是建设美丽中国的重要基础。党的十八大以来，以习近平同志为核心的党中央全面加强对生态文明建设和生态环境保护的领导，开展了一系列根本性、开创性、长远性工作，推动污染防治的措施之实、力度之大、成效之显著前所未有，污染防治攻坚战阶段性目标任务圆满完成，生态环境明显改善，人民群众获得感显著增强。但同时也应该看到，我国生态环境保护结构性、根源性、趋势性压力总体上尚未根本缓解，重点区域、重点行业污染问题仍然突出，新形势下实现碳达峰、碳中和任务依然艰巨，生态环境保护任重道远。因此，以改善生态环境质量为核心，提升环境基础设施建设水平，努力建设人与自然和谐共生的美丽中国，推动向绿色低碳转型发展，实现生态环境根本好转，成为新时代生态文明建设的重要内容。

第一节 持续改善生态环境质量

一、深入打好污染防治攻坚战

"十三五"以来，我国生态文明建设和生态环境保护进入快车道，生态环境保护从认识到实践都发生了历史性、转折性、全局性的变化。党的十九大明确提出坚决打好污染防治攻坚战。2018 年 6 月 16 日，中共中央、国务院联合印发《中共中央 国务院关于全面加强生态环境保护 坚决打好污染防治攻坚战的意见》，对坚决打好污染防治攻坚战做出相关决策部署。① 2021 年 8 月 18 日，国务院新闻办公室举行新闻发布会，生态环境部部长黄润秋围绕建设人与自然和谐共生的美丽中国介绍有关情况，并答记者问。他指出："'十三五'规划纲要确定的 9 项生态环境约束性指标和污染防治攻坚战的阶段性目标，全面圆满超额完成，生态环境明显改善，厚植了全面建成小康社会的绿色底色和质量成色。"②同时，他还用一组数据展示了近年来我国生态环境质量的明显改善："2020 年，全国地级及以上城市优良天数比例达到 87%，比 2015 年增长 5.8 个百分点；PM$_{2.5}$ 未达标地级及以上城市平均浓度达到 37 微克/立方米，比 2015 年下降 28.8%；全国地表水优良水体比例由 2015 年的 66%提高到 2020 年的 83.4%，劣 V 类水体比例由 2015 年的 9.7%下降到了 2020 年的 0.6%；全国受污染耕地安全利用率和污染地块安全利用率双双超过 90%；全国森林覆盖率达到 23.04%，自然保护区以及各类自然保护地面积占到陆域国土面积的 18%；单位 GDP 二氧化碳排放比 2015 年下降了 18.8%"。②

党的十九届五中全会对"十四五"时期的生态文明建设做出了全面部署，提出要深入打好污染防治攻坚战、持续改善环境质量。2021 年 11 月 2 日，中共中央、国务院联合下发《中共中央　国务院关于深入打好污染防治攻坚战的意见》③，明确提出"十四五"时期乃至 2035 年生态文明建设和生态环境保护的主要目标、重点任务和关键举措。从"十三五"的"坚决打好"到"十四五"的"深入打好"，深刻体现了以习近平同志为核心的党中央对生态文明建设和生态环境保护一以贯之的高度重视，充分彰显了我们党建设人与自然和谐共生美丽中国的战略定力和坚强决心，积极回应了全面建成小康社会之后人民群众追求更高品质生活的热切期盼。总之，深入打好污染防治攻坚战，不仅是实现生态环境高水平保护与经济高质量发展协同共进的必然要求，而且是建设人与自然和谐共生美丽中国的重要

① 中共中央 国务院关于全面加强生态环境保护 坚决打好污染防治攻坚战的意见[EB/OL]. [2018-06-24]. http：//www.gov.cn/zhengce/2018-06/24/content_5300953.html.
②《深入打好污染防治攻坚战，"减污、降碳、强生态"——建设人与自然和谐共生的美丽中国[EB/OL]. [2021-08-19]. http：// www.gov.cn/xinwen/2021-08/19/content_5631988.html.
③《中共中央 国务院关于深入打好污染防治攻坚战的意见[EB/OL]. [2021-11-07]. http://www.gov.cn/zhengce/2021-11/07/content_5649656.html.

举措，更是筑牢中华民族伟大复兴生态根基的战略抉择。①

从"坚决"到"深入"，意味着污染防治攻坚战触及的矛盾问题层次更深、领域更广，对生态环境质量改善的要求也更高。为此，需要坚持五项工作原则：坚持方向不变、力度不减，坚持问题导向、环保为民，坚持精准科学、依法治污，坚持系统观念、协同增效，坚持改革引领、创新驱动。《中共中央 国务院关于深入打好污染防治攻坚战的意见》分阶段指出了 2025 年和 2035 年污染防治攻坚战的主要目标。所以，在"十三五"取得阶段性成果的基础上，在"十四五"时期深入打好污染防治攻坚战需要着重把握好以下 5 个关键：①

一是明确攻坚思路。以标本兼治，更加注重治本为主攻方向，大力推动能源结构优化和产业结构调整转型升级，走绿色低碳发展道路，从根本上缓解生态环境保护结构性、根源性、趋势性压力。

二是突出攻坚重点。重点是打好 8 个标志性战役，其中包括着力打好重污染天气消除攻坚战、臭氧污染防治攻坚战、黄河生态保护治理攻坚战、重点海域综合治理攻坚战等 4 个开拓创新性战役，以及持续打好柴油货车污染治理攻坚战、城市黑臭水体治理攻坚战、长江保护修复攻坚战、农业农村污染治理攻坚战等 4 个巩固提升性战役。

三是拓展攻坚领域。降碳方面，要深入推进碳达峰行动，推动能源清洁低碳转型，加快形成绿色低碳生活方式。大气方面，要加快补齐臭氧污染治理短板，加大餐饮油烟、恶臭异味和噪声污染等治理力度。水方面，要强化水资源、水环境、水生态统筹治理，推进美丽河湖、美丽海湾保护与建设。土壤方面，要深入推进农用地土壤污染防治和安全利用，有效管控建设用地土壤污染风险。固体废物方面，制订实施新污染物治理行动方案。生态方面，要实施重要生态系统保护和修复、生物多样性保护等重大工程。

四是延伸攻坚范围。因地制宜推进农村厕所革命、生活污水治理、生活垃圾治理，基本消除较大面积的农村黑臭水体。聚焦国家重大战略打造绿色发展高地，强化生态环境保护。海洋污染防治在巩固深化渤海综合治理成果的基础上进一步

---

① 钱勇. 深入打好污染防治攻坚战 推动经济社会发展全面绿色转型[N]. 中国环境报，2021-11-11（3）.

拓展，实施重点海湾综合治理。

五是优化攻坚手段。要深入推进生态文明体制改革，综合运用法律、经济、行政等政策工具制定实施更多有利于生态环境保护的经济政策，充分发挥科技创新对生态环境保护的强大支撑作用。

二、严密防控生态环境风险

生态环境安全是国家安全的重要组成部分，是经济社会持续健康发展的重要保障。持续提升生态系统质量，强化生态保护监管，把防控生态环境风险纳入常态化管理，系统构建全过程、多层级生态环境风险防范体系，是新时代生态文明建设的题中之意。

习近平强调，要把解决突出生态环境问题作为民生优先领域。坚决打赢蓝天保卫战是重中之重，要以空气质量明显改善为刚性要求，强化联防联控，基本消除重污染天气。要深入实施水污染防治行动计划，保障饮用水安全，基本消灭城市黑臭水体。要全面落实土壤污染防治行动计划，突出重点区域、行业和污染物，强化土壤污染管控和修复。要持续开展农村人居环境整治行动，打造美丽乡村。[①]因此，要有效防范和严密防控生态环境风险，以加快推进生态文明体制改革为抓手，聚焦大气、水、土壤环境污染风险，固体废物、辐射污染环境风险和次生环境风险，项目建设"邻避效应"风险防控等重点领域，严密防范生态环境安全事故发生。

一是深入打好蓝天保卫战。着力打好重污染天气消除攻坚战、臭氧污染防治攻坚战、柴油货车污染治理攻坚战，加强大气面源和噪声污染治理。

二是深入打好碧水保卫战。持续打好城市黑臭水体治理攻坚战和长江保护修复攻坚战，着力打好黄河生态保护治理攻坚战和重点海域综合治理攻坚战，巩固提升饮用水安全保障水平，强化陆域海域污染协同治理。

三是深入打好净土保卫战。持续打好农业农村污染治理攻坚战，深入推进农

---

① 习近平出席全国生态环境保护大会并发表重要讲话[EB/OL]. https://www.mee.gov.cn/home/ztbd/gzhy/qgsthjbhdh/qgdh_tt/201807/t20180713_446605.shtml[2018-07-31].

用地土壤污染防治和安全利用，有效管控建设用地土壤污染风险。稳步推进"无废城市"建设，加强新污染物治理。强化地下水污染协同防治，开展地下水污染防治重点区划定及污染风险管控。实施水土环境风险协同防控。

四是加强危险废物污染防控，防范环境次生灾害。坚持组织领导到位、排查预警到位、督查落实到位、信息传递到位四个原则，对环境风险企业开展现场检查，全力排查、防范、化解生态环境风险，切实维护生态环境安全。

五是严密防控环境风险，强化风险预警监测和应急响应。开展涉危险废物涉重金属企业、化工园区等重点领域环境风险调查评估，完成重点河流突发水污染事件"一河一策一图"全覆盖。开展涉铊企业排查整治行动。加强重金属污染防控，到2025年，全国重点行业重点重金属污染物排放量比2020年下降5%。强化生态环境与健康管理。健全国家环境应急指挥平台，推进流域及地方环境应急物资库建设，完善环境应急管理体系。①

三、健全现代环境治理体系

"十三五"时期，我国生态文明建设取得阶段性胜利，尤其是污染防治攻坚战已形成一套相对成熟、行之有效的工作策略和方法，生态环境保护"党政同责、一岗双责"不断得到强化，中央生态环境保护督察、省级以下环保机构监测监察执法垂直管理制度改革、排污许可等基础性制度和关键改革不断落地见效，初步构建起一套源头预防、过程严管、后果严惩的生态环境保护"四梁八柱"制度体系。以排污许可为例，截至2020年年底，全国各省（自治区、直辖市）已将273.44万家固定污染源纳入排污许可管理范围，对33.77万家核发排污许可证，对应发证但暂不具备条件的3.15万家下达排污限期整改通知书，对236.52万家污染物排放量很小的填报排污登记表，已经基本实现固定污染源排污许可"全覆盖"。2021年3月1日，《排污许可管理条例》正式实施，不仅有助于控制污染物排放，持续改善生态环境质量，而且有利于打深打牢生态环境治理体系和治理能力现代化的

---

① 中共中央 国务院关于深入打好污染防治攻坚战的意见[EB/OL]. [2021-11-07]. http://www.gov.cn/zhengce/ 2021-11-07/ content_5649656.html.

根基，进一步有效提升我国生态文明建设水平，推进美丽中国建设。

"十四五"时期，进一步健全现代环境治理体系，为推进经济高质量发展提供重要支撑，是持续改善生态环境质量的有力抓手，是大力推进生态环境治理体系和治理能力现代化向纵深发展的内在需要。因此，以提高生态环境治理现代化水平为现实驱动力，需要做好以下工作。

一是全面强化生态环境法治保障。完善生态环境保护法律法规和适用规则。推进重点区域协同立法，探索深化区域执法协作。完善生态环境标准体系。健全生态环境损害赔偿制度。加强生态环境保护法律宣传普及。强化生态环境行政执法与刑事司法衔接，联合开展专项行动。

二是健全生态环境经济政策。完善绿色电价政策。大力发展绿色信贷、绿色债券、绿色基金，在环境高风险领域依法推行环境污染强制责任保险，强化对金融机构的绿色金融业绩评价。全面实施环保信用评价。完善市场化多元化生态保护补偿，推动长江、黄河等重要流域建立全流域生态保护补偿机制，建立健全森林、草原、湿地、沙化土地、海洋、水流、耕地等领域生态保护补偿制度。

三是完善生态环境资金投入机制。各级政府要把生态环境资金投入作为基础性、战略性投入予以重点保障，确保与污染防治攻坚任务相匹配。加强有关转移支付分配与生态环境质量改善相衔接。综合运用土地、规划、金融、税收、价格等政策，引导和鼓励更多社会资本投入生态环境领域。

四是提升生态环境监管执法效能。全面推行排污许可"一证式"管理，建立基于排污许可证的排污单位监管执法体系和自行监测监管机制。深入开展生活垃圾焚烧发电行业达标排放专项整治。依法严厉打击危险废物非法转移、倾倒、处置等环境违法犯罪，严肃查处环评、监测等领域弄虚作假行为。

五是建立完善现代化生态环境监测体系。构建政府主导、部门协同、企业履责、社会参与、公众监督的生态环境监测格局，实现环境质量、生态质量、污染源监测全覆盖。提升国家、区域流域海域和地方生态环境监测基础能力，补齐细颗粒物和臭氧协同控制、水生态环境、温室气体排放等监测短板。

六是构建服务型科技创新体系。组织开展生态环境领域科技攻关和技术创新，规范布局建设各类创新平台。推广生态环境整体解决方案、托管服务和第三方治理。加强生态环境科技成果转化服务，组织开展百城千县万名专家生态环境科技帮扶行动。

第二节　提升环境基础设施建设水平

一、构建环境基础设施体系

基础设施是经济社会发展的基石，不仅具有战略性、基础性和先导性作用，而且与百姓的民生福祉息息相关。党的十九届五中全会指出，统筹推进基础设施建设。"构建集污水、垃圾、固废、危废、医废处理处置设施和监测监管能力于一体的环境基础设施体系，形成由城市向建制镇和乡村延伸覆盖的环境基础设施网络"是"十四五"和2035年远景目标全面提升环境基础设施水平的重要目标。因此，实施环境基础设施补短板行动，着力构建与生态环境治理现代化治理体系和治理能力相适应的环境基础设施体系，就成为新时代生态文明建设的重要内容。

一是延伸污染防治攻坚战的攻坚范围。生态环境治理进一步从地级及以上城市向县级、乡镇、农村扩展延伸，推动形成由城市向建制镇和乡村延伸覆盖的环境基础设施网络。

二是开展污水处理厂差别化精准提标。推进城镇污水管网全覆盖，推广污泥集中焚烧无害化处理，城市污泥无害化处置率达到90%，地级及以上缺水城市污水资源化利用率超过25%。优先推广运行费用低、管护简便的农村生活污水治理技术，加强农村生活污水处理设施长效化运行维护。

三是推动省域内危险废物处置能力与产废情况总体匹配。加快完善以主要产业基地为重点布局的危险废弃物集中利用处置设施。加快建设地级及以上城市医疗废弃物集中处理设施，进一步完善医疗废物收集转运处置体系。

二、健全城镇生活垃圾和处理设施建设

生活垃圾分类和处理设施是城镇环境基础设施的重要组成部分，是推动实施生活垃圾分类制度，实现垃圾减量化、资源化、无害化处理的基础保障。建设分类投放、分类收集、分类运输、分类处理的生活垃圾处理系统，推动形成与经济社会发展相适应的生活垃圾分类和处理体系，是全面提升环境基础设施建设水平的重要内容，对补齐我国环境基础设施处理能力缺口，提升全社会生活垃圾分类和处理水平，改善城镇生态环境治理，推动生态文明建设实现新进步，进一步提升生态环境治理能力现代化有重要的现实意义。

"十四五"时期，生活垃圾分类和处理设施建设进入关键时期。从近期目标来看，"到 2023 年，具备条件的地级以上城市基本建成分类投放、分类收集、分类运输、分类处理的生活垃圾分类处理系统；全国生活垃圾焚烧处理能力大幅提升，县城生活垃圾处理系统进一步完善；建制镇生活垃圾收集转运体系逐步健全。"[①]到 2025 年年底，全国城市生活垃圾资源化利用率达到 60% 左右，全国生活垃圾分类收运能力达到每日 70 万吨左右，全国城镇生活垃圾焚烧处理能力达到每日 80 万吨左右，城市生活垃圾焚烧处理能力占比 65% 左右。[②]为实现这一总体性目标，需完成以下任务。

一是加快完善生活垃圾分类收集和分类运输体系。全面推进城市生活垃圾分类收集、分类运输设施建设。鼓励具备条件的地级以上城市基本建成与生活垃圾清运量相匹配的生活垃圾分类收集和分类运输体系。建制镇逐步提高生活垃圾收运能力并向农村地区延伸。

二是全面推进生活垃圾焚烧设施建设。加强垃圾焚烧设施规划布局，持续推进焚烧处理能力建设，鼓励跨区域统筹建设焚烧处理设施。开展既有焚烧处理设施提标改造，对垃圾焚烧发电设施要严格落实环境监管"装、树、联"要求，推

---

① 关于印发《城镇生活垃圾分类和处理设施补短板强弱项实施方案》的通知（发改环资〔2020〕1257 号）[EB/OL]. [2020-08-07]. https://www.ndrc.gov.cn/xxgk/zcfb/tz/202008/t20200807_1235742.html.
②国家发展改革委 住房和城乡建设部关于印发《"十四五"城镇生活垃圾分类和处理设施发展规划》的通知（发改环资〔2021〕6427 号）[EB/OL]. [2021-05-14]. http://www.gov.cn/zhengce/zhengceku/2021-05/14/content_5606349.html.

动建设"邻利"型生活垃圾焚烧设施。加快建设焚烧飞灰处置设施，探索推动符合条件的飞灰危险废物豁免管理。

三是合理规划建设生活垃圾填埋场。结合区域垃圾焚烧设施建设情况，合理规划建设生活垃圾填埋场。原则上地级以上城市以及具备焚烧处理能力的县（市、区），不再新建原生生活垃圾填埋场，现有生活垃圾填埋场主要作为垃圾无害化处理的应急保障设施使用。对于暂不具备建设焚烧处理能力的地区，可规划建设符合标准的生活垃圾填埋场。对需要进行封场的填埋场，要有序开展规范化封场整治和改造，加强填埋场渗滤液和残渣处置。

四是因地制宜推进厨余垃圾处理设施建设。科学选择处理技术路线，稳步提升厨余垃圾处理水平。已出台生活垃圾分类法规并对厨余垃圾分类处理提出明确要求的地区，要稳步有序推进厨余垃圾处理设施建设。其他地区要积极探索多元化可持续运营模式，探索将厨余垃圾纳入现有焚烧设施统筹处理。鼓励社会专业公司参与运营，不断提升厨余垃圾处理市场化水平。

三、加快完善县域医疗废物收集转运处置体系

2020 年 4 月 30 日，国家发展改革委、国家卫生健康委、生态环境部联合发布《医疗废物集中处置设施能力建设实施方案》，对加快完善县域医疗废弃物收集转运处置体系提出了明确要求，"每个县（市）都建成医疗废物收集转运处置体系，实现县级以上医疗废物全收集、全处理，并逐步覆盖到建制镇，争取农村地区医疗废物得到规范处置"。[①]于是，"十四五"时期需要完成以下主要任务。

一是加快优化医疗废物集中处置设施布局。通过全面摸查本地区医疗废物集中处置设施建设情况，掌握各地市医疗废物集中处置设施覆盖辖区内的医疗机构情况，分析处置不同类别医疗废物的能力短板，从而综合考虑地理位置分布、服务人口、城镇化发展速度、满足平时和应急需求等因素，进一步优化本地区医疗废物集中处置设施布局，明确建设进度要求。

---

① 关于印发《医疗废物集中处置设施能力建设实施方案》的通知（发改环资〔2020〕696 号）[EB/OL]. [2020-04-30]. https://www.ndrc.gov.cn/xxgk/zcfb/tz/202004/t20200430_1227477.html.

二是推进现有医疗废物集中处置设施扩能提质。按照医疗废物集中处置技术规范等要求，在对现有医疗废物集中处置设施进行符合性排查的基础上，综合考虑未来医疗废物增长情况、应急备用需求，适度超前谋划、设计、建设，加快推动现有医疗废物集中处置设施扩能提质改造，确保处置设施满足处置要求，并符合环境保护、卫生等相关法律法规要求。有条件的地区要利用现有危险废物焚烧炉、生活垃圾焚烧炉、水泥窑补足医疗废物应急处置能力短板。

三是加快补齐医疗废物集中处置设施缺口。鼓励人口 50 万以上的县（市）因地制宜建设医疗废物集中处置设施，医疗废物日收集处置量在 5 吨以上的地区，可以建设以焚烧、高温蒸煮等为主的处置设施。鼓励跨县（市）建设医疗废物集中处置设施，实现设施共享。鼓励为偏远基层地区配置医疗废物移动处置和预处理设施，实现医疗废物就地处置。

四是健全医疗废物收集转运处置体系。加快补齐县级医疗废物收集转运短板，依托跨区域医疗废物集中处置设施的县（区），要加快健全医疗废物收集转运处置体系。收集处置能力不足的偏远区县要新建收集处置设施。医疗废物集中处置单位要配备数量充足的收集、转运周转设施和具备相关资质的车辆。收集转运能力应当向农村地区延伸。

五是建立医疗废物信息化管理平台。2021 年年底前，建立全国医疗废物信息化管理平台，覆盖医疗机构、医疗废物集中贮存点和医疗废物集中处置单位，实现信息互通共享，及时掌握医疗废物产生量、集中处置量、集中处置设施工作负荷以及应急处置需求等信息，提高医疗废物处置现代化管理水平。

第三节　绿色转型发展

一、绿色发展理念的提出

环境问题不仅是发展问题，更是事关民族存亡、威胁人类生存与发展的全球性难题。绿色发展，主要是针对当前较为严峻的环境污染和生态破坏所提出的应对之举。党的十八届五中全会顺应可持续发展的世界潮流,将绿色纳入新发展理念的具体内容中,强调绿色发展的重要性。绿色发展是指导中国生态文明建设的核心理念,也是实现中国永续发展的必要条件。树立和坚持绿色发展理念,协调处理好人与自然、自然与社会、经济与社会等不同领域之间的关系,有助于建设中国特色社会主义现代化强国。

所谓绿色发展(Green Development),即指以经济、社会、生态"三位一体",以合理消费、低消耗、低排放、生态资本不断增加为主要特征,以绿色创新为根本途径,以积累绿色财富和增加人类福利为根本目标,以实现人与人之间和谐、人与自然之间和谐为根本宗旨,在强调经济绿色增长的同时,还要求循环发展和低碳发展,并朝着建设资源节约型和环境友好型社会的目标迈进。因此,从本质上看,绿色发展是在摒弃旧的"先发展、后治理"发展模式基础上形成的一种全新发展模式。它兼顾经济和环境,并把二者的关系由过去的对立状态转变为良性互动,旨在开创人类文明新形态。总之,绿色发展的核心问题是正确处理人与自然的关系。

发展和生态的关系一直以来是国外学术界关心的重要问题。西方早期关于发展和生态之间的关系研究主要是从研究发展及影响发展的生态要素来展开。同时,国外对于可持续发展的论著颇多,而专门论述绿色发展的相对较少。随着生态问题的日益严峻,"可持续发展"的概念最先是1972年在斯德哥尔摩举行的联合国人类环境研讨会上正式被讨论提出的。此后,可持续发展理念日益受到重视并付诸实践。20世纪80年代以来,国际社会对环境的关注点已由单纯注重环境问题逐步转移至环境与发展关系上来。1992年6月3日至14日,联合国在巴西里约热内卢召开环境与发展大会,通过《里约环境与发展宣言》,确立了可持续发展的观点,首次在承认发展中国家拥有发展权利的同时,制定环境与发展相结合的政策。国外一些学者在论述可持续发展的过程中也提到过绿色发展的问题,其中最早提及绿色发展的是英国经济学家大卫·皮尔斯,他于1989年在著作《绿色经济蓝图》中提出力图追求一种"可承受的经济模式"。绿色发展是指应对国际国内经济形势和资源环境的挑战,以绿色创新为桥梁,以绿色经济为核心,依靠科技进步，追求资源环境绩效，倡导绿色生活，健全生态文明制度体系。但是总体上看，他们所说的绿色发展是泛泛而谈，与我国现阶段提出的绿色发展理念具有本质区别。总而言之，国外相关研究的特点主要有：第一，从经济角度来论述绿色发展的研究较多，比如研究绿色经济、绿色工业及绿色企业等，注重的是社会的经济效益问题，而从政治角度来论述绿色发展的非常少。第二，将绿色发展和可持续发展结合在一起进行研究，造成两者的边界模糊，使人们误认为绿色发展的理念是在可持续发展理念的基础上原地踏步。事实上，两者除名称不同外，具体内涵也不相同，两者存在一定的理论逻辑关系，绿色发展理念是建立在可持续发展理念基础之上的更为先进的发展理念。

中国是宣布实施可持续发展战略最早的发展中国家。在里约热内卢环境与发展大会召开后不久，中共中央、国务院批准《中国环境与发展十大对策》公开发布，宣布中国要"实施持续发展战略"。1993 年 4 月编制，1994 年 3 月，国务院讨论通过了《中国 21 世纪人口、环境与发展白皮书》，指出"走可持续发展之路，是中国在未来和下世纪发展的自身需要和必然选择"。该议程经国务院批准，是全球第一部国家级的世纪议程，首次将可持续发展战略纳入我国经济和社会发展的长远规划。"九五"期间，我国采取了一系列措施实施可持续发展战略，并将可持续发展战略确立为国家基本战略，将可持续发展作为一条重要的指导方针和战略目标上升为国家意志。

21 世纪初，联合国计划开发署驻华代表处等机构联合发表《中国人类发展报告 2002：绿色发展　必选之路》，"绿色发展"一词进入中国视野。中国政府积极响应，提出生态文明建设重大方略，坚决走绿色发展之路。在此背景下，中国学者对绿色发展予以高度关注，一批关于绿色发展的研究成果相继问世，研究内容主要包括：分析绿色发展的内涵及中国走绿色发展道路的紧迫性和重要性；认为相对于低碳经济、循环经济的概念，绿色发展更具有整体性、包容性的价值理念；从生态文明建设的视角探讨中国绿色发展的路径；提出建设生态文明必须从生产方式等更深层面反思导致经济发展不可持续的原因，进而引导社会改进传统发展模式，如果只是停留在浅绿色的水平上被动应对资源环境问题，就不可能建成生态文明，也不可能换来我们所期望的中国未来发展模式转型。国内相关研究的主要特点有：第一，对绿色发展的研究相对较多，往往与如何加强我国生态文明建设紧密结合在一起，而专门围绕绿色发展这一主题探讨的论著相对偏少；第二，对绿色发展的一般概念有一定阐释，但对其理论维度进行重点探究的著作还偏少，造成概念本身的模糊性；第三，从现实角度研究生态环境保护问题和从学术角度研究生态社会主义的著作较多，从生态社会主义角度剖析绿色发展问题的研究则较少。

绿色发展是遵循自然规律的可持续发展。推进绿色发展，是建设美丽中国、实现生态文明的根本途径。把绿色发展作为新发展理念之一，与党的十八大将生态文明纳入"五位一体"总体布局一脉相承。绿色发展理念不仅明确了"要什么样的发展、依靠什么发展、为谁发展"的重大理论创新问题，而且也是一个重大的实践创新问题。我国的绿色发展理念已经超越了一般的生态环保理论层面，上升到了治国理政方针政策层面，是新发展理念的重要组成部分。事实表明，中国共产党的发展理念继承了马克思主义自然观和中国传统自然观对自然万物的尊重、敬畏、关怀和珍惜，是对西方可持续发展观的继承与超越，从而实现了从传统发展观到绿色发展理念的突破，打破了经济增长与环境保护之间非此即彼的对立性，构建出社会主义生态文明建设体系。总之，绿色发展是可持续发展的递进和升华，其生成基础是中国特色社会主义伟大实践，最终指向是转变原有的发展理念与发展方式，解决我国日益严重的生态问题，实现经济社会可持续发展，为全体人民创造一个良好的生活环境。

二、绿色发展理念的科学内涵

建设生态文明是关系人民福祉、关乎民族未来的大计，是实现中华民族伟大复兴中国梦的重要内容。"十四五"规划指出，推动绿色发展，促进人与自然和谐共生，必须坚持"绿水青山就是金山银山"理念，坚持尊重自然、顺应自然、保护自然，坚持节约优先、保护优先、自然恢复为主，实施可持续发展战略，完善生态文明领域统筹协调机制，构建生态文明体系，推动经济社会发展全面绿色转型，建设美丽中国。

"绿色发展"理念注重解决人与自然和谐问题。习近平总书记指出："我们要构筑尊崇自然、绿色发展的生态体系。人类可以利用自然、改造自然，但归根结底是自然的一部分，必须呵护自然，不能凌驾于自然之上。我们要解决好工业文明带来的矛盾，以人与自然和谐相处为目标，实现世界的可持续发展和人的全面发展。"这是党根据国情条件、顺应发展规律做出的正确决策，是国家治理理念的一个新高度、新飞跃，既为"四个全面"战略布局提供了重要的理论支撑，也是对中国特色社会主义理论乃至人类文明发展理论的丰富和完善。因此，绿色发展理念具有丰富的科学内涵。

1. 强调生态环境保护的"优先论"

新中国成立后，面临巩固新生政权、战胜严重的经济困难、恢复和发展国民经济、维护国家主权和安全等诸多考验，亟须改变贫穷落后的面貌，发展生产以保障供给，建立现代化工业体系以维护国家安全。于是，由于生产技术的落后、自然资源的不合理开发、人口大幅度增长以及环保意识缺失等各种因素相互作用导致环境问题不断出现，但此时环境问题大多具有局部性特征，尚未扩展为全社会的共同难题。"大跃进"时期，工业"三废"开始大量排放，局部地区环境污染迅速加剧。大规模的"三线"重工企业建设，使环境污染和生态破坏的趋势日益严重，特别是排放出大量有害物质，形成严重的大气污染和水污染。

1972 年 6 月 5 日至 16 日，在瑞典首都斯德哥尔摩召开了第一次联合国人类环境会议。此次会议对中国产生了深远影响，唤醒了国人的环境保护意识。参会期间，中国代表团通过对照西方国家和中国的情况，开始认识到我国环境问题的严重性。此次会议促使我国于 1973 年 8 月 5 日至 20 日在北京召开了第一次环境保护会议，明确了著名的"全面规划，合理布局，综合利用，化害为利，依靠群众，大家动手，保护环境，造福人民"的环境保护工作"三十二字"方针，奠定了我国环境保护政策的理论基础和思想基础，成为我国环境保护事业前进的指南。

习近平总书记指出，为了实现中华民族伟大复兴，中国共产党团结带领中国人民，解放思想、锐意进取，创造了改革开放和社会主义现代化建设的伟大成就。我们实现新中国成立以来党的历史上具有深远意义的伟大转折，确立党在社会主义初级阶段的基本路线，坚定不移推进改革开放，战胜来自各方面的风险挑战，开创、坚持、捍卫、发展中国特色社会主义，实现了从高度集中的计划经济体制到充满活力的社会主义市场经济体制、从封闭半封闭到全方位开放的历史性转变，实现了从生产力相对落后的状况到经济总量跃居世界第二的历史性突破，实现了人民生活从温饱不足到总体小康、奔向全面小康的历史性跨越，为实现中华民族伟大复兴提供了充满新的活力的体制保证和快速发展的物质条件。然而，我国以往的传统发展方式在快速集聚现代化发展的厚实物质基础的同时，也给自然生态系统带来了很大破坏，空气污染、水污染、土壤污染、森林减少、土地沙化、湿地退化、水土流失、干旱缺水、生物多样性减少、极端自然天气等严重问题屡有发生，给人民群众的身体健康和生命安全带来严重影响，造成人与自然关系的严重失衡以及人与社会关系的紧张，不仅影响了经济社会的可持续发展，而且给党群关系、干群关系、区域关系、代内关系、代际关系以及国际关系带来了一系列矛盾冲突。

绿色发展强调生态环境保护优先，正是基于以上历史与现实出发，强调坚持保护优先、自然恢复为主，推进自然生态系统保护与修复，筑牢生态安全屏障。习近平总书记强调，环境治理是一个系统工程，必须作为重大民生实事紧紧抓在手上。要按照系统工程的思路，抓好生态文明建设重点任务的落实，切实把能源资源保障好，把环境污染治理好，把生态环境建设好，为人民群众创造良好生产生活环境，使蓝天常在、青山常在、绿水常在。习近平总书记在主政浙江时就曾深刻指出："现在，环境污染问题已不是局部的、暂时的问题。江南水乡受到污染没水喝，要从这里调水从那里买水。近岸海域海水受到污染，赤潮频发。这就好比借钱来做生意，钱是赚来了，但也欠了环境很多的债，同时还要赔上高额的利息。欠债还钱，天经地义。生态环境方面欠的债迟还不如早还，早还早主动，否则没法向后人交代。为什么说要努力建设资源节约型、环境友好型社会？你善待环境，环境是友好的；你污染环境，环境总有一天会翻脸，会毫不留情地报复你。

这是自然界的客观规律，不以人的意志为转移。"[①]

2. 经济发展与环境保护的"统一论"

发展是全人类永恒的话题，也是全世界共同关注的热点问题。在寻求发展方向、创新发展的同时，人类也根据时代变迁不断探索和更新发展观念。我国对发展的认识经历了由现象到本质、由片面到全面、由表及里的历史性推进过程，从最初单纯追求经济发展和 GDP 而置环境破坏和能源耗费于不顾，到逐步认识到环境保护、能源节约关乎民族生死存亡、国家安全。可持续发展、科学发展观、绿色发展理念的时代演进，正好说明在充分认知的基础上，我国发展理念与时俱进的修正、充实和完善。

在绿色发展理念的指导下，生态环境就是经济增长的重要驱动力，这是最鲜明的主要内容之一，阐明了绿色发展的生态生产力理念，即生态环境也是生产力。习近平总书记指出："正确处理好经济发展同生态环境保护的关系，牢固树立保护生态环境就是保护生产力、改善生态环境就是发展生产力的理念"。习近平总书记的这一重要论述，深刻阐明了生态环境与生产力之间的关系，是对生产力理论的重大发展，饱含尊重自然、谋求人与自然和谐发展的价值理念和发展理念。

发达国家一两百年来出现的环境问题，在我国 40 多年的快速发展中集中显现，中国要实现工业化、信息化、城镇化、农业现代化，必须走出一条区别于西方的新的发展道路。落实绿色发展理念，必须推动生产方式和消费模式的绿色转型。实践证明，也只有更加重视生态环境这一生产力的要素，更加尊重自然生态的发展规律，保护和利用好生态环境，才能更好地发展生产力，在更高层次上实现人与自然的和谐。这就要克服把环境保护与经济发展对立起来的传统思维，改变不合理的产业结构、资源利用方式、能源结构、空间布局、生活方式，更加自觉地推动绿色发展、循环发展、低碳发展，探索走出一条既能依托生态环境推动经济和人的发展，又能保护生态环境的新路，实现经济社会发展与生态环境保护共赢。

总而言之，绿色发展理念充分尊重发展的基本规律，是把马克思主义生态理论与当今时代发展特征相结合,同时又融合了东方文明而形成的全新的发展理念,强调人与自然关系要"尊重自然、顺应自然、保护自然",经济发展不得以牺牲环境为代价,推动和实现经济发展与环境保护相统一,其实质就是一种符合生态文明要求的新的经济社会发展方式和发展过程。

3. 蕴含生态优势向经济优势的"转化论"

传统发展模式造成的人与自然关系不协调,不但造成了自然资源和生态环境的严重破坏,而且阻碍了世界经济的健康发展,损害了各国人民的共同利益。因此,推动经济发展方式的转型升级迫在眉睫。2005 年 8 月 15 日,"绿水青山就是金山银山"在国内被首次提出。2013 年 9 月 7 日,习近平总书记在哈萨克斯坦演讲时再次提出"绿水青山就是金山银山",指出"我们既要绿水青山,也要金山银山,宁要绿水青山,不要金山银山,而且绿水青山就是金山银山"。2015 年 3 月 24 日,"绿水青山就是金山银山"被党中央正式写入中央文件,为"十三五"规划中提出的绿色发展理念打下了坚实的理论基础。

"绿水青山就是金山银山"理念是党中央立足于马克思主义生态经济学,传承可持续发展战略,结合新时代中国特色社会主义建设的需求对中国共产党执政理念和方式的深刻变革,是对认识发展客观规律、解决发展问题的重要改良,是对可持续发展观的全新洗礼,是对科学发展观在新时代的延伸和创新。

绿色发展的第一要义就是要实现经济社会发展与自然的和谐共生,正确处理人与自然的关系、自然与经济社会发展的关系,从根本上解决人与自然之间关系的失衡问题,使生态优势转化为经济优势,以满足人类经济社会发展的需求。"绿水青山就是金山银山"是绿色发展理念的核心内容,对经济建设与绿色发展之间的辩证统一关系进行了高度概括,构成了新时代绿色发展理念的有机整体。绿水青山实质上就是绿色发展,金山银山实质上就是经济建设。

习近平总书记将马克思的人与自然关系理论同我国实际情况相结合,形象深刻地通过深入阐发"绿水青山"与"金山银山"的辩证统一说明社会、经济发展与生态文明之间的内在关系,转变了对绿色发展的价值诉求,把绿色发展、环境保护看作与经济发展息息相关、休戚与共的共同体。做到在保护中发展的同时在发展中保护，实现经济发展与环境保护共赢的新局面，从而统筹兼顾经济效益与生态效益，在获取经济效益的同时维护和修复生态环境和生态破坏等问题，既要发展中的金山银山也要发展中的绿水青山，坚决不以牺牲生态环境为代价。

三、绿色转型发展的实践路径

绿色发展理念的战略意识总体表现在：把保护生态上升为保护生产力和保护生命的高度，以提高环境质量为核心，以解决生态环境领域突出问题为重点，加大生态环境保护力度，提高资源利用效率，为人民提供更多优质生态产品，协同推进人民富裕、国家富强。落实绿色发展理念，就是要按照尊重自然、顺应自然、保护自然的理念，坚持节约资源和保护环境的基本国策，坚持可持续发展，全面深化改革，转变经济发展方式，把生态文明建设融入经济建设、政治建设、文化建设、社会建设各方面和全过程，坚定走生产发展、生活富裕、生态良好的文明发展道路，加快建设资源节约型、环境友好型社会，推动形成人与自然和谐发展的现代化建设新格局。因此，从国家的制度设计安排来看，主要包括以下方面：

一是深入推进碳达峰行动。处理好减污降碳和能源安全、产业链供应链安全、粮食安全、群众正常生活的关系，落实2030年应对气候变化国家自主贡献目标，以能源、工业、城乡建设、交通运输等领域和钢铁、有色金属、建材、石化化工等行业为重点，深入开展碳达峰行动。统筹建立二氧化碳排放总量控制制度。建设完善全国碳排放权交易市场。加强甲烷等非二氧化碳温室气体排放管控。制定《国家适应气候变化战略2035》。大力推进低碳和适应气候变化试点工作。健全排放源统计调查、核算核查、监管制度，将温室气体管控纳入环评管理。

二是聚焦国家重大战略打造绿色发展高地。强化京津冀协同发展生态环境联建联防联治，打造雄安新区绿色高质量发展"样板之城"。积极推动长江经济带成为我国生态优先绿色发展主战场，深化长三角地区生态环境共保联治。扎实推动黄河流域生态保护和高质量发展。加快建设美丽粤港澳大湾区。加强海南自由贸易港生态环境保护和建设。

三是推动能源清洁低碳转型。在保障能源安全的前提下，加快煤炭减量步伐，实施可再生能源替代行动。"十四五"时期，严控煤炭消费增长，非化石能源消费比重提高到20%左右，京津冀及周边地区、长三角地区煤炭消费量分别下降10%、5%左右，汾渭平原煤炭消费量实现负增长。原则上不再新增自备燃煤机组，支持自备燃煤机组实施清洁能源替代，鼓励自备电厂转为公用电厂。坚持"增气减煤"同步，新增天然气优先保障居民生活和清洁取暖需求。提高电能占终端能源消费比重。重点区域的平原地区散煤基本清零。有序扩大清洁取暖试点城市范围，稳步提升北方地区清洁取暖水平。

四是坚决遏制高耗能高排放项目盲目发展。严把高耗能高排放项目准入关口，严格落实污染物排放区域削减要求，对不符合规定的项目坚决停批停建。重点区域严禁新增钢铁、焦化、水泥熟料、平板玻璃、电解铝、氧化铝、煤化工产能，合理控制煤制油气产能规模，严控新增炼油产能。

五是推进清洁生产和能源资源节约高效利用。引导重点行业深入实施清洁生产改造。大力推行绿色制造，构建资源循环利用体系。加强重点领域节能，提高能源使用效率。实施国家节水行动。推进污水资源化利用和海水淡化规模化利用。

六是加强生态环境分区管控。衔接国土空间规划分区和用途管制要求，将生态保护红线、环境质量底线、资源利用上线的硬约束落实到环境管控单元，建立差别化的生态环境准入清单，加强"三线一单"成果在政策制定、环境准入、园区管理、执法监管等方面的应用。健全以环评制度为主体的源头预防体系，严格规划环评审查和项目环评准入，开展重大经济技术政策的生态环境影响分析和重大生态环境政策的社会经济影响评估。

七是加快形成绿色低碳生活方式。把生态文明教育纳入国民教育体系，增强全民节约意识、环保意识、生态意识。因地制宜推行垃圾分类制度，加快快递包装绿色转型，加强塑料污染全链条防治。深入开展绿色生活创建行动。建立绿色消费激励机制，推进绿色产品认证、标识体系建设，营造绿色低碳生活新时尚。

第四节　建设人与自然和谐共生现代化

"人与自然究竟是一种什么关系"是人类社会发展历程中的一个经久不衰的话题。随着人与自然关系的异化，人类面临着各种生态危机的挑战，在生态文明建设背景下，人们开始将人与自然作为生命共同体看待，"和谐共生"模式是对人与自然关系的理论阐释，更是人类文明可持续的重要路径。

一、人与自然和谐共生的理论反思

从理论层面而言，人与自然的关系理论经历了从"中心主义"转向"和谐共生"的过程，"和谐共生"理论突破了西方传统理论，对人与自然关系的认识达到了新高度，体现出高超的生态智慧，增强了中国生态文明建设的国际话语权；其中"和谐"是手段，意味着人与自然和睦相处、谐调平衡，"共生"是目的，意味着人与自然同生共在，一荣俱荣。[1]

人与自然之间的关系是相互依赖、相互影响、相互作用的。马克思在关于人与自然关系的辨证中提出了对象性关系理论，认为社会经济发展、人文关怀和科技进步是处理人与自然、社会与自然关系的基本方向，也是解决环境问题，实现科学发展的出发点和立足点。[2]不能离开现实的、具体的人的存在去抽象地谈论环境问题，更不能把环境问题仅仅视为与人无关的科学问题、技术问题。[3]生态学意义上的"和谐共生"是自然界包括人类在内的所有生物共生互帮、需求互补、协同进化、美美与共的生存本能的反映和普遍遵守的生存法则，各种生物之间一定会形成相互影响、相互制约、共生同在、协助同进的共生关系。[1]

---

① 解保军. 人与自然和谐共生的哲学阐释[N]. 光明日报，2018-11-12（15）.
② 刘玉新. 人与自然的对象性关系——论马克思主义环境哲学自然观的独特视角[J]. 环境保护，2008（12）：63.
③ 张礼建，邓莉，向礼晖. 马克思的对象性关系理论与生态文明建设[J]. 重庆大学学报（社会科学版），2015，21（3）：150.

二、建设人与自然和谐共生现代化是时代要求

生态文明的核心思想是人与自然和谐共生，这关系人民福祉，关乎民族未来，是中华民族永续发展的大计。习近平总书记在党的十九大报告中强调："坚持人与自然和谐共生。建设生态文明是中华民族永续发展的千年大计。"习近平生态文明思想吸收了马克思主义关于人与自然之间具有"一体性"的生态思想，吸取中国古代"天人合一、道法自然"的生态智慧，创造性地提出了人与自然和谐共生的思想和方略。①

党的十九届五中全会通过的《中共中央关于制定国民经济和社会发展第十四个五年规划和二〇三五年远景目标的建议》（以下简称《建议》）提出，"推动绿色发展，促进人与自然和谐共生"。②党的二十大报告，习近平总书记指出："中国式现代化是人与自然和谐共生的现代化。""尊重自然、顺应自然、保护自然，是全面建设社会主义现代化国家的内在要求。生态文明是中国式现代化的重要组成部分，必须牢固树立和践行绿水青山就是金山银山的理念，站在人与自然和谐共生的高度谋划发展。"

三、建设人与自然和谐共生现代化的时代意义

在人在与自然相互作用的历史过程中，人们逐渐意识到：人因自然而生，人与自然是一种共生关系，对自然的伤害最终会伤及人类自身，"万物各得其和以生，各得其养以成。"这已经成为一种社会普遍性的共识问题。③

从国家战略高度而言，坚持人与自然和谐共生的基本方略是习近平新时代中国特色社会主义思想尤其是生态文明建设重要战略思想的鲜明体现，也是紧扣我国社会主要矛盾变化满足人民日益增长的优美生态环境需要的迫切要求，亦是中华民族伟大复兴的必然选择，更是构建人类命运共同体、建设清洁美丽世界的方

---

① 张云飞. 建设美丽中国 实现永续发展[N]. 中国纪检监察报，2020-03-02（5）.
② 建设人与自然和谐共生的现代化[EB/OL]. [2021-01-11]. http://news.cnr.cn/native/gd/20210111/t20210111_525388177.shtml.
③ 坚持人与自然和谐共生[EB/OL]. [2017-12-05]. http://cpc.people.com.cn/n1/2017/1205/c415067-29686916.html.

向指引①。从内涵来看，人与自然和谐共生的理念极为丰富，人与自然相处过程中必须尊重自然、顺应自然、保护自然，树立和践行绿水青山就是金山银山的理念，为人民创造良好生产生活环境，统筹山水林田湖草系统治理，实行最严格的生态环境保护制度①。在生态文明建设过程中应当站在人与自然和谐共生的战略高度来看，建设人与自然和谐共生现代化不仅为建设美丽中国，实现中华民族伟大复兴和永续发展提供生态道路指引，更为全球生态治理贡献了中国智慧与中国方案。

---

① 坚持人与自然和谐共生. [2017-12-15]. http://www.qstheory.cn/dukan/qs/2017-12/15/c_1122089560.html.

第六章 生态文明制度体系建设

人与自然和谐共生是中国特色社会主义生态文明制度体系建设的价值取向和重要评价标准。党的十八大以来，"党中央以前所未有的力度抓生态文明建设，美丽中国建设迈出重大步伐，我国生态环境保护发生历史性、转折性、全局性变化"①。党的十八届三中全会通过《中共中央关于全面深化改革若干重大问题的决定》，首次确立了生态文明制度体系，从源头、过程、后果的全过程，按照"源头严防、过程严管、后果严惩"的思路，阐述了生态文明制度体系的构成及其改革方向。②党的十九届四中全会《中共中央关于坚持和完善中国特色社会主义制度 推进国家治理体系和治理能力现代化若干重大问题的决定》中提出"坚持和完善生态文明制度体系，促进人与自然和谐共生"，从"实行最严格的生态环境保护制度""全面建立资源高效利用制度""健全生态保护和修复制度""严明生态环境保护责任制度"4个方面为新形势下加强和改进生态文明建设规定了努力方向和重点任务。

第一节 生态文明制度体系建设的思路③

一、源头严防

源头严防，是持续推进生态文明制度体系建设、推动实现美丽中国的治本之

---

① 中国共产党第十九届中央委员会第六次全体会议公报[EB/OL]. [2021-11-11].http：//www.xinhuanet.com/
2021-11/11/c_1128055386.html.
② 中共中央关于全面深化改革若干重大问题的决定[EB/OL]. http://www.scio.gov.cn/zxbd/nd/2013/ docu-
ment/1374228/1374228_12.htm.
③ 吕虹. 加快生态文明制度体系建设的三个维度[N]. 学习时报，2020-02-26（007）.

策。注重源头严防，是抓好生态文明制度体系建设的基础性工作。加快生态文明制度体系建设，需要从源头抓起。自然资源产权制度是生态文明制度体系中最典型的基础性制度。只有在产权上明确自然资源归属，相应的权利所有人、相对人才能更好地行使权利和履行义务，相应的生态文明制度完善工作才能渐次展开。健全自然资源产权制度，以完善自然资源产权体系为重点，以落实产权主体为关键，以调查监测和确权登记为基础，着力促进自然资源集约开发利用和生态保护修复，加强监督管理，注重改革创新，加快构建系统完备、科学规范、运行有效的中国特色自然资源产权制度体系。

一是健全自然资源产权体系。推动自然资源所有权与使用权分离，加快构建分类科学的自然资源产权体系，着力解决权利交叉、缺位的问题。

二是明确自然资源产权主体，加快统一确权登记。研究建立国务院自然资源主管部门行使全民所有自然资源所有权的资源清单和管理体制。强化自然资源整体保护，尽快编制实施国土空间规划，划定并严守生态保护红线、永久基本农田、城镇开发边界等控制线。建立健全国土空间统一管控，强化山水林田湖草沙的整体保护。

三是促进自然资源集约开发利用。深入推进全民所有自然资源有偿使用制度改革。健全自然资源监管体制，发挥人大、行政、司法、审计和社会监督作用，创新管理方式方法，形成监管合力，依法严厉打击危险废物非法转移、倾倒、处置等环境违法犯罪，严肃查处环评、监测等领域弄虚作假行为，实现对自然资源开发利用和保护的全程动态有效监管。加强自然资源督察机构对国有自然资源的监督。

二、过程严管

过程严管，是彰显生态文明建设成效的关键。注重过程严管，是抓好生态文明制度体系建设的主干性工作。加快生态文明制度体系建设，注重过程严管，就是与时俱进地对生态文明建设进行针对性的制度引导。因此，需要重点从以下 3 个方面入手。

一是完善绿色生产和绿色消费的法律制度和政策导向。构建包括法律、法规、标准、政策在内的绿色生产和绿色消费制度体系，加快推行源头减量、清洁生产、资源循环、末端治理的生产方式，推动形成资源节约、环境友好、生态安全的工业、农业、服务业体系。统筹推进绿色生产和绿色消费领域法律法规的立改废释工作，鼓励先行先试，做好经验总结。完善绿色产业发展支持政策，发展绿色金融，推进市场导向的绿色技术创新。

二是全面建立资源高效利用制度。改变传统的生产模式和消费模式，把经济活动限制在自然资源和生态环境能够承受的限度内，使资源、生产、消费等要素匹配相适应，用最少的资源环境代价取得最大的经济效益和社会效益，是我们党既对当代人负责又对子孙后代负责的体现。因此，需要树立节约循环利用的资源观，实行资源总量管理和全面节约制度，强化约束性指标管理，加快建立健全体现生态价值和环境损害成本的资源环境价格机制，促进资源节约和生态环境保护。

三是构建以国家公园为主体的自然保护地体系。建立自然生态系统保护新体制新机制新模式，建设健康稳定高效的自然生态系统，为维护国家生态安全和实现经济社会可持续发展筑牢基石，为建设美丽中国奠定生态根基。理顺各类自然保护地管理职能，按照生态系统重要程度实行分级设立、分级管理。创新自然保护地建设发展机制，实现各产权主体共建保护地、共享资源收益，建立健全特许经营制度。

三、后果严惩

后果严惩，是建设生态文明、建设美丽中国必不可少的重要措施。2021 年 11 月 2 日，中共中央、国务院联合下发《中共中央　国务院关于深入打好污染防治攻坚战的意见》中强调："在法治轨道上推进生态环境治理，依法对生态环境违法犯罪行为严惩重罚。"[①]注重后果严惩，是抓好生态文明制度体系建设的保障性工作，需要坚持问题导向和结果导向，对责任明确和责任追究入手，严明生态环境

---

① 中共中央　国务院关于深入打好污染防治攻坚战的意见[EB/OL]. [2021-11-07]. http://www.gov.cn/zhengce/2021-11/07/content_5649656.html.

保护责任制度。

落实中央生态环境保护督察制度。2015 年 7 月，习近平总书记主持召开中央全面深化改革领导小组会议，审议通过《环境保护督察方案（试行）》。2019 年 6 月，中共中央办公厅、国务院办公厅印发《中央生态环境保护督察工作规定》。事实表明，中央生态环境保护督察制度建立并有效运行，是日常发现和督促解决生态环境问题的一项重要制度安排。"十四五"时期，督察内容逐渐由单方面的督察生态环保向促进经济、社会发展与生态环境保护相协调延伸，从着重纠正环保违法向纠正违法和提升守法能力相结合转变，指导各地全面提高生态环境治理能力和生态环境保护能力。

建立生态文明建设目标评价考核制度，实行生态环境损害责任终身追究制。强化环境保护、自然资源管控、节能减排等约束性指标管理，严格落实企业主体责任和政府监管责任。开展领导干部自然资源资产离任审计，对地区水资源、环境状况、林地、开发强度等进行综合评价，对生态环境损害责任进行终身追究。

第二节　生态文明制度体系建设的构成

一、自然资源资产产权制度与管制制度

自然资源资产产权制度是加强生态保护、促进生态文明建设的重要基础性制度，对完善社会主义市场经济体制、维护社会公平正义、建设美丽中国具有重要意义。党的十八大以来，按照中央部署，自然资源资产产权制度改革提速推进，在推进自然资源统一确权登记、完善自然资源资产有偿使用、健全自然资源生态空间用途管制和国土空间规划、加强自然资源保护修复与节约集约利用等方面进行了积极探索。但客观来看，这些改革探索系统性、整体性和协调性还不够，还存在与经济社会发展和生态文明建设不相适应、不协调的一些突出问题，主要表现在自然资源资产底数不清、所有者不到位、权责不明晰、权益不落实、监管保护制度不健全、产权纠纷多发等。因此，2019 年 4 月 14 日，中共中央办公厅、

国务院办公厅印发《关于统筹推进自然资源资产产权制度改革的指导意见》^①，明确提出自然资源资产产权制度改革需要完成九大主要任务，助力加快健全自然资源资产产权制度，以期产权制度和高效利用与管制制度在生态文明建设中发挥更加重要的作用。

一是健全自然资源资产产权体系。这是自然资源资产产权制度改革的重点。推动自然资源资产所有权与使用权分离，加快构建分类科学的自然资源资产产权体系，处理好所有权和使用权的关系，创新自然资源资产全民所有权和集体所有权的实现形式。完善水域滩涂养殖权利体系，依法明确权能，允许流转和抵押，理顺水域滩涂养殖的权利与海域使用权、土地承包经营权，取水权与地下水、地热水、矿泉水采矿权的关系。

二是明确自然资源资产产权主体。这是自然资源资产产权制度改革的关键。研究建立国务院自然资源主管部门行使全民所有自然资源资产所有权的资源清单和管理体制。探索建立委托省级和市（地）级政府代理行使自然资源资产所有权的资源清单和监督管理制度。完善全民所有自然资源资产收益管理制度。推进农村集体所有的自然资源资产所有权确权，增强对农村集体所有自然资源资产的管理和经营能力。保证各类市场主体依法平等使用自然资源资产、公开公平公正参与市场竞争。

三是开展自然资源统一调查监测评价。这是自然资源资产产权制度改革的重要基础性工作。推行"三个统一"，即统一自然资源分类标准、统一自然资源调查监测评价制度、统一组织实施全国自然资源调查。建立"两个制度、一个机制"，即自然资源资产核算评价制度、自然资源动态监测制度、自然资源调查监测评价信息发布和共享机制。

四是加快自然资源统一确权登记。这也是自然资源资产产权制度改革的重要基础性工作。重点推进国家公园等各类自然保护地、重点国有林区、湿地、大江大河重要生态空间确权登记工作。清晰界定全部国土空间各类自然资源资产的产

---

① 中共中央办公厅　国务院办公厅印发《关于统筹推进自然资源资产产权制度改革的指导意见》[EB/OL].[2019-04-14]. http:// www.gov.cn/zhengce/2019-04/14/content_5382818.html.

权主体，划清各类自然资源资产所有权、使用权的边界。建立健全登记信息管理基础平台，提升公共服务能力和水平。

五是强化自然资源整体保护。这是自然资源资产产权制度改革的重要目标。编制实施国土空间规划，划定并严守生态保护红线、永久基本农田、城镇开发边界等控制线。建立健全国土空间用途管制制度，强化山水林田湖草沙的整体保护。加强陆海统筹，强化用途管制。加快构建以国家公园为主体的自然保护地体系。探索建立政府主导、企业和社会参与、市场化运作、可持续的生态保护补偿机制。

六是促进自然资源资产集约开发利用。这也是自然资源资产产权制度改革的重要目标。健全水资源资产产权制度，实施对流域水资源、水能资源开发利用的统一监管。完善自然资源资产分等定级价格评估制度和资产审核制度。完善自然资源资产开发利用标准体系和产业准入政策。统筹推进自然资源资产交易平台和服务体系建设。

七是推动自然生态空间系统修复和合理补偿。这同样是自然资源资产产权制度改革的重要目标。编制实施国土空间生态修复规划，建立健全山水林田湖草沙系统修复和综合治理机制。坚持谁破坏、谁补偿原则，严格占用条件，提高补偿标准。落实和完善生态环境损害赔偿制度。按照谁修复、谁受益原则，通过赋予一定期限的自然资源资产使用权等产权安排，激励社会投资主体从事生态保护修复。

八是健全自然资源资产监管体系。这是自然资源资产产权制度改革的重要实现途径。健全自然资源资产监管机制，创新实现对自然资源资产开发利用和保护的全程动态有效监管。建立国有自然资源资产报告工作机制。建立自然资源资产管理考核评价体系，开展领导干部自然资源资产离任审计，落实完善党政领导干部自然资源资产损害责任追究制度。完善自然资源资产产权信息公开制度，加强自然资源资产督察执法体制，严肃查处自然资源资产产权领域的重大违法案件。

九是完善自然资源资产产权法律体系。这是自然资源资产产权制度改革的重要保障。加强自然资源法治建设，推进各门类涉及自然资源资产产权制度的法律法规的"立改废释"。加强自然资源资产产权制度改革相关立法研究和人才培养，支持有关高校设置自然资源资产产权相关学科专业。依法处理各类自然资源资产产权案件。建立健全自然资源资产产权纠纷解决机制。全面落实公益诉讼和生态环境损害赔偿诉讼等法律制度，构建自然资源资产产权民事、行政、刑事案件协同审判机制。适时公布严重侵害自然资源资产产权的典型案例。

二、离任审计制度和责任追究机制

党的十八届三中全会首次提出，对领导干部实行自然资源资产离任审计，建立生态环境损害责任终身追究制，这是我国保护自然资源资产、落实绿色发展理念、建设美丽中国、完善生态文明治理体系的重要基础环节。

领导干部自然资源资产离任审计，是指对其任职单位管辖下的自然资源（土地、矿产、森林、水等）管理、保护、开发等情况是否符合国家相关政策或者对当地的社会效益和自然环境影响等情况进行检查，指导领导干部不能只关注任内的地区生产总值增长，而不关注环境保护和可持续发展。2015 年 11 月，中共中央办公厅、国务院办公厅印发《开展领导干部自然资源资产离任审计试点方案》，明确审计对象、审计内容、评价标准、责任界定、审计结果运用等事项，形成一套比较成熟、符合实际的审计操作规范，探索并逐步建立完善领导干部自然资源资产离任审计制度。2017 年 11 月，中共中央办公厅、国务院办公厅印发《开展领导干部自然资源资产离任审计规定（试行）》，在前期试点的基础上正式于 2018 年在全国范围内实施。该规定是中国第一部专门对领导干部履行自然资源资产责任情况进行审计监督的规定，是我国对领导干部监督工作的制度创新，其出台标志着我国对领导干部履行自然资源和生态环境责任情况的审计监督走向制度化、规范化和科学化。①

2015 年 8 月，中共中央办公厅、国务院办公厅印发《党政领导干部生态环境损害责任追究办法（试行）》（以下简称《追究办法》），对加快推进生态文明建设，健全生态文明制度体系，强化党政领导干部生态环境和资源保护职责做出了详细规定。②《追究办法》划定了领导干部在生态环境领域的责任红线，体现了用制度

---

① 李博英. 完善领导干部自然资源资产离任审计规定的探讨[J]. 现代审计与经济，2021（1）.
② 中共中央办公厅、国务院办公厅印发《党政领导干部生态环境损害责任追究办法（试行）》[EB/OL]. [2015-08-17]. http://www.gov.cn/zhengce/2015-08/17/content_2914585.html.

保护生态环境的理念，反映出鲜明的问题导向，是促进地方党政干部树立"绿色政绩观"，健全加强自然资源资产管理、环境保护和推进生态文明建设的监督倒逼机制，体现了我们党从严追责的坚定决心。

建立健全党政领导干部自然资源资产离任审计和责任追究制度，是健全生态文明制度体系的要求，对促进领导干部树立科学的发展观和正确的政绩观，推动生态文明建设具有重要意义。党政同责、终身追责、双重追责，形成了一个完整的追责链条和制度的闭环系统，对生态环境损害行为实行"零容忍"，为建设美丽中国提供了有力保证。

三、资源有偿使用制度和生态补偿制度

2013年11月15日，党的十八届三中全会通过的《中共中央关于全面深化改革若干重大问题的决定》全文发布，涵盖15个领域，共16项60条。该决定指出："实行资源有偿使用制度和生态补偿制度。加快自然资源及其产品价格改革，全面反映市场供求、资源稀缺程度、生态环境损害成本和修复效益。坚持使用资源付费和"谁污染环境、谁破坏生态、谁付费"原则，逐步将资源税扩展到占用各种自然生态空间。稳定和扩大退耕还林、退牧还草范围，调整严重污染和地下水严重超采区耕地用途，有序实现耕地、河湖休养生息。建立有效调节工业用地和居住用地合理比价机制，提高工业用地价格。坚持谁受益、谁补偿原则，完善对重点生态功能区的生态补偿机制，推动地区间建立横向生态补偿制度。发展环保市场，推行节能量、碳排放权、排污权、水权交易制度，建立吸引社会资本投入生态环境保护的市场化机制，推行环境污染第三方治理。[①]

2019年4月14日，中共中央办公厅、国务院办公厅印发《关于统筹推进自然资源资产产权制度改革的指导意见》，明确提出自然资源资产产权制度改革需要完成九大主要任务，其中之一即"深入推进全民所有自然资源资产有偿使用制度

---

① 中共中央关于全面深化改革若干重大问题的决定[EB/OL]. [2013-11-15].http：//www.gov.cn/jrzg/2013/11/15/content_2528179.html.

改革，加快出台国有森林资源资产和草原资源资产有偿使用制度改革方案"①。

自然资源有偿使用制度是国家以自然资源所有者和管理者的双重身份，为实现所有者权益，保障自然资源可持续利用，向使用自然资源的单位和个人收取自然资源使用费的制度。生态补偿制度是以防止生态环境破坏、增强和促进生态系统良性发展为目的，以从事对生态环境产生或可能产生影响的生产、经营、开发、利用者为对象，以生态环境整治和恢复为主要内容，以经济调节为手段，以法律为保障的环境管理制度。②从以上相关制度的设计安排可以看出，资源有偿使用制度和生态补偿制度作为我国生态文明制度体系的重要组成部分，具有重大的实践意义。

一是有利于维护社会公平正义。"公平正义是中国特色社会主义的内在要求"。建立生态补偿制度是维护公平正义、促进社会和谐的重要举措。作为经济管制手段，生态补偿能够比较有效地解决发展中的"效率"与"公平"问题。当发展带来外部环境负面影响时，从发展中获益的一方应该对他人造成的外部环境损害予以赔偿；而当一方为了保护环境放弃发展机会时，则有权获得相应的补偿。党的十八届三中全会提出建立自然资源资产产权制度，主要目的正是明确其权属。通过明晰自然资源的所有权、使用权及收益权来明确其所有人、使用者和保护者，增加自然资源的利用效率，进而达到可持续利用的目的。从制度上对生态进行补偿，维护社会公平正义，加快生态建设步伐，是实现人与自然、人与人、人与社会和谐发展的必然选择。

二是有利于经济社会发展的绿色转型。从资源环境角度来讲，加快经济发展方式转变是有效突破资源环境制约、提高可持续发展水平的迫切要求。面对资源约束趋紧、环境污染严重、生态系统退化的严峻形势，只有扎实推进节能减排，建立生态补偿制度，着力推进绿色发展、循环发展和低碳发展，才能有效突破资

---

① 中共中央办公厅　国务院办公厅印发《关于统筹推进自然资源资产产权制度改革的指导意见》[EB/OL].
[2019-04-14].http://www.gov.cn/zhengce/2019-04/14/content_5382818.html.
② 按：生态补偿制度分为广义和狭义两种：广义包括对污染环境的补偿和对生态功能的补偿；狭义则专指对生态功能或生态价值的补偿，包括对为保护和恢复生态环境及其功能而付出代价，做出牺牲的单位和个人进行经济补偿，对因开发利用土地，矿产，森林，草原，水，野生动植物等自然资源和自然景观而损害生态功能，或导致生态价值丧失的单位和个人收取经济补偿。

源环境"瓶颈"制约，不断推动经济高质量发展，并在经济社会长远发展和国际竞争中占据主动和有利位置。同时，在"五位一体"总体布局中处理好经济发展和生态文明建设的关系，促进生态领域改革和经济体制改革良性互动，助力建设美丽中国，实现中华民族永续发展。

三是有利于加快推进区域生态建设。地方区域生态文明建设是我国持续推进生态文明建设的重要构成。地方区域生态文明建设是一个庞大的系统工程。建设美丽的地方区域生态需要全面提高该区域经济社会可持续发展能力，实现区域经济、社会、文化、生态协调发展。从实践来看，建立资源有偿使用制度和生态补偿制度尤为必要，有利于进一步加快我国各地方的生态文明建设和协调统筹，以期共同推进和提升生态环境治理能力和治理体系现代化水平。

四、生态环境保护管理制度

党的十九届四中全会将生态环境保护制度列入坚持和完善中国特色社会主义制度、推进国家治理体系和治理能力现代化的重要内容，标志着党的十八大以来初步完成的生态文明建设的制度设计逐渐内化为国家治理体系的重要组成部分。党的十八大提出"保护生态环境必须依靠制度"，党的十八届三中全会提出"建设生态文明，必须建立系统完整的生态文明制度体系"，党的十九大提出"加快生态文明体制改革，建设美丽中国"，党的十九届四中全会提出"坚持和完善生态文明制度体系，促进人与自然和谐共生"。可以说，经过近10年的不懈努力，生态文明建设领域出台了一系列改革举措和相关制度，使新时代生态文明制度体系建设的"四梁八柱"基本形成。事实上，全方位、全地域、全过程开展生态文明建设，实施最严格的生态环境保护管理制度设计，正是从末端治理转向源头预防，从局部治理转向全过程控制，从点源治理转向流域、区域综合治理，从个别问题整治转向山水林田湖草沙全覆盖的保护性治理。

源头防控是守住绿水青山的内生动力。生态环境治理的重要目标是实现绿色发展。最严格的生态环境源头防控制度体系包括绿色消费、绿色生产、倡导绿色生活方式等方面，其中，绿色消费是推动绿色经济的发展新动力。以绿色消费为动力,推动绿色旅游、有机农业、绿色休闲、绿色养老等绿色产业的发展,真正实现"绿水青山就是金山银山"的生态经济发展。以垃圾分类、绿色出行等为主要内容的绿色生活方式,将大大提升广大群众主体参与生态环境保护的积极性,从而进一步提升生态环境治理能力。

全过程控制是新时代生态治理现代化的全新要求。构建生态治理体系应严格过程控制,把生态治理事项前移和后延,除解决污染问题本身外,还需对事前的自然资源要素利用进行管控,从源头改变资源的利用方式,提升有限资源的使用效率;对生产后端进行监管,构建以排污许可制为核心的固定污染源监管制度体系,通过最严格的全过程控制降低直至消除生产行为对人民福祉的负面影响,从而实现人与自然和谐共生。

全覆盖保护是推进系统性生态环境治理的必然要求。环境治理是一项系统性工程,实施最严格的生态环境保护管理制度体系,包括建立健全国土空间规划和用途统筹协调管控制度,统筹划定落实生态保护红线、永久基本农田、城镇开发边界等空间管控边界以及各类海域保护线,以城乡统筹、流域统筹、区域统筹严格全覆盖,体现环境大保护理念。

第三节　生态文明制度体系建设的改革目标

中国特色社会主义生态文明制度体系建设和改革历经 3 个历史阶段,第一个阶段是将党的十七大提出的资源节约型、环境友好型社会上升为党的十八大提出的"五位一体"生态文明建设,标志着生态文明建设升级为国家重大战略;第二个阶段是从党的十八大提出的战略实施到一系列制度设计,实现了从理论到制度实践的升级;第三个阶段是从党的十九大提出的加快生态文明体制改革,到党的十九届四中全会提出的实行最严格的生态环境保护管理制度,标志着生态文明建设从理论和制度上的顶层设计进入全面实施阶段。党的十九大以来,伴随生态文明建设制度内化和不断落地,生态文明建设的理论创新和生态文明制度体系改革也同步进行,不断助力推进美丽中国建设,为实现人与自然和谐共生的中国式现代化、讲好生态文明建设的"中国故事"夯实了生态底色。

一、健全生态保护和修复制度

健全生态保护和修复制度，重在统筹山水林田湖草沙一体化保护和修复，强化森林、草原、河流、湖泊、海洋、湿地等自然生态系统保护，强化对重要生态系统的保护和永续利用。其关键是要完善绿色生产和消费的法律制度，树立政策导向，发展绿色金融，推进市场导向的绿色技术创新，推动绿色循环低碳发展。为统筹谋划山水林田湖草沙生态保护修复总体布局，整体谋划有序推进编制生态保护修复相关规划，形成国家和地方生态系统保护修复多层次推进体制，国家发展改革委、自然资源部于 2020 年 6 月联合印发《全国重要生态系统保护和修复重大工程总体规划（2021—2035 年）》，明确提出到 2035 年推进森林、草原、荒漠、河流、湖泊、湿地、海洋等自然生态系统保护和修复工作的主要目标和任务。目前，自然资源部正在会同相关部门编制相关专项建设规划，进一步细化各项重大工程的生态修复措施。此外，为建立多层次完善的系统规划，自然资源部办公厅于 2020 年 9 月印发《关于开展省级国土空间生态修复规划编制工作的通知》，组织指导各省（区、市）编制实施省级国土空间生态修复规划。目前，省级国土空间生态修复规划编制工作正在有序推进。

为进一步健全生态保护和修复制度，自然资源部等部门积极探索统筹山水林田湖草沙一体化保护和修复，持续推进各项重点生态工程建设。2020 年 8 月，自然资源部联合财政部、生态环境部印发《山水林田湖草生态保护修复工程指南》，明确要求综合考虑自然生态系统的系统性、完整性，以江河湖流域、山体脉络等相对完整的自然地理单元为基础，结合行政区域划分，科学合理确定工程实施范围和规模。打破行政界限，在按自然地理单元编制总体规划的基础上，分段编制实施方案，统一设计、同步部署、协同推进。目前，我国生态环境质量呈现稳中向好的趋势，重点工程实施区域生态质量持续改善，国家重点生态功能区生态服务功能稳步提升，国家生态安全屏障骨架基本形成。

健全生态保护和修复制度，必须推进自然资源统一确权登记法治化、规范化、标准化、信息化，健全自然资源产权制度，落实资源有偿使用制度，实行资源总量管理和全面节约制度。为严格落实生态环境保护和修复制度，中央实行生态环境保护督察制度。中央生态环境保护督察包括例行督察、专项督察和"回头看"等。从已经开展的生态环境保护督察工作实效来看，督察工作有力地推动了生态环境保护和修复，必须运用好督察这把"利剑"。

二、严明生态环境保护责任制度

党的十九届四中全会审议通过的《中共中央关于坚持和完善中国特色社会主义制度　推进国家治理体系和治理能力现代化若干重大问题的决定》，进一步强调严明生态环境保护责任制度，对树立制度的刚性和权威、提高违法违规成本做出了具体规定。生态文明建设是一个由表及里、由浅入深的发展过程，在这一过程中必须强化制度执行，让制度成为不能越雷池一步、越过则必受惩罚的红线。只有实行最严格的制度、最严密的法治，才能为生态文明建设提供可靠保障。

针对不同的行为主体，严明生态环境保护责任制度重在差异化。健全源头预防、过程控制、损害赔偿、责任追究的生态环境保护制度。建立生态文明建设目标评价考核制度，强化环境保护、自然资源管控、节能减排等约束性指标管理，严格落实企业主体责任和政府监管责任。推进生态环境保护综合行政执法，落实中央生态环境保护督察制度。织密最严格的生态环境保护制度要进一步完善相关法律内容，促进各项法律之间的统筹。进一步完善环保督察制度统筹，从单一的污染督察转向全域范围的污染防范，各项环保督察政策制定和执行要环环相扣，形成协同效应。健全生态环境监测和评价制度，完善生态环境公益诉讼制度，积极构建环境公益诉讼案件处理法律体系，落实生态补偿和生态环境损害赔偿制度，实行生态环境损害责任终身追究制。

严明生态环境保护责任制度，需要重视开展领导干部自然资源资产离任审计。生态环境保护能否落到实处，关键在于领导干部。最严格的生态环境保护制度包括领导干部任期生态文明建设责任制。各级党委和政府要坚决扛起生态文明建设的政治责任，通过实行自然资源资产离任审计，认真贯彻依法依规、客观公正、科学认定、权责一致、终身追究的原则，明确各级领导干部责任追究情形。对生态环境损害负有责任的领导干部，必须严肃追责，纪检监察机关、组织部门和政府有关监管部门要各尽其责、形成合力。同时，强化地方各级生态环境保护议事协调机制作用，研究推动解决本地区生态环境保护重要问题，提升制度实施效果和效率。

三、健全生态环境监测和评价制度

健全生态环境监测和评价制度，这既是我国生态环境保护的一项基础性工作，也是推进生态文明建设的重要保障。党的十八大以来，党中央高度重视生态环境监测工作，推出并实施了一系列制度性改革创新举措，如推进生态环境监测网络建设、实行省以下环保机构监测监察执法垂直管理制度、提高环境监测数据质量、积极构建和优化并形成覆盖所有建制区县的生态环境监测网络等。特别是基于监测数据进行环境质量评价和考核排名，不仅有效督促了地方政府履行改善环境质量的主体责任，而且保障了人民群众对环境质量的知情权、参与权和监督权。落实党的十九届四中全会《中共中央关于坚持和完善中国特色社会主义制度　推进国家治理体系和治理能力现代化若干重大问题的决定》关于健全生态环境监测和评价制度的要求，需要进一步深化生态环境监测和评价制度的改革创新。

一是统一监测和评价技术标准规范。生态环境监测和评价是了解、掌握、评估、预测生态环境质量状况的基本手段，它既是生态环境信息的主要来源，也是生态治理科学决策的重要依据。没有科学的生态环境监测和评价，就无法对生态环境保护责任进行明确。因此，要进一步扩大环境监测领域和监测范围，提高环境监测数据质量，推进监测和评价统一规划布局、统一监督管理，依法明确各方监测事权。

二是适应山水林田湖草沙统一监管、系统治理的要求，统筹考虑自然生态各要素、山上山下、地上地下、陆地海洋以及流域上下游，统筹实施覆盖环境质量、城乡各类污染源、生态状况的生态环境监测评价。

三是全面推进生态环境监测监察执法机构能力标准化建设。加快构建陆海统筹、天地一体、上下协同、信息共享的生态环境监测网络，完善生态环境监测技术体系，全面提高监测自动化、标准化、信息化水平，推动实现环境质量预报预警，确保监测数据"真、准、全"。

四、落实生态补偿和生态环境损害赔偿制度

生态补偿和生态环境损害赔偿制度是生态文明制度体系的重要组成部分。党中央、国务院高度重视生态环境损害赔偿工作，党的十八届三中全会明确提出对造成生态环境损害的责任者严格实行赔偿制度。2015 年，中共中央办公厅、国务院办公厅印发《生态环境损害赔偿制度改革试点方案》，在吉林、山东、江苏、湖南、重庆、贵州、云南 7 个省（市）部署开展改革试点，取得明显成效。为进一步在全国范围内加快构建生态环境损害赔偿制度，在总结各地区改革试点实践经验的基础上，中共中央办公厅、国务院办公厅于 2017 年 12 月 17 日印发《生态环境损害赔偿制度改革方案》，就总体要求和目标、工作原则、适用范围和工作内容做出了具体规定。2020 年 9 月 3 日，生态环境部联合司法部、财政部、自然资源部等 11 个部委共同印发《关于推进生态环境损害赔偿制度改革若干具体问题的意见》①，进一步贯彻落实《生态环境损害赔偿制度改革方案》，并加强对改革工作的业务指导，推动解决地方在试行工作中发现的问题。

---

① 关于印发《关于推进生态环境损害赔偿制度改革若干具体问题的意见》的通知[EB/OL].[2020-09-11]. https://www.mee.gov.cn/xxgk2018/xxgk/xxgk03/202009/t20200911_797978.html.

第七章　自然资源管理

自然资源（亦称天然资源）为人类社会的发展提供了物质与空间，其具有动态的特征，主要指的是自然资源在开发利用中不断减少，因而保护、增殖（指可更新资源）和合理利用自然资源在环境保护、生态修复和生物多样性保护领域就显得至关重要。提高自然资源的可再生和可持续利用能力，加强对自然资源的管理和开发利用，有助于促进经济效益、社会效益和生态效益的有机统一。

第一节　自然资源管理的内涵及特征

一、自然资源的概念及特征

自然资源指的是在一定的技术经济条件下，自然界中对人类有用的土、水、气、森林、草原、野生动植物等一切物质和能量。根据自然资源的用途，可将其划分为生产资源、风景资源、科研资源等；按其属性可划分为土地资源、水资源、生物资源、矿产资源等；按其能被人利用时间的长短，又划分为有限资源和无限资源两大类，前者又分为可更新资源和不可更新资源。随着技术的进步和经济的发展，自然界中对人无用的物质也可以变成有用的资源。[①]《辞海》对"自然资源"的定义为：天然存在的自然物（除去人类加工制造的原材料）并有利用价值的自然物，诸如土地、矿藏、水利、生物、气候、海洋等资源，是生产的原料来源和布局场所。联合国环境规划署对"自然资源"的定义为在一定的时间和技术条件下，能够产生经济价值，以提高人类当前和未来福利的自然环境因素的总称。中

---

① 《环境科学大辞典》编委会. 环境科学大辞典：修订版[M]. 北京：中国环境科学出版社，2008：869.

国学者于光远认为，自然资源指的是自然界天然存在、未经人类加工的诸如土地、水、生物、能量和矿物等资源。

从狭义上看，自然资源仅仅囊括实物性资源，即在特定社会经济和技术条件下能够产生经济价值和生态价值，进而为人类当前或未来的生存发展提供重要保障的天然物质和自然能量的总和。从广义上看，自然资源既包括实物性自然资源，也涵盖舒适性自然资源。根据自然资源的属性和地理特征，可将其分为生物资源（包括植物资源、动物资源、微生物资源等）、农业资源（包括土地资源、水资源、气候资源和生物资源等）、森林资源（以林木资源为主，还包括林下植物、野生动物、土壤微生物等资源）、国土资源（包括土地资源、矿产资源）、海洋资源（包括海洋生物、海洋能源、海洋矿产及海洋化学资源等）、气象资源［包括光、热资源以及大气降水、空气流动（风力）等］、能源资源（包括煤炭、石油、天然气、风、流水、海流、波浪、草木燃料及太阳辐射、电力等）以及水资源（包括浅层地下水、湖泊水、土壤水、大气水和河川水等）8 类。自然资源具有自然和社会两重属性，即自然资源作为生态环境要素为人类的生存和可持续发展提供重要的物质基础。

自然资源的丰富存量和可持续的再生能力不仅是经济社会生态化发展的基础，也是生态文明建设和生态承载能力的基础。因此，需要促进并实现对自然资源的有效管理和可持续利用。按照自然资源在地理空间中的储存量和在时间维度上的利用，可以将自然资源分为无限资源和有限资源（也可区分为可更新资源和不可更新资源）两类。从生态学要素来分，可以将自然资源分为生物群体（包括各种动物、植物和微生物资源等）、无生命物质（包括土地、水、矿等）和特定空间（包括自然保护区、城乡环境、人文景观、能源、气象等）。伴随着科学技术的进步和社会生产力水平的不断提高，部分自然条件可以转变为自然资源，并为人类生产生活所利用。就全球自然资源的分布格局和可利用性来看，自然资源具有区域性、整体性、稀缺性、可用性、相对性、变化性、社会性以及空间分布非均衡性的特征。鉴于目前人类对自然资源的高消耗、严重浪费，有必要加强对自然资源的资产化管理，尤其是要加强对不可再生的自然资源的规范化管理，以确保自然资源可持续利用和造福后代，使自然资源的开发利用为维护国家生态安全筑牢基石，为中国乃至全球的生态文明建设奠定生态根基。

二、自然资源管理的目标

自然资源是人类生存和发展所需的物质基础和社会物质财富的重要源泉。当前，自然资源的浪费和全球气候变化对人类生存和发展构成严峻挑战和现实威胁，自然资源管理的目标就是要竭力避免各类资源的不合理利用，挽回区域性生态平衡失调的局面。伴随着世界人口的急剧增长和对自然资源利用范围的扩大，全球变暖、臭氧层破坏、酸雨侵蚀、淡水资源危机、能源短缺、森林资源锐减、土地荒漠化、物种加速灭绝、垃圾成灾和有毒化学品污染等诸多环境问题频发，局部地区或全球范围内严重的自然资源浪费和环境污染导致的重大环境公害事件和生态危机，要求加强对自然资源的科学管理，以实现经济社会的生态化发展，以生态文明建设推动形成人与自然和谐共生新格局，进而从全局性把握自然资源管理和保护性利用的基础目标和终极目标，使自然资源更好地服务于人民生活和国家经济。

联合国环境规划署将气候变化、生物多样性丧失和环境污染列为地球面临的3个全球性生态危机。加强对自然资源的有效保护和合理利用，与区域社会和国家的生态安全密切相关。从人类发展生产和与自然相处的视角来看，任何一个社会都难以与自然资源割裂开来。自然资源作为劳动资料和劳动对象的重要组成部分，它为社会物质生产和人类精神财富的创造提供了条件和可能。自然资源作为国土疆域限制下的客观存在，其生态潜力和经济潜力反映的是各国兴旺发达的程度。

自然资源的管理目标既具有单一性，又具有多元性。促进自然资源的可持续利用是自然资源管理的总体目标，实现自然资源的经济效益、社会效益、生态效益和防灾减灾功用是自然资源整体目标框架下的重要分目标。任何一种生态环境和自然资源对人类社会都弥足珍贵，对自然资源进行保护，就是保护人类社会的安全。21世纪的地球面临着更为严峻的自然资源趋紧的形势，面对自然资源的迅速衰减和自然环境的日渐恶化，拯救自然资源、保护生态环境、开展生态修复，走可持续发展的道路，是驱动生态文明建设和实现对自然资源有效保护的重要路径。

三、自然资源管理的路径

自然资源是社会生产和生活不可缺少的物质条件，其可持续利用是经济和社会可持续发展的本质，开展自然资源的科学管理是促进自然资源开发、利用和科学管理的基础。①面对当前全球人口持续增长、经济发展方式转型困难与资源供给不足的基本矛盾，世界各国应当切实加强自然资源管理工作，落实最严格的自然资源保护制度和最严格的节约集约资源制度，提升自然资源的管理水平。2016年，中国颁布了《关于全民所有自然资源资产有偿使用制度改革的指导意见》，提出"除国家法律和政策规定可划拨或无偿使用的情形外，全面实行有偿使用"，并对完善国有土地资源、水资源、矿产资源、森林资源、草原资源、海域海岛等有偿使用制度进行了全面安排。意见还提出，要以组建自然资源部为契机，把改革全民所有自然资源资产有偿使用制度，与改革自然资源产权制度、国土空间用途管制制度、自然资源资产管理体制、资源税费制度、生态保护补偿制度等相结合，并与公共资源交易平台建设、自然资源资产清查核算等相衔接，加大工作力度，推动相关改革措施尽快落地。②

创新区域自然资源可持续利用的模式，是促进自然资源合理利用的有效举措。区域社会的可持续发展需要以源源不断的自然资源供应为保证，资源问题是区域发展的核心问题之一，也是生物多样性保护和生态文明建设的关键议题。自然资源资产产权的有效保护是生态文明制度建设的基石，也是推进区域经济社会健康、可持续发展的重要条件。在自然资源的利用过程中，各国应当坚守资源保护、环境治理、生态修复和生态安全协同推进的三条红线，严格落实自然资源保护责任，形成政府主导、市场协同、公众参与、上下联动的自然资源保护格局；对自然资

① 丁琪，陈新军，李纲，等. 自然资源可持续利用评价研究进展[J]. 广东海洋大学学报，2014（6）.
② 关于全民所有自然资源资产有偿使用制度改革的指导意见[EB/OL]. [2017-01-16].http://www.gov.cn/zhengce/content/2017/01/16/content_5160287.html.

源进行统筹规划、科学开发和可持续利用，提升社会公众对"绿水青山就是金山银山"和"人与自然和谐共生"理念的认识，引导全社会节约利用自然资源，以有效防范自然灾害风险。

处理好自然资源监管与环境治理的关系。在共同构建人与自然生命共同体理念的倡导下，世界各国要明确自然资源管理改革和服务水平的目标定位，既要对所有自然资源进行调查评价，也要对各类自然资源进行确权登记，在整体规划的基础上明确自然资源的功能区分，统一用途管制体系，统一对自然资源开发利用进行督察监管，正确处理好环境治理和自然资源管理的关系，以生态文明建设重塑自然资源管理新格局。此外，应坚持以"自然中心观""人地和谐观""公益责任观"和"生态优先观"引领自然资源的开发利用，在生态文明建设的过程中注重自然资源利用的公平和效率，以"生生不息""永续利用"的伦理观推进自然资源管理价值导向的转变，即要坚持"有为政府"和"有效市场"①对自然资源的配置和管理。

自然资源管理作为建设生态文明的基本任务之一，从实践层面强调了人类在改造自然的同时必须尊重和爱护自然的重要性。我国在工业化和城市化持续推进的过程中，为提升自然资源管理效能，对做好自然资源管理工作有系统的要求，即推进自然资源统一确权登记法治化、规范化、标准化、信息化，健全自然资源产权制度，落实资源有偿使用制度，实行资源总量管理和全面节约制度。健全资源节约集约循环利用政策体系。普遍实行垃圾分类和资源化利用制度。推进能源革命，构建清洁低碳、安全高效的能源体系。健全海洋资源开发保护制度。加快建立自然资源统一调查、评价、监测制度，健全自然资源监管体制。②

---

① 严金明，王晓莉，夏方舟. 重塑自然资源管理新格局：目标定位、价值导向与战略选择[J]. 中国土地科学，2018（4）.
② 中共中央关于坚持和完善中国特色社会主义制度　推进国家治理体系和治理能力现代化若干重大问题的决定[EB/OL]. [219-11-05].http://www.gov.cn/zhengce/2019-11/05/content_5449023.html.

第二节 自然资源管理的基本任务

一、整合优化自然保护地

自然保护地是由各级政府依法划定或确认，对重要的自然生态系统、自然遗迹、自然景观及其所承载的自然资源、生态功能和文化价值实施长期保护的陆域或海域。建立自然保护地的目的是守护自然生态，保育自然资源，保护生物多样性与地质地貌景观多样性，维护自然生态系统健康稳定，提高生态系统服务功能；服务社会，为人民提供优质生态产品，为全社会提供科研、教育、体验、游憩等公共服务；维持人与自然和谐共生并永续发展。要将生态功能重要、生态环境敏感脆弱以及其他有必要严格保护的各类自然保护地纳入生态保护红线管控范围。[①]自然保护地是生态建设的核心载体、中华民族的宝贵财富、美丽中国的重要象征，在维护国家生态安全中居于首要地位。[②]自然保护地的科学分类，是构建自然保护地管理体系、实施自然保护地科学管理的重要前提。

《保护地球报告 2016》公布的世界保护地数据显示，截至 2016 年 4 月，全球 244 个国家和地区的保护地数量为 217 155 个，其中陆地上有 202 467 个，海上有 14 688 个。[③] 2010—2021 年，又有 210 万平方千米的陆地和内陆水生态系统及 1 880 万平方千米的沿海水域和海洋被纳入保护区。在国家一级，82%的国家和地区成功地扩大了其保护区和经合组织的覆盖范围。[④]全球自然保护地的建设促进了生态修复和生物多样性保护的进程。中国自然保护地包括国家公园[⑤]、自然保护

---

① 中共中央办公厅、国务院办公厅. 关于建立以国家公园为主体的自然保护地体系的指导意见[EB/OL]. [2019-06-26].http://www.gov.cn/xinwen/2019-06/26/content_5403497.html.

② 国家公园新政速览[N]. 中国绿色时报，2020-11-4（003）.

③ UNEP World Conservation Monitoring Centre，"Protected_Planet_Report_2016"，2016，p.32.

④ UNEP World Conservation Monitoring Centre，"Protected_Planet_Report_2020"，2021，Chapter 3 "Coverage".

⑤ 按：国家公园是指以保护具有国家代表性的自然生态系统为主要目的，实现自然资源科学保护和合理利用的特定陆域或海域，是我国自然生态系统中最重要、自然景观最独特、自然遗产最精华、生物多样性最富集的部分，保护范围大，生态过程完整，具有全球价值、国家象征，国民认同度高。目前已开展三江源、大熊猫、东北虎豹、祁连山、海南热带雨林等 10 处国家公园体制试点。

区^①和自然公园^② 3 种类型，截至 2020 年，中国已建立国家级自然保护区 474 处，总面积约 98.34 万平方千米；国家级风景名胜区 244 处，总面积约 10.66 万平方千米；国家地质公园 281 处，总面积约 4.63 万平方千米；国家海洋公园 67 处，总面积约 0.737 万平方千米；共有热带雨林、武夷山、神农架、普达措、钱江源和南山等 10 个国家公园体制试点区，总面积超过 22 万平方千米，约占陆域国土面积的 2.3%，^③是全球生物多样性最丰富的国家之一。

自然保护地是中国生态文明建设的重要象征。在自然资源约束趋紧和生态修复形势严峻的情况下，中国应当建立健全自然资源管理框架和监督体系，依法明确自然资源的管理内容、管理目标、管理方法和管理途径，根据自然保护地功能和主要保护对象的特点确定相应的保护管理机制与方式；完善自然保护地治理机制，鼓励社会公众和社会组织参与自然保护地治理，建立自然保护地志愿者服务制度；在对自然保护地进行监测与基础性研究的过程中，应当重视对人与自然关系价值取向和维度的考察，创新基础理论、突破关键技术、提升生态功能，创建成果集成示范，发挥样板作用；突出自然保护地规划的基本定位，在理念、目标、层级、内容和方法等方面遵循"生态优先、绿色发展、分级管理、分类保护、分区管控、多元共治"^④的原则，系统评估和区分各类型保护地的功能定位并将之整合为一个有机整体。^⑤

自然资源的组合是生态系统和环境系统，推进自然资源有效管理是建设生态文明的基本任务。长期以来，人类社会对自然资源的无节制开发，不同程度地导致自然资源遭受严重破坏和浪费，生态环境的承载力加重，环境污染和生态危机

---

① 按：自然保护区是指保护典型的自然生态系统、珍稀濒危野生动植物种的天然集中分布区、有特殊意义的自然遗迹的区域。具有较大面积，确保主要保护对象安全，维持和恢复珍稀濒危野生动植物种群数量及赖以生存的栖息环境。

② 按：自然公园是指保护重要的自然生态系统、自然遗迹和自然景观，具有生态、观赏、文化和科学价值，可持续利用的区域。确保森林、海洋、湿地、水域、冰川、草原、生物等珍贵自然资源，以及所承载的景观、地质地貌和文化多样性得到有效保护。包括森林公园、地质公园、海洋公园、湿地公园、沙漠公园、草原公园等各类自然公园。

③ 中华人民共和国生态环境部. 中国生态环境状况公报（2020）[M]. 北京：中国环境出版集团，2021，42.

④ 宁晶. 坚持生态优先 促进绿色发展——全国两会代表委员热议生态系统保护修复[N]. 中国自然资源报，2021-03-11（01）.

⑤ 刘道平，欧阳志云，张玉钧，等. 中国自然保护地建设：机遇与挑战[J]. 自然保护地，2021（1）.

加剧。自然保护地是生态建设的核心载体、中华民族的宝贵财富和美丽中国的重要象征，在维护国家生态安全和生态安全屏障构建中居于首要地位，推进国家公园、自然保护区和自然公园的保护和建设，需要坚持"尊重自然、顺应自然、保护自然"这一生态文明理念的引导，以人与人、人与自然、人与社会的和谐共生为目标，构建生态环境保护优先和自然资源合理开发的自律机制，以促进健康稳定高效自然生态系统的建设。

二、坚守"生态保护红线"

生态保护红线指的是在生态空间范围内具有特殊重要生态功能、必须强制性严格保护的区域，是保障和维护国家生态安全的底线和生命线，通常包括具有重要水源涵养、生物多样性维护、水土保持、防风固沙、海岸生态稳定等功能的生态功能重要区域，以及水土流失、土地沙化、石漠化、盐渍化等生态环境敏感脆弱区域。[1]生态保护红线作为中国环境保护和生态修复领域的重要制度创新，是继2013年提出"18亿亩耕地红线"后的另一条国家层面的"生命线"。划定生态保护红线是促进生态文明建设和维系国家生态安全屏障建设的需要。按照生态系统完整性原则和主体功能区定位划定生态保护红线，因地制宜地优化国土空间开发格局和资源利用效率，厘清环境保护与生态发展的关系，着力改善和提高生态系统服务功能和水平，构建结构完整、功能稳定的生态安全格局，有助于维护国家的生态安全。

生态保护红线的本质是生态环境安全的底线，划定生态保护红线的目的是建立最为严格、最为完善的生态保护制度，以期对生态功能保障、环境质量安全和自然资源利用等提出更高的监管要求，继而促进人口发展与资源环境相均衡、经济社会与生态效益相统一。从自然资源和生态环境的协调性来看，生态保护红线具有强制约束性、动态平衡性、系统完整性、操作可达性以及协同增效性等基本特征。生态保护红线可以划分为生态功能保障基线、环境质量安全底线和自然资源利用上线三大类。具体而言，生态功能保障基线又可分为禁止开发区生态红线、

---

① 环境保护部、国家发展改革委. 生态保护红线划定指南. 2017.

重要生态功能区生态红线和生态环境敏感区及脆弱区生态红线；环境质量安全底线包括环境质量达标红线、污染物排放总量控制红线和环境风险管理红线；自然资源利用上线涵盖能源利用红线、水资源利用红线、森林资源利用红线、草地资源利用红线、湿地资源利用红线和土地资源利用红线等。

在生态文明建设的背景下，划定和严守生态保护红线，要以改善生态环境质量为核心，以保障自然资源有效利用和维护生态功能发挥为主线，按照山水林田湖草沙系统保护和治理的要求，推进实现一条红线管控重要生态空间和自然资源，确保生态功能不降低、面积不减少和性质不改变，借此维护国家生态安全，驱动经济社会可持续发展和生态化转型。2017年，中共中央办公厅、国务院办公厅印发的《关于划定并严守生态保护红线的若干意见》提出的划定生态保护红线的基本原则有三：一是科学划定，切实落地；二是坚守底线，严格保护；三是部门协调，上下联动①。从实践层面上看，生态保护红线的划定应当坚持科学性、整体性、动态性和协调性相统一，以构建"两屏三带"为主体的陆地生态安全格局和"一带一链多点"的海洋生态安全格局，为子孙后代留下天蓝地绿水清的家园。

三、统筹山水林田湖草沙系统治理

统筹山水林田湖草沙的综合治理、系统治理和源头治理，事关中国环境保护和生态修复全局，关乎生态文建设的整体进程。山水林田湖草沙是一个生命共同体，是水土流失发生与环境变迁相互作用的自然系统。环境保护领域的统一规划、系统布局和综合治理不仅是水土保持的成功之策，也是山水林田湖草沙系统治理的重要经验。②2021年11月发布的《中共中央关于党的百年奋斗重大成就和历史经验的决议》指出，推进生态文明建设，必须坚持"绿水青山就是金山银山"的理念，坚持山水林田湖草沙一体化保护和系统治理，像保护眼睛一样保护生态环境，像对待生命一样对待生态环境，更加自觉地推进绿色发展、循环发展、低碳

① 中共中央办公厅、国务院办公厅. 关于划定并严守生态保护红线的若干意见[EB/OL]. [2017-02-07].http://www.gov.cn/zhengce/2017-02/07/contenot-5166291.html.
② 姜德文. 水土保持的核心要义是山水林田湖草沙系统治理[J]. 中国水利，2020（22）.

发展，坚持走生产发展、生活富裕、生态良好的文明发展道路。[①]

2021 年 10 月，自然资源部国土空间生态修复司发布《中国生态修复典型案例集》（含 18 个案例），旨在向全球推介生态与发展共赢的"中国方案"。相关案例兼顾生态系统类型多样性、生态问题典型性及修复手段和方法的综合性，在整体上体现出中国山水林田湖草沙系统修复、综合治理和源头防范的成绩。推进山水林田湖草沙一体化保护和修复，强化多污染物协同控制和区域协同治理，[②]需要坚持系统的和整体的观念；推进山水林田湖草沙一体化保护和修复，提高生态系统质量和稳定性，需要切实开展碳汇能力巩固提升行动，提升生态系统碳汇增量。[③]党的十八大以来，习近平总书记从生态文明建设的整体视野提出"山水林田湖草是生命共同体"的论断，强调"统筹山水林田湖草系统治理"，"全方位、全地域、全过程开展生态文明建设"。[④]

气候变化、生物多样性丧失、荒漠化加剧和极端天气的频发，给人类生存和发展带来严峻挑战和环境风险。2021 年，习近平总书记在向《联合国气候变化框架公约》第二十六次缔约方大会世界领导人峰会发表的书面致辞强调，"中国秉持人与自然生命共同体理念，坚持走生态优先、绿色低碳发展道路，加快构建绿色低碳循环发展的经济体系，持续推动产业结构调整，坚决遏制高耗能、高排放项目盲目发展，加快推进能源绿色低碳转型，大力发展可再生能源，规划建设大型风电光伏基地项目。"[⑤]人与自然"命运"与共"和谐"共生，由山川、林草、湖沼、沙漠等组成的自然生态系统相互依存、相互联系，牵一发而动全身。2020 年 6 月 5 日，习近平总书记向巴基斯坦世界环境日主题活动致贺信时指出："地球是人类的共同家园。生态兴则文明兴。人类应该尊重自然、顺应自然、保护自然，推动形成人与自然和谐共生新格局。"[⑥]习近平总书记深刻地指出："人的命脉在田，

---

① 中共中央关于党的百年奋斗重大成就和历史经验的决议[N]. 人民日报，2021-11-17（001）.

② 中共中央　国务院关于深入打好污染防治攻坚战的意见（2021 年 11 月 2 日）[N]. 人民日报，2021-11-08（001）.

③ 2030 年前碳达峰行动方案[EB/OL].[2021-10-24]. http: //f.mnr.gov.cn/202110/t20211028_2700314.html.

④ 山水林田湖草是生命共同体——共同建设我们的美丽中国[N]. 人民日报》，2020-08-13（005）.

⑤ 习近平向《联合国气候变化框架公约》第二十六次缔约方大会世界领导人峰会发表书面致辞[EB/OL].[2021-11-01].https://www.fmprc.gov.cn/web/zyxw/t1918303.shtml.

⑥ 习近平向巴基斯坦世界环境日主题活动致贺信[N]. 人民日报，2021-06-06（01）.

田的命脉在水，水的命脉在山，山的命脉在土，土的命脉在林和草"，^①"山水林田湖草是生命共同体"的系统思想要求我们在生态环境治理中更加注重统筹兼顾，实施好生态保护修复工程，加大生态系统保护力度，提升生态系统稳定性和可持续性。

第三节　自然资源管理的价值导向

一、助力生物多样性保护

自然资源是在现当代社会经济发展水平和技术条件下，人类社会可以利用与可能利用的生物资源、农业资源、国土资源、海洋资源、气象资源、能源资源、矿产资源和水资源等诸多生态资源的集合，各类自然资源的可持续利用为生物多样性的存在营造了良好的生态环境。自然资源是能够为人类开发利用，满足其当前或未来需要的自然界中的空间、空间内天然存在的各种物质、物质存在形式及运动形式所含的能量以及物质运动变化所提供的各种服务功能。^②从自然资源的可利用性和有限性来看，其本身具有维持生态系统均衡、满足人类繁衍生存和经济社会发展需要的基本价值，一旦其遭到肆意开发和无节制的浪费，将会危及生物多样性的存在，甚至是人类自身。

自然资源的物质性是由它作为人类生存与发展的物质基础所决定的。^③作为具有生态价值和使用价值的自然物质，其开发利用就是要在符合环境保护需要和人类未来可持续发展的条件下，发掘各类自然资源的价值。而自然资源管理作为获取经济价值过程中的关键环节，其核心要素是加强对资源使用效率的评价、资源工程的评估和资源管理的系统化定位，使人类充分意识到自然资源的不可替代作用。部分自然资源具有再生的机能，如果人类加以科学合理利用、科学抚育管理，其可以在适宜的生态环境条件下进行繁殖更新；若非合理利用，则有可能引起自

---

① 刘毅，孙秀艳，寇江泽，等. 努力建设人与自然和谐共生的现代化（新时代的关键抉择）——以习近平同志为核心的党中央推进生态文明建设述评[N]. 人民日报，2021-11-06（001）.
② 郑昭佩. 自然资源学基础[M]. 青岛：中国海洋大学出版社，2013：22.
③ 李家永. 自然资源定位研究的作用与任务[J]. 资源科学，1998（S1）.

然资源数量和整体质量的下降，进而导致资源的灭绝。

自然资源是发展之基、生态之源、民生之本，自然资源部门承载三大功能，即发展保障、生态保护和民生服务。良好生态环境是最公平的公共产品，是最普惠的民生福祉。党的十九大报告强调，"建设生态文明是中华民族永续发展的千年大计。必须树立和践行绿水青山就是金山银山的理念，坚持节约资源和保护环境的基本国策，像对待生命一样对待生态环境，统筹山水林田湖草沙系统治理，实行最严格的生态环境保护制度，形成绿色发展方式和生活方式，坚定走生产发展、生活富裕、生态良好的文明发展道路，建设美丽中国，为人民创造良好生产生活环境，为全球生态安全作出贡献。"[1]铸牢生态文明理念，践行生态环境保护，需要充分认识自然资源是包含人类劳动成果的自然物，以进一步明确自然资源管理过程中保护、利用、抚育、更新、修复等相关重要性。与此同时，人类也要清楚地知晓自然资源具有可更新和不可更新的相对性，推进对自然资源的差异化管理，使社会公众更加自主自觉地保护和合理利用自然资源，为生物多样性的保护营造良好的生态环境。

二、促进生态修复与治理

所谓生态修复，指的是在生态学原理的指导下，以生物修复为基础，结合各种物理修复、化学修复以及工程技术措施，通过优化组合，使之达到最佳效果和最低耗费的一种综合的修复污染环境的方法。[2]从理论和方法的层面来看，实施生态修复和治理，需要充分发挥生态学、物理学、化学、植物学、微生物学、分子生物学、栽培学和环境工程等多学科协同参与的优势，以系统思维推进山水林田湖草沙综合治理。党的十八大以来，中国在生态修复与治理方面做出的积极努力取得了显著成效。实践证明，生态修复工程是恢复绿水青山、增强生态产品生产能力的积极手段。[3]由于生态修复和治理受自然因素和人类活动的双重影响，生态

---

① 习近平. 决胜全面建成小康社会 夺取新时代中国特色社会主义伟大胜利——在中国共产党第十九次全国代表大会上的报告[EB/OL]. [2017-10-18].https://www.12371.cn/2017/10/27/ARTI1509103656574313.shtml.
② 周启星，魏树和，张倩茹，等. 生态修复[M]. 北京：中国环境科学出版社，2006：8.
③ 张勇. 生态修复，重现美丽山川[N]. 人民日报，2019-08-02（005）.

修复的全过程具有复杂多样的特点，因此，生态修复需要遵从功能区分、整体优化、循环再生、和谐共生的基本原理，以凭借植物和微生物等生物体的生命活动来逐步完成。

自然资源、自然环境与生态系统是基于人类福利视角对自然进行的功能划分。自然资源是自然实体功能的主要呈现，自然资源的丰裕程度反映的是自然对人类社会的可利用性。自然环境作为自然万物和人类社会接纳功能和服务功能的重要表达，其展现的是人类这一客体与自然这一主体的互动关系。而生态系统作为主体与客体交互关系、协同功能的载体，直接反馈的是自然物质的存在状况。从自然资源的服务功能来看，坚持尊重自然、顺应自然、保护自然的基本方略，树立人与自然是命运共同体的理念，推进人与自然和谐共生，就需要在开发和利用自然资源的过程中对生态环境加以呵护。尤其是要在生态文明建设的整个过程中，要把保护环境置于优先位置，在保护中发展、在发展中保护，同时秉持自然修复和人工治理相结合的方式方法，以实现经济发展和环境保护"双赢互惠"。

生态系统具有生态稳定性、生态可塑性等特点。生态修复与治理需要明确相关目标，以制定符合各类生态系统的修复举措和技术标准。生态修复与治理的对象是森林生态系统、草原生态系统、荒漠生态系统、高山生态系统、草甸生态系统、冻土生态系统、冰川生态系统、湖泊生态系统、沼泽生态系统、河流生态系统和海洋生态系统等天然生态系统以及城市生态系统、农田生态系统、人工林生态系统和果园生态系统等人工生态系统，因此，在具体实施生态修复和治理的过程中应当充分掌握各类型生态系统的物理化学环境、结构和功能以及各生态系统中各类动植物物种甚至是微生物的演替进化规律，对生态系统中的旗舰物种或优势种群进行科学合理的评估，对濒危物种的等级做出合理的划分，为生物修复、植物修复乃至物理与化学的修复提供指导。

中国的生态修复与治理经验表明，坚持绿色发展和生态转型，开展生态保护和系统修复，强化环境建设和治理，推动资源节约集约利用，有助于防止再次出现边修复、边破坏的混乱现象。生态修复与治理是一条提升生态环境质量和自然资源有效供给的科学路径，无论是生物工程的记述还是生态工程的方法，都需要采用生态的办法对各类环境问题和生态危机进行治理，以在全社会树立取法自然的思维方式、绿色低碳的发展方式、简约适度的生活方式和依法科学的治理方式，①携手共建地球生命共同体。

三、支撑服务生态文明建设

生态文明，是人类文明发展的一个新的阶段，即工业文明之后的文明形态；生态文明是人类遵循人、自然、社会和谐发展这一客观规律而取得的物质与精神成果的总和。生态文明是以人与自然、人与人、人与社会和谐共生、良性循环、全面发展、持续繁荣为基本宗旨的社会形态。2021 年 10 月 12 日，国家主席习近平在《生物多样性公约》第十五次缔约方大会领导人峰会视频讲话中指出，生态文明是人类文明发展的历史趋势。他提出，开启人类高质量发展新征程，要"以生态文明建设为引领，协调人与自然关系"。他还强调，我们要解决好工业文明带来的矛盾，把人类活动限制在生态环境能够承受的限度内，对山水林田湖草沙进行一体化保护和系统治理。②

从人类文明发展的历程来看，人类已经经历原始文明、农业文明、工业文明，生态文明是工业文明发展到一定阶段的产物，是实现人与自然和谐发展的新要求。"文明"与"蒙昧""野蛮"相对应，指的是人类社会发展中的进步状态。③生态文明作为"绿色文明"，对促进环境保护治理和生态修复具有积极的指导作用。习近平生态文明思想，既根植于深厚的中国传统文化土壤，又有深刻的历史经验教训思辨，更有系统的理论方法思考设计，是辩证唯物主义的时代发展，是我国新时代系统推进生态文明体制改革，扎实做好自然资源管理工作的根本遵循。④ 2019 年 10 月 31 日，党的十九届四中全会通过的《中共中央关于坚持和完善中国特色社会主义制度　推进国家治理体系和治理能力现代化若干重大问题的决定》指出，

① 李宽端. 用生态的办法治理生态（治理者说）[N]. 人民日报，2021-01-21（007）.
② 习近平. 共同构建地球生命共同体——在《生物多样性公约》第十五次缔约方大会领导人峰会上的主旨讲话》[N]. 人民日报，2021-10-13（002）.
③ 黄承梁. 生态文明是人类文明发展的历史趋势[N]. 中国环境报，2021-10-15（003）.
④ 谷树忠，杨艳. 将习近平生态文明思想贯穿自然资源管理工作全程[J]. 中国自然资源报，2019-01-17（005）.

生态文明建设是关系中华民族永续发展的千年大计。必须践行"绿水青山就是金山银山"的理念，坚持节约资源和保护环境的基本国策，坚持节约优先、保护优先、自然恢复为主的方针，坚定走生产发展、生活富裕、生态良好的文明发展道路，建设美丽中国。该决定对自然资源管理提出了更高的要求，即要实行最严格的生态环境保护制度、全面建立资源高效利用制度、健全生态保护和修复制度、严明生态环境保护责任制度。[①]

自然资源是社会发展的物质基础、生态产品的主要来源和生态文明建设的主战场，科学有效地进行自然资源管理十分必要。[②]人与自然是生命共同体，加强自然资源管理，就是要彻底避免走曾经对自然资源强取豪夺、过度开发和粗放使用的老路，积极开展环境治理和生态修复，实施生物多样性保护工程，筑牢生态安全屏障。面对经济社会发展过程中出现的一系列新的环境问题和生态危机，人类社会应当树立、坚持和践行人与自然和谐共生、"绿水青山就是金山银山"、山水林田湖草沙是生命共同体的理念，正确定位自然资源保护管理的功能和目标，以节约集约利用资源的原则推进国土空间开发格局的优化，强化自然资源管理激励创新机制驱动发展，以积极服务和支撑生态文明建设。

---

① 中共中央关于坚持和完善中国特色社会主义制度　推进国家治理体系和治理能力现代化若干重大问题的决定[EB/OL]. [2019-11-05].http://www.gov.cn/zhengce/2019-11/05/content_5449023.html.
② 尤喆，成金华. 加强自然资源管理　推进生态文明建设[N]. 中国自然资源报，2018-09-20（005）.

第八章 生物多样性保护

　　"多样世界，生生不息"，人类社会的健康、财富和福祉都与我们所身处的蓝色星球上的生物物种遗传多样性、物种多样性和生态系统多样性息息相关。加强生物多样性保护，是国际社会的普遍共识，中国乃至全球的生物多样性保护行动和成效反映了世界各国履行《生物多样性公约》的愿景、使命和责任担当。

第一节　生物多样性的内涵及特征

一、生物多样的定义

　　"生物多样性"是一个生态学术语，是描述自然界生物物种多样性程度的一个内容宽泛的概念。1943年，英国统计与遗传学家罗纳德·费希尔和乔治·威廉姆斯在研究昆虫物种多度关系时，首次提出"多样性指数"的概念。[①]1968年，雷蒙德·达斯曼提出"生物与多样性"的概念。20世纪80年代初，美国国会技术评价办公室对这个概念表述为"生物之间的多样化和变异性及物种生境的生态复杂性"，[②]这一定义明确了物种多样化、变异性以及生物栖息生境的生态复杂性。1985年，美国E. G. Rosen首次使用生物多样性的英文词汇Biodiversity。1988年，E. Q. Wilson根据美国首届全国生物多样性大会的会议记录编辑了《生物多样性》一书，该会议也将生物多样性一词引入学界，会议论文集明确使用"生物多样性"这一名称。《生物多样性公约》指出，"生物多样性"是所有来源的形形色色生物

[①] Fisher R. A., Corbet A. S., Williams C. B., et al., "The relation between the number of species and the number of individuals inrandom sample of an animal population", J Anim Ecol，1943（12）：42-58.

[②] 林育真，赵彦修. 生态与生物多样性[M]. 济南：山东科学技术出版社，2013：146.

体，这些来源包括陆地、海洋和其他水生生态系统及其所构成的生态综合体；包括物种内部、物种之间和生态系统的多样性。①1995 年，《全球生物多样性评估》中指出"生物多样性是生物和它们组成的系统的总体多样性和变异性。"②

生物多样性是地球生命系统稳定、延续的前提。1992 年，蒋志刚等指出："生物多样性是生物及其环境形成的生态复合体以及与此相关的各种生态过程的综合，包括动物、植物、微生物和它们所拥有的基因以及它们与其生存环境形成的复杂的生态系统"。③1994 年，中国颁布的《中国生物多样性保护行动计划》指出："地球上所有的生物——植物、动物和微生物及其所构成的综合体，包括遗传多样性、物种多样性和生态系统多样性"。④该计划提出中国在 20 世纪末至 21 世纪初实施生物多样性保护的目标任务和率先行动计划。2010 年，《中国生物多样性保护战略与行动计划（2011—2030 年）》指出，生物多样性涵盖生态系统、物种和基因三维层次，是动物、植物、微生物等生物与周遭环境形成的生态复合体，以及彼此交互关联的各种生态过程的总和，⑤进一步明确了生物多样性的概念。

当前，全球物种灭绝速度持续加快，生物多样性丧失和生态系统退化对人类生存和可持续发展构成重大挑战，保护濒危动植物资源、维护区域乃至全球生态平衡，共建万物和谐的美丽家园，需要人类社会共同行动。2021 年 10 月 12 日，国家主席习近平在《生物多样性公约》第十五次缔约方大会领导人峰会视频讲话中提出："'万物各得其和以生，各得其养以成。'生物多样性使地球充满生机，也是人类生存和发展的基础。保护生物多样性有助于维护地球家园，促进人类可持

---

① "生物多样性"定义原文参考："Biological diversity" means the variability among living organisms from all sources including, inter alia, terrestrial, marine and other aquatic ecosystems and the ecological complexes of which they are part; this includes diversity within species, between species and of ecosystems. United Nations. Convention on Biological Diversity, 1992: 3.

② Groombridge B, "Global biodiversity: status of the earth's living resources: a report /-1st ed", Chapman & Hall, 1992: 13.

③ 蒋志刚，马克平，韩兴国. 保护生物学[M]. 杭州：浙江科学技术出版社，1997：1.

④《中国生物多样性保护行动计划》总报告编写组. 中国生物多样性保护行动计划[M]. 北京：中国环境科学出版社，1994：1.

⑤ 环境保护部. 中国生物多样性保护战略与行动计划（2011—2030 年），2010：1.

续发展。"①保护生物多样性需要有地球生命共同体的系统性思维，以推进生物遗传资源及相关传统知识惠益共享。

二、生物多样的分布层次

宇宙世界包罗万象，蓝色星球上生命体的存在并非偶然，而是自然进化和选择的结果。达尔文指出，"'自然选择'导致生物根据有机的和无机的生活条件得到改进；结果，必须承认，在大多数情形里，就会引起体制的一种进步。"②达尔文在《进化论》中系统地强调，物竞天择、适者生存，这一丛林法则是达尔文生物物种起源的驱动力的核心。他在《物种起源》中指出，"物种与物种之间以自己特有的代谢方式不断地传递着物质和能力，直接或间接地相互接触和利用，从而形成某特定星球的物种共存链。人类就幸运地依存并繁衍生息在这样一个千变万化的地球物种共存链中。"③"特定空间内种群的相互结合构成群落，群落与其自然环境的共处就是我们所说的生态系统。"④物种之间根据自身的生命规律产生生殖隔离，每个物种在自然进化的过程中都形成属于本种属的遗传特征，并占有一个独立的地域范围。

生物遗传多样性是所有生物携带的遗传信息的整体表达，即各种生物种群所拥有的多种多样的遗传信息。遗传多样性又被称为基因多样性，具体指的是物种内部基因信息的多样化。⑤从广义上讲，遗传多样性指生物物种内部或种群之间在个体、分子和细胞3个水平层次上的遗传变异程度。⑥生态系统中任何生物种内个体之间或一个群体内部不同个体的遗传变异，都可统称为遗传多样性，⑦即体现为种群内部不同个体和群体之间的遗传多态性。遗传多样性是地球上所有生物携带的遗传信息的总和，是物种多样性、生态系统多元性和景观多样的基础，生物物种内部遗传多样性越丰富，变异程度越大，其进化和选择的能力就越强。

---

① 习近平. 共同构建地球生命共同体——在《生物多样性公约》第十五次缔约方大会领导人峰会上的主旨讲话[N]. 人民日报，2021-10-13（002）.
② [英]达尔文. 物种起源[M]. 周建人、叶笃庄、方宗熙译，北京：商务印书馆，1997：145.
③ 张双船. 再议物种起源[M]. 深圳：海天出版社，2014：2.
④ 陈蓉霞. 时间舞台上的物种：进化生态学[M]. 上海：上海科学技术出版社，2002：3.
⑤ 杨悦，徐家秀. 拯救生物多样性[M]. 北京：海洋出版社，2000：1.
⑥ 季维智，宿兵. 遗传多样性研究的原理与方法[M]. 杭州：浙江科学技术出版社，1999：1.
⑦ 谢国文，颜亨梅，张文辉，等. 生物多样性保护与利用[M]. 长沙：湖南科学技术出版社，2001：2.

　　新兴物种的产生及发现有两个重要标志，一是在区域生境中有新物种的适应性存在，另一个则是新物种与区域生境内原有物种的区分和界限。生物物种是在自然环境中能够自由交配的某种植物或动物的个体总数的统称。[①]物种多样性指的是任何生境下动植物和微生物种类的丰富程度，它是生物多样性最基础的结构和功能单位。任何环境下的物种多样性皆是动态变化的，物种的进化方式和分布形态在特定生境下对生物多样性形成影响。地球生态空间和时间序列中的物种，从病毒、细菌、原生物种到多细胞的动物界、植物界、真菌界和微生物界，物种多样性无处不在，无时不在变化。生态系统内部任何生物个体、种群、群落的数量和自然进化规律都具有多样性，[②]物种多样性是生物多样性的简单度量，不同地区的物种数量因自然和人为因素而异。

　　生态系统是生物个体、种群、群落与环境演化共同形成的复杂多元的生态复合体，生态系统多样性以遗传多样性和物种多样性为前提，生物圈层内部的生物群落、景观形态和生态位的多样性，充分表达了生物种群之间的关系以及生物行为模式适应的多样性。生物种群的组成水平、结构水平和功能水平体现了生物在生态等级和层次上的多样性。[③]任何生物离开适宜的生境，生物个体或种群就难适应生存需要。保护森林生态系统、草原生态系统、荒漠生态系统、高山生态系统、草甸生态系统、冻土生态系统、冰川生态系统、湖泊生态系统、沼泽生态系统、河流生态系统和海洋生态系统等天然生态系统以及城市生态系统、农田生态系统、人工林生态系统和果园生态系统等人工生态系统的多种多样，有助于生态系统中多样生物的生存和生态化发展。

　　景观具有多样性和异质性[④]的特征，异质性作为景观的重要属性，是景观的变异程度。景观多样性包含斑块、类型和格局的三重多样化，[②]其中，组成景观的斑块形状、数量、分布形态和层次格局彼此互联互通，对物种多样性和生态系统多

---

① [美]爱德华·欧·威尔逊. 生命的多样性[M]. 王芷译, 长沙: 湖南科学技术出版社, 2004: 36.

② 杨利民, 韩梅. 草地群落物种多样性及其维持机制研究[M]. 长春: 吉林科学技术出版社, 2009: 3.

③ 中国植物学会编. 中国植物学会七十周年年会论文摘要汇编（1933—2003）[C]. 中国植物学会, 2003: 475.

④ 按: 景观异质性与景观多样性相类似, 景观类型多样性指数、优势度、镶嵌度指数和生境破碎化指数是测定的主要指标.

样性产生影响。景观多样性与区域内生物多样性的丰富度、自然环境分异程度以及文明历史的长短相关，主要表现为文明历史越长，人文景观种属的丰度越高，生物种类越多，自然环境变化越强，自然景观种属的丰度也越高。景观具有自然历史价值、生态价值、社会价值、文化价值等多重内在价值，加强景观系统和自然整体保护，对保护生物多样性尤其重要。

三、生物多样性的特征

生物多样性是地球生命共同体的根基和本质，多样性是生物圈内所有生命形态的基本特征。从生命体的结构和功能来看，随着时间和空间维度的变化，地球上生物物种也相应地呈现出不同的表现形式和多样化的状态。生物多样性可以被度量和量化，主要基于生态环境中生物物种数量或种群数量，生态系统内部各个物种个体数量的平衡程度，以及生物的表现类型或遗传差异的大小程度。①生物多样性的丰富程度伴随自然环境的变迁和人类社会文明的整体进程，且每一种生物都在特定的生态环境中得到自然进化、繁衍生息和可持续发展，并由此建构起紧密的生态网络格局。

生物多样性演化趋势和生态价值具有不确定性，生物多样性的损失具有非逆转性，生物多样性的生态过程具有时间敏感性。当生物种群数量减少超过当前生态系统的阈值时，生物多样性的损失将面临难以弥补的困境。生物多样性的结构功能具有不同的特征，生物多样性的价值体现在各类物种基因及其生态系统的生态表达方式上。②生物多样性是地球上生命个体或群体历经数十亿年发展和进化而来的，是人类社会赖以生存的物质基础和能量之源。

生物多样性具有典型的空间特征。生物物种组成是生物群落结构、个体数量在空间上的变化幅度，不同空间范围内的生态环境因素是一个重要的非可控因子，因为物种分布的差异性受到小尺度和大尺度环境的双重影响。生物种群的空间格局是种群在地域形态上的分布方式，而生物的生物学特性和生境自然条件共同制

---

① 曾宗永. 人类生存的基础：生物多样性[M]. 上海：上海科学技术出版社，2002：22.
② [英]麦克尼利（McNeely J A）等. 保护世界的生物多样性[M]. 薛达元等译，北京：中国环境科学出版社，1991：9.

约着生物在空间上的变化幅度和水平。[①]物种丰富度的空间分布格局依气候和环境的变化而变化，但是也能反映物种分布范围的随机动态性，[②]由于全球地形地貌复杂多样，区域微地形具有较大差异，进而导致不同区域的物种分布形成复杂、多样、典型的多样性格局。生物个体或群落是一个动态的生命演化过程，它们会伴随自身的进化和自然界的外力作用发生改变，生物群落在时序更替以及气候变化的双重作用下呈现出明显的季节性差异，并对区域生物多样性种类构成和总量变化造成影响。

第二节　生物多样性保护的"中国方案"

一、生物多样性保护的中国行动

中国生物资源丰富，生物种群独特，生物空间格局复杂多样，生态系统类型和结构丰富多元。中国生物多样性位居世界第八、北半球第一。中国的生物多样性具有 6 个特点：一是区系起源古老，二是物种高度丰富，三是栽培植物、家养动物及其野生亲缘种的种质资源异常丰富，四是特有属、种繁多，五是生态系统类型丰富，六是生物多样性空间格局多样。中国于 1992 年签署《生物多样性公约》，并在履约的过程中积极开展生物多样性保护的立法工作，《中华人民共和国宪法》《中华人民共和国刑法》《中华人民共和国环境保护法》《中华人民共和国野生动物保护法》《中华人民共和国海洋环境保护法》《中华人民共和国森林法》《中华人民共和国草原法》《中华人民共和国渔业法》《中华人民共和国野生植物保护条例》《中华人民共和国陆生野生动物保护实施条例》《中华人民共和国水生野生动物保护实施条例》《野生药材资源保护管理条例》《森林和野生动物类型自然保护区管理办法》《中华人民共和国自然保护区条例》等相关法律法规的实施和修改完善，为生物多样性保护提供了法治保障。

---

① 马凡强. 南亚热带常绿阔叶林群落物种多样性空间变化规律的研究[D]. 中国林业科学研究院博士学位论文，2003：3.
② 宫鹏. 全球变化环境评论（第二辑）：全球变化与生物多样性[M]. 北京：高等教育出版社，2011：103.

    1992 年，在我国政府、中国科学院等相关部门组织的推动下，中国科学院成立了生物多样性委员会，旨在为中国的生物多样保护制定科学的方略。1993 年，中国率先在全球建立中国生物圈保护区网络，截至 2020 年 5 月 27 日，网络成员已经从成立之初的 45 家增加到 191 家，成为一个充满活力的实施"人与生物圈计划"、开展保护区能力建设和理念培训的教育平台。1994 年，中国成立国际生物多样性计划①中国国家委员会，致力于推进中国与世界各国在生物物种保护领域的合作与交流。1978 年，中国成立人与生物圈国家委员会，下设秘书处，负责协调开展生物多样性保护工作。2011 年，中国成立"中国生物多样性保护国家委员会"，以期统筹分享国内外生物多样性研究成果，促进生物物种保护的国际交流与合作，全面落实"联合国生物多样性十年中国行动"。1997 年，经中国科学技术协会批准，"中国麋鹿基金会"正式更名为"中国生物多样性保护基金会"，2010 年 11 月，民政部和中国科学技术协会正式批准将"中国生物多样性保护基金会"更名为"中国生物多样性保护与绿色发展基金会"，以推动绿色发展和保护生物多样性及生态环境。

    中国积极履行生物多样保护的责任和义务，不遗余力地推进生物多样性保护方案的制订。2011 年，中国颁布《中国生物多样性保护战略与行动计划（2011—2030 年）》，明确了中国生物多样性保护的指导方针、四项基本原则②和目标任务，以及近期、中期和远景的生物多样性保护战略目标③、战略任务④和优先行动，以

---

① 按：国际生物多样性计划是以关注全球生物多样性保护和环境变化为主题的国际性合作研究计划，该计划对世界各国开展生物多样性保护和生态修复提供了具体的指导。

② 按：《中国生物多样性保护战略与行动计划（2011—2030 年）》提出的生物多样性保护四项基本原则（战略方针）：一是要在社会经济发展和环境保护活动中，确保优先保护生物多样性；二是在此基础上，科学、合理、有序地可持续利用生物资源，促进生物技术创新和生物产业发展；三是鼓励公众参与，建立各利益相关方在生物多样性保护方面的伙伴关系；四是通过建立获取与惠益分享制度，实现遗传资源及相关传统知识的提供方和使用方之间的利益平衡。

③ 按：根据我国生物多样性保护面临的压力与挑战，《中国生物多样性保护战略与行动计划（2011—2030 年）》提出 3 个阶段的生物多样性保护战略目标：一是近期目标：到 2015 年，力争使重点区域生物多样性下降的趋势得到有效遏制；二是中期目标：到 2020 年，努力使生物多样性的丧失与流失得到基本控制；三是远景目标：到 2030 年，使生物多样性得到切实保护。

④ 按《中国生物多样性保护战略与行动计划（2011—2030 年）》明确提出 8 个方面的生物多样性保护战略任务：一是完善生物多样性保护相关政策、法规和制度；二是推动生物多样性保护纳入国家、地方和部门相关规划；三是加强生物多样性保护能力建设；四是强化生物多样性就地保护，合理开展迁地保护；五是促进生物资源可持续开发利用，鼓励科研创新和知识产权保护；六是推进生物遗传资源及相关传统知识的惠益共享；七是提高应对生物多样性新威胁和新挑战的能力，关注气候变化、外来种入侵、有害病原体和转基因生物对生物多样性和人类健康的影响；八是增强公众参与意识，加强国际交流与合作。

积极回应和解决我国生物多样保护面临的诸多问题。2012 年 1 月 1 日，中国开始实施《中华人民共和国国家环境保护标准 HJ 623—2011》暨《区域生物多样性评价标准》，其基于县级行政单元，从生态系统、野生动物和野生植物 3 个方面对全国生物多样性进行综合评价。2015 年 12 月 31 日，环境保护部颁布《中国生物多样性保护优先区域范围》，明确指出中国生物多样性保护优先区域范围为 35 个，内陆陆地及水域生物多样性保护优先区域共 32 个，涉及 27 个省 904 个县，内陆陆地及水域生物多样性保护优先区域面积达 276 229 平方千米，占陆地国土面积的 28.78%。2021 年 10 月，中国颁布的《关于进一步加强生物多样性保护的意见》（以下简称《意见》）①指出，生物多样性为人类提供了丰富多样的生产生活必需品、健康安全的生态环境和独特别致的景观文化。《意见》提出了中国生物多样性保护的总体目标，②并就加强生物多样性保护、共建地球生命共同体提出了"中国方案"。③

二、生物多样性保护的"云南实践"

云南素有"动物王国""植物王国"之称，是诸多生物物种起源和演化发展的中心，在中国乃至全球生物多样性保护史上具有重要的地位。中国大约有 3 万种高等植物，七彩云南"神奇丰富、五彩缤纷"的大地上就占有一半，云南以全国 4.1%的国土面积，涵养了地球上除海洋生态系统和沙漠生态系统之外所有生态系统的类型，各大类群生物物种数均接近或超过全国的 50%，因而成为中国乃至全球生物多样性最丰富、最集中的地区之一。2008 年，云南出台《关于加强滇西北

---

① 中共中央办公厅，国务院办公厅. 关于进一步加强生物多样性保护的意见[N]. 人民日报，2021-10-20（003）.
② 按：《关于进一步加强生物多样性保护的意见》中提出的中国生物多样性保护的总体目标为：到 2025 年，以国家公园为主体的自然保护地占陆域国土面积的 18%左右，森林覆盖率提高到 24.1%，草原综合植被盖度达到 57%左右，湿地保护率达到 55%，自然海岸线保有率不低于 35%，国家重点保护野生动植物物种数保护率达到 77%，92%的陆地生态系统类型得到有效保护；到 2035 年，生物多样性保护政策、法规、制度、标准和监测体系全面完善，全国森林、草原、荒漠、河湖、湿地、海洋等自然生态系统状况实现根本好转，森林覆盖率达到 26%，草原综合植被盖度达到 60%，湿地保护率提高到 60%左右，以国家公园为主体的自然保护地占陆域国土面积的 18%以上。
③ 按：《关于进一步加强生物多样性保护的意见》提出加强生物多样性保护的九项举措，即加快完善生物多样性保护政策法规、持续优化生物多样性保护空间格局、构建完备的生物多样性保护监测体系、着力提升生物安全管理水平、创新生物多样性可持续利用机制、加大执法和监督检查力度、深化国际合作与交流、全面推动生物多样性保护公众参与以及完善生物多样性保护保障措施。

生物多样性保护的若干意见》，并发布《滇西北生物多样性保护丽江宣言》，建立了滇西北生物多样性保护联席会议制度，编制了"滇西北生物多样性保护规划纲要和保护行动计划"，组织开展全省生物多样性评价，基本建立了云南生物多样性基础数据库。[①]

2010 年 5 月 26 日，滇西北生物多样性保护联席会议第二次会议在腾冲召开，会上举行了云南省生物多样性保护基金会成立仪式，成立首日，有 16 家企业为基金会捐款 3 800 万元。[②]基金会的成立，为云南生物多样性保护拓宽资金投入渠道。此外，会议发布的《2010 年国际生物多样性云南行动腾冲纲领》明确提出，要扩大云南生物多样性保护重点区域，加大生物多样性保护建设资金投入，探索建立生物多样性保护补偿机制，加强生物多样性保护的国际交流与合作，重视提高公众参与生物多样性保护的意识和能力，着力增强生物多样性保护与利用的科技支撑，整合生物多样性保护科研力量，组建云南生物多样性研究院。[③]

云南被誉为"世界花园""物种基因库"，生物多样性十分丰富。2012 年 4 月，云南生物多样性保护重点区域的各级政府和各界人士，在西双版纳召开的云南省生物多样性保护联席会议第三次会议上签订的《云南省生物多样性保护西双版纳约定》提出，要努力构建生物安全防范体系；建立外来入侵物种、森林灾害的监测预警机制，加强野生动植物疫病监测预警体系建设，开展外来有害物种综合防控；建立引进物种环境风险评估制度，强化濒危野生动、植物物种进出口管理和贸易监管；积极参与大湄公河次区域环境保护合作，实施好生物多样性保护廊道建设示范等国际合作项目。要积极传承和弘扬民族生态文化；收集整理各民族生物多样性保护传统知识，探索建立生物遗传资源及传统知识获取与惠益分享机制。[④]

1993 年以来，云南以"4 个率先"和"3 个创新"积极探索生物多样性保护

---

① 任维东，周皓. 七彩云南保护行动三年成效显著　云南生态环境进一步优化[N]. 光明日报，2009-12-14（04）.
② 肖亮，杨质高. 云南发布《腾冲纲领》保护生物多样性　保护区增至 9 州市[EB/OL]. [2010-05-27].https://www.kunming. cn/news/c/2010-05-27/2168657.shtml.
③ 许太琴. 云南生态年鉴（2018）[M]. 芒市：德宏民族出版社，2018：421-422.
④ 许太琴. 云南生态年鉴（2018）[M]. 芒市：德宏民族出版社，2018：422.

的路径与机制，为生物多样性保护和西南生态安全屏障建设保驾护航。①2016 年以来，云南相继发布《云南省生物物种名录》《云南省生物物种红色名录》《云南省生态系统名录》《云南省外来入侵物种名录》，科学研判云南生物多样性保护和生态系统服务价值。2017 年 3 月，云南省政府决定成立云南省生物多样性保护委员会，致力于统筹协调全省生物多样性保护工作。从 2019 年 1 月 1 日起，云南开始实施《云南省生物多样性保护条例》，这是中国第一部生物多样性保护的法规。该条例共 7 章 40 条，内容包括总则、监督管理、物种和基因多样性保护、生态系统多样性保护、公众参与和惠益分享、法律责任等。《云南省生物多样性保护条例》规定采取就地保护、迁地保护、离地保存相结合的方式，建立生物多样性保护体系和网络。②

云南生物多样性保护成就斐然，并走在全国前列。2020 年 1 月，习近平总书记再次考察云南，要求云南"努力在建设我国生态文明建设排头兵上不断取得新进展"，为云南生物多样性保护提供了根本遵循。2020 年 5 月 22 日，云南颁布《云南的生物多样性》白皮书和保护倡议书，倡导积极开展生物多样性保护理论研究，以凝聚野生动植物保护的共识。2021 年 10 月 12 日，国家主席习近平在《生物多样性公约》缔约方大会第十五次会议（COP15）领导人峰会上发表主旨讲话时指出，昆明大会以"生态文明：共建地球生命共同体"为主题，推动制定"2020 年后全球生物多样性框架"，为未来全球生物多样性保护设定目标、明确路径，具有重要意义。他还宣布，"中国将率先出资 15 亿元人民币，成立昆明生物多样性基金"，③并呼吁全球各国为昆明生物多样性基金出资。会议还通过"昆明宣言"，这是从昆明向世界发出的关于加强生物多样性保护的重要信号，国际社会既需要有保护多样性的雄心，也需要在保护生物多样性的征途中务实行动，以期共建地球生命共同体。

① 按："4 个率先"指的是率先在全国开展极小种群物种拯救保护、率先在全国开展野生动物肇事补偿、率先在全国开展国家公园新型保护模式探索、率先在全国理顺自然保护区管理体制。"3 个创新"分别为创新开展跨境生物多样性保护、创新开展林业科技"双十行动"以及创新建立较为完备的林业种质资源保存体系。刘子语. 云南省创新探索生物多样性有效保护路径与机制[EB/OL]. [2020-05-03].https://yn.yunnan.cn/system/2020/12/05/031160557.shtml.
② 云南省人民政府. 云南省生物多样性保护条例[EB/OL].[2019-01-23].http://sthjt.yn.gov.cn/zcfg/fagui/dffg/201901/t20190123_187582.html.
③ 习近平. 共同构建地球生命共同体——在《生物多样性公约》第十五次缔约方大会领导人峰会上的主旨讲话[N]. 人民日报，2021-10-13（002）.

三、生物多样性保护的中国经验

自 1993 年履行《生物多样性公约》以来，中国不断扩大生物多样性保护的参与力度，为实现公平公正地分享生物物种资源产生的惠益做出了积极努力。作为最早签署和批准《生物多样性公约》的缔约方之一，中国始终高度重视全国范围内的生物多样性保护，持续实施生物多样性保护战略和行动计划，创新发展生物多样性保护机制，在生物多样性保护和生态环境保护方面取得了显著成效。2021年 10 月 8 日，中国发布《中国的生物多样性保护》白皮书，向世界展示中国生物多样性保护的理念、举措和成效，为共建地球生命共同体贡献中国智慧，具有非常重要的现实意义。

2012 年和 2018 年，中国先后将生态文明写入《中国共产党章程》和《中华人民共和国宪法》，使生态文明建设具有了更高的法律地位，拥有了更强的法律效力，这正是让生态文明的主张成为国家意志的生动体现。国家主席习近平在中国北京世界园艺博览会、联合国生物多样性峰会、《生物多样性公约》缔约方大会第十五次会议（COP15）领导人峰会等会议上多次强调加强生物多样性保护的意义，并提出"共同构建地球生命共同体""共建万物和谐的美丽家园""构建人与自然和谐共生的地球家园"的倡议。2021 年 10 月 12 日，国家主席习近平在 COP15 领导人峰会上为推进全球生物多样性治理贡献出新的思路：一是以生态文明建设为引领，协调人与自然关系；二是以绿色转型为驱动，助力全球可持续发展；三是以人民福祉为中心，促进社会公平正义；四是以国际法为基础，维护公平合理的国际治理体系。

中国在提供生态系统保护基本服务、助力生态系统修复、制定国家生物多样性战略和行动计划等方面成绩斐然、经验丰富，中国生物多样性保护政策支持了全球生物多样保护领域多项"爱知目标"的实现。[①]2015 年，中国发布《建立国家公园体制总体方案》，并指出建立国家公园的目的是"保护自然生态系统的原真性、完整性，始终突出自然生态系统的严格保护、整体保护、系统保护"，[②]以形

---

① 尚凯元. 为实现全球生物多样性目标注入强大动力[N]. 人民日报，2021-10-18（017）.
② 中共中央办公厅、国务院办公厅印发《建立国家公园体制总体方案》[N]. 人民日报，2017-09-27（001）.

成自然生态系统保护的新体制新模式，以保障国家生态安全，实现人与自然和谐共生。2021 年 10 月 12 日，习近平主席在《生物多样性公约》第十五次缔约方大会领导人峰会上宣布，中国正式设立三江源、大熊猫、东北虎豹、海南热带雨林、武夷山 5 个第一批国家公园，①国家公园建设从构想到实践历经 5 年，旨在"把自然生态系统最重要、自然景观最独特、自然遗产最精华、生物多样性最富集的部分系统地保护起来，保持自然生态系统的原真性和完整性"，留住"大自然本色之美"。

2021 年 10 月 26 日，陕西省林业局发布《朱鹮保护蓝皮书》，其内容涵盖朱鹮概况、朱鹮"灭绝"和重新发现、朱鹮保护研究、主要保护措施、朱鹮保护成效、朱鹮文化与对外交流和朱鹮保护展望等。朱鹮从"发现"到"保护""繁衍"和"复兴"历经 40 年，因其涅槃重生的生态奇迹，朱鹮保护也被誉为"世界拯救濒危物种的成功典范"，尤其是"就地保护为主、易地保护为辅、野化放归扩群、科技攻关支撑、政府社会协同、人鹮和谐共生"的朱鹮保护模式的形成，为中国乃至全球拯救濒危物种提供了可借鉴的"中国方案"。

第三节　生物多样性保护的全球行动

一、全球生物多样性保护面临的困境

人类生存发展过程中对自然资源和生态环境的无节制强取豪夺，致使区域性乃至全球性的多种环境压力持续存在，并导致生物多样性不断减少和全球性的生态危机。亚马孙热带雨林占地面积约 550 万平方千米，其范围覆盖巴西、哥伦比亚、秘鲁、委内瑞拉、厄瓜多尔、玻利维亚、圭亚那和苏里南 8 个国家，这里的雨林占据世界雨林面积的 1/3，占全球森林面积的 20%，是全球最大及物种最多的热带雨林。亚马孙热带雨林产生的氧气占全球氧气总量的 20%，因而被人们称为"地球之肺"和"绿色心脏"。然而，当今的亚马孙雨林正在遭到严重的破坏，森林覆盖率已从原来的 80% 减少到 58%，导致动植物资源遭到破坏，并造成水土

① 寇江泽. 首批国家公园正式设立[N]. 人民日报，2021-10-13（006）.

流失、暴雨、旱灾、土地荒漠化等一系列环境问题。2019 年以来，亚马孙热带雨林多次发生大规模的火灾，大火造成物种减少甚至灭绝。"地球之肺"的燃烧，使亚马孙热带雨林的生物多样性保护面临严峻的考验。

食物系统转型及变革对实现生物多样性的有效保护和每一个可持续发展目标都至关重要。2021 年 2 月 3 日，英国皇家国际事务研究所最新报告《食物系统对生物多样性丧失的影响》详尽地描述了当前世界生物多样性的损失情况以及与食物系统的关联：一是全世界的生物多样性丧失正在加速。二是今天全球物种灭绝的速度比过去 1 000 万年的平均速度要高出好几个量级。全球粮食系统是生物多样性丧失的主要推手。三是在过去几十年中，我们的食品体系是由"廉价食品"的模式打造而成的。农业生产的集约化使土壤和生态系统退化，降低了土地的生产能力，需要更密集的粮食生产来满足需求。四是目前的粮食生产严重依赖投入性物料，如化肥、农药、能源、土地和水等方面的使用，并且以单一化种植和重度耕作等不可持续的做法进行。这种做法减少了景观和栖息地的多样性，威胁或破坏了鸟类、哺乳动物、昆虫和微生物的繁殖、摄食及筑巢，并排挤了许多本地植物物种。五是作为全球温室气体排放的主要贡献者，我们的粮食系统也在推动着气候变化，进一步恶化了栖息地环境，并导致物种分散到新的地点。如果不改革我们的粮食系统，生物多样性的丧失将继续加速。生态系统和栖息地的进一步破坏将威胁到我们维持人口的能力。[1]

碳中和是一个节能减排的术语，指的是测算企业、团体或个人在一定时间内，直接或间接产生的温室气体排放总量，通过植树造林、节能减排等形式，抵消自身产生的二氧化碳排放，实现二氧化碳的"零排放"。"碳"是石油、煤炭、木材等由碳元素构成的自然资源。"碳"耗用得越多，导致地球暖化的"元凶"二氧化碳也就相应地排放得更多，从而带来越来越多的生态环境问题，给全球生物多样性保护造成严重的困难。2021 年 2 月 2 日，中国颁布的《关于加快建立健全绿色低碳循环发展经济体系的指导意见》指出：要将发展建立在高效利用资源、严格

---

① The Royal Institute of International Affairs Chatham House, "Food system impacts on biodiversity loss", 2021：2.

保护生态环境、有效控制温室气体排放的基础上，建立健全绿色低碳循环发展的经济体系，确保实现碳达峰、碳中和目标，推动我国绿色发展迈上新台阶。①碳危机实际上是生物多样性的危机，其本质是对生物栖息地和生态系统的毁坏。因此，推动实现碳达峰及碳中和，对保护生物多样性具有重大的现实意义。

二、全球生物多样性保护的实践路径

全球范围内的生物多样性丧失和生态系统退化，对人类生存和发展构成重大生态安全风险。2020年以来，一场新型冠状病毒肺炎疫情深刻地改变了全球的政治、经济以及人类的生产状况和生活状态。在生态文明理念和共建地球生命共同体的倡议下，切实加强对生物多样性的保护，人类就有机会摆脱生态危机的冲击和影响。

推动国际履行《生物多样性公约》，构建生物多样性保护国际法律法规体系。当前，在《生物多样性公约》《卡塔赫纳生物安全议定书》《〈生物多样性公约〉关于获取遗传资源和公正公平分享其利用所产生惠益的名古屋议定书》《联合国气候变化框架公约》《联合国防止荒漠化公约》《濒危野生动植物种国际贸易公约》《粮食和农业植物遗传资源国际条约》《国际湿地公约》《保护迁徙野生动物物种公约》《保护非洲和欧亚大陆捕食候鸟谅解备忘录》等国际性生物多样性保护框架下，国际社会应当积极推进全球环境治理和生态修复，为保护生物多样性做出积极努力，切实加强对区域性有害生物的监督能力、预警能力与管理能力，不遗余力地开展跨境防控生物入侵的交流与合作，以推动形成全球生物多样性保护、人与自然和谐共生新格局。

推进国际生物多样性保护机构的合作，汇聚保护生物多样性的国际合力。近现代以来，全球环境灾害和人为灾害频发，澳大利亚山火肆虐，东非国家遭遇蝗灾，亚马孙热带雨林被毁，日本福岛核电站辐射水泄漏以及2020年新冠肺炎疫情的全球蔓延，这些都时时刻刻警示着人类，不仅要深刻反思人与自然的交互关系，也需要通过采取变革性措施来扭转生物多样性持续恶化的全球挑战和风险。当前，

① 关于加快建立健全绿色低碳循环发展经济体系的指导意见[EB/OL]. [2021-02-22]. http：//www. gov.cn/zhengce/ content/2021/02/22/content_5588274.html.

全球范围内的生物多样性不断丧失和减损的趋势愈加明显，并成为人类共同关切的重要事项，无论是发达国家还是发展中国家，都应该积极践行"人类命运共同体"理念，提高各国履行《生物多样性公约》的能力，推动世界各国履约实现"追随者—重要参与者—积极贡献者"的角色演变。①

广泛谋求共识，推动"生物多样性保护基金"普惠万物。面对生物多样性丧失不可逆转的困境，世界各国应该将生物多样性保护基金的设立和利用议题纳入各国高级别政治、外交活动，并利用世界自然保护大会、《生物多样性公约》缔约方大会、《联合国气候变化公约》等高级别会议和重要政治场合，加强生物多样性基金筹集的沟通，增进应对全球性生态挑战的共识，制定更多有关生物多样性保护基金募集的项目和计划，推进生物多样性保护从"边缘"向"主流"的转变。

三、全球生物多样性保护的经验启示

生物多样性丧失是全球共同面临的生态风险和挑战，需要国际社会的通力合作加以解决。2021 年 2 月 18 日，联合国环境规划署发布的《与自然和平相处》报告指出，地球面临着气候变化、生物多样性遭破坏及污染问题三大危机，人们必须改变与自然的关系。联合国秘书长安东尼奥·古特雷斯在报告"前言"部分如是说："通过汇集显示气候紧急情况、生物多样性危机和每年造成数百万人死亡的污染的影响和威胁的最新科学证据，（这份报告）清楚地表明了，我们对自然的战争已经使地球破碎。"他指出，"通过改变我们对自然的看法，我们可以认识到它的真正价值。通过在政策、计划和经济体系中体现这一价值，我们可以将投资引导到恢复自然的活动中，并因此获得回报。"②全球可以携手改变与自然的关系，以共同应对气候、生物多样性和污染危机并确保可持续发展的未来。

---

① 按：首先要加强联合国、联合国粮农组织、联合国教科文组织、联合国环境规划署、联合国全球契约组织、国际化学品三公约、生物多样性和生态系统服务政府间科学与政策平台等联合国及其他国际公约、政府间组织的协同联动；其次要促进国际组织和区域性组织之间在生物多样性保护领域的沟通与协作，充分发挥世界自然保护联盟和《区域全面经济伙伴关系协定》的作用，推进生物多样性保护和保障生物资源利用的可持续性；最后要加强全球生物多样性治理，通过世界各国分配更多的生态基金来保护我们共同的生态系统，整合现存的生物多样性数据库集，搭建一个面向全世界的关于全球生物多样性的综合性信息服务网络，促进生物多样性科研、保护和可持续利用，确保生物多样性促进可持续发展和协同保护全球共同利益。
② 联合国环境规划署.《与自然和平相处》（*Making Peace with Nature*）. 2021：4.

持续加强生物多样性领域的国际合作，助力开启未来全球生物多样性治理新进程。全球范围内人口数量的增加，不仅加速了对自然资源的消耗，非理性的生物资源利用还加剧了生物物种资源的流失。此外，世界各国大面积砍伐森林、过度捕捞、过度放牧、滥用农药、非法走私、生物入侵、环境污染以及转基因物种的种植等行为也使各生物物种丧失了原有的生态位，诸多生物物种因无处栖居而失去家园。因此，各国应当根据生物多样性保护的现实需要，切实加强环境保护、生态修复和生物多样性保护领域的沟通和交流，通过对话协商构建更加公平、合理的全球生物多样性治理体系。

凝心聚力推进生物多样性保护，共建地球生命共同体。生物多样性保护与全球环境保护、生态修复、消除贫困和疾病、实现可持续发展密切相连。世界各国应当将碳达峰、碳中和纳入生态文明建设的全过程，携手应对全球气候变化带来的挑战，积极加强对气候变化导致的自然灾害风险的防范和治理，协同促进区域经济社会发展向生态转型，通过减少碳排放助力全球生态环境质量实现从量变到质变的转变。与此同时，世界各国应当秉持生态文明的理念，切实履行环境保护和生物多样性保护的国际公约，在深入开展生物多样性保护国际合作的基础上，提高公众参与生物多样性保护的力度，构建人人共同参与生物多样性保护的新局面。

地球是人类的共同家园，面对生物多样性丧失等全球性挑战，各国是风雨同舟的命运共同体。全球不同区域尺度上生物物种丰富性及其时空分布形态为制定和实施生物多样性保护规划提供风向标的作用，[①]为彻底扭转当前生物多样性丧失的局面，人类社会应当秉持命运共同体理念，坚持以多边主义为引领，积极参与全球生物多样性治理进程。中国作为全球生态文明建设重要参与者、贡献者和引领者，也将积极参与构建公正合理的全球生物多样性治理体系，在推动我国生物多样性保护迈上新台阶的同时，与国际社会共同开启全球生物多样性治理新进程，共同绘就人与自然和谐共生的美丽生态画卷。

① 谢余初, 巩杰, 齐姗姗, 等. 基于综合指数法的白龙江流域生物多样性空间分异特征研究[J]. 生态学报, 2017（19）.

第九章　流域生态文明建设

　　流域是干流与支流连接而成的水系中全部的集水区域，即汇入共同水源的所有河流流经的土地面积。每条河流或水系的地面集水区和地下集水区构成自己的流域，由于地下集水区与地面集水区不完全重合并且难以直接测定，一般将地面集水区面积作为河流流域范围。相邻流域分水地带上最高点连接而成的不规则曲线称为分水线，是不同集水区的边界线，分水线内的面积范围即为此水系的流域。[①]按照水系的等级又可以分成若干个小流域，从地理学角度来看，它是一个具有独立性、完整性的系统，涉及天、地、人、生态等各方面多因素的广泛概念。一个流域同样是一个生命共同体，由自然、社会、经济、生态等各方面的生命要素构成，水是其中的核心要素。

第一节　流域生态环境现状

一、流域自然环境

　　流域是一个开放的系统，它不断与外界进行物质、能量和信息交换。流域景观是由许多不同的生态系统构成统一的整体。流域的边界过渡区域属于生态环境脆弱区，环境异质性高，抗干扰能力弱，对全球气候变化敏感，因此人类的干扰显著影响流域自然环境。

---

① 伍光和. 自然地理学[M]. 北京：高等教育出版社，2000.

1. 森林覆盖率

流域范围内从森林到农田、从农田到城市等土地利用的变化，削弱了流域发挥生态作用的能力。流域已经在很大程度上发生转换和改造，对全球主要流域的分析发现，近 1/3 的流域中，超过一半的土地面积已转化为农业或城市工业用途。在土地利用的转换过程中，流域失去了大部分的原始植被覆盖，同时由于过度开垦、肆意砍伐森林，森林覆盖率不断降低。[①]

2. 水土流失

我国是世界上水土流失最为严重的国家之一，水土流失面广量大。在人类活动的综合作用下，土壤剥蚀、破坏、分离、搬运和沉积，长期对水的掠夺性开发、不合理使用造成水生态系统功能受损，超过生态系统承载力，生态用水被大量挤占，导致河流湖泊面积萎缩，水生态系统调节功能严重受损，草地退化、土壤荒漠化、水土流失不断加剧。

3. 自然灾害

流域人口密度高，资源开发强度大，崩塌、滑坡、泥石流等地质灾害时有发生，进一步恶化生态环境。由于自然资源禀赋、人类活动干扰等，流域生态环境比较脆弱，洪水风险依然是流域的最大威胁。

4. 栖息地与生物多样性

人类为利用水资源，大上快上水电开发项目，使鱼类洄游通道受阻，许多水生生物的栖息繁衍受到严重影响，导致河流生态环境和水生生物资源遭到严重破坏。加上森林生态系统、草原生态系统的不断破坏，生物多样性降低。

---

① Revenga C，Murray S，Abramovitz J，et al.：Watersheds of the World：Ecological Value and Vulnerability，Washington，D.C.：World Resources Institute and Worldwatch，1998.

5. 水资源与水污染

水资源保障形势严峻，地表及地下水资源过度开采利用，导致水生态系统供给能力以及文化功能等明显削弱，不少流域区域地下水位下降带来一系列严重危害。水体污染、水质下降进一步恶化水生态系统，对流域区域水安全保障能力造成极大的威胁。

二、流域经济发展

改革开放以来，流域经济保持了高速增长，对流域水资源进行了高度的开发和利用，但在开发利用的同时未能及时注意节约和保护，相应水资源保护和水污染治理方面的措施建设严重滞后，带来的水资源问题十分严重。

随着流域经济社会高速发展，工业化、城市化进程加快，但环境治理速度相对滞后，大量废污水未经处理直接排入河网湖泊，污染物排放总量远超过流域的纳污能力，致使流域水污染严重，水体富营养化问题突出，水华现象频发。流域范围内农业发展粗放，过度施用农药、化肥，造成农产品和土壤中农药和重金属严重超标，生态环境不断恶化。另外，农业污染物排放量较多，农村面源污染严重。工业废水以及固体废物污染严重，排放量不断上升。资源利用率低，呈现高投入、高消耗、高能耗、高污染、低质量、低效益的粗放型特征，这种方式带来了严重的环境污染问题。

三、流域社会发展

由于河湖水质大面积污染，许多流域已成为水质型缺水地区。可利用的优质水资源大量减少，已严重影响工农业生产和人民生活用水。流域内大中城市饮用水水源地水质大多得不到保障或用水成本不断增加，引发了城市供水危机，造成较大的社会影响。原水水质难以达到饮用水水源地水质的要求，饮用水水源污染问题已严重威胁到人民群众的生命健康。生态知识和环境保护意识缺乏，公众参与度较低，相对的宣传教育力量薄弱。

第二节 流域生态文明建设的内涵及特征

一、流域生态文明建设的内涵

生命从水中起源，文明也是起源于大河流域。人类以流域为纽带延伸到世界各地，经历漫长的岁月创造出绚烂的现代文明。随着文明的发展，流域经济活动是人类经济活动起步和进步的基本形式，流域是国民经济和区域经济持续发展的空间载体，是产业集中、城市发达和人居条件相对优越的地区。古今中外，经济的崛起与流域的开发治理密切相关，在流域开发和流域经济发展取得较大成绩之时，产生了如过度开发、水体污染、水土流失、水量大减等诸多问题。面对发展对流域造成的破坏，流域保护和治理就成了文明可持续发展的必然趋势。

流域连接并包含陆地、淡水以及河口生态系统[①]，可以提供各种各样有价值的服务，包括淡水的净化和供应，提供保护渔业和生物多样性的栖息地，通过固碳缓解气候变化，用生态经济学的术语来说，流域是为社会提供源源不断的商品和服务的自然资产。[②]流域生态文明是生态文明建设的重要内容。它以尊重和维护流域生态环境为主旨，以可持续发展为根据，以未来人类的继续发展为着眼点，突出流域生态的重要性，强调尊重和保护流域环境，强调人类在流域开发和流域经济发展的同时必须尊重和爱护流域，而不能随心所欲，盲目蛮干，为所欲为。人类在流域内进行资源开发活动和发展经济的同时，通过科学保护、基础管理、工程建设等手段机制，保障流域面积及生态环境质量，合理利用流域水资源，维持植被覆盖、水源涵养、生物多样性等生态功能，防止水体的污染和破坏，进行综合治理实现流域的可持续利用。流域生态保护主要包括流域资源节约配置、流域环境治理提升、流域生态保护修复、流域灾害防治、流域经济开发、流域社会发展、流域综合管理等重要内容，是生态文明建设的重要组成部分，是践行"绿水青山就是金山银山"理念的必然选择。

---

① 尚玉昌. 普通生态学[M]. 北京：北京大学出版社，2010.

② Sandra L. Postel and Barton H. Thompson, Jr.："Watershed protection Capturing the benefitsof nature's water supply services," Natural Resources Forum，2005（29）：98-108.

二、流域生态文明建设的特征

1. 系统性

流域保护治理是系统治理科学思想的集中体现。流域特性是水资源重要的自然属性，我国不少流域生态环境问题突出，流域保护治理工作任重道远，这就要求站在全局的高度，统筹考虑流域上下游之间、自然生态系统和经济社会系统之间的整体性，共同处理好水与经济社会发展的关系、水与生态系统中其他要素的关系，科学做好水灾害防治、水资源节约配置、水生态保护修复、水环境治理提升等工作，应统筹山水林田湖草沙系统治理的思想开展流域保护治理工作。

2. 预防性

随着社会发展和经济增长，流域生态环境承受越来越大的压力。面对日益恶化的流域环境，应当根据不同流域的特点以及保护能力采取预防措施。遇到严重或不可逆转的损害威胁时，不得以缺乏科学证据为理由，延迟采取措施。

3. 独特性

流域水系是水资源的重要载体，也是新老水问题体现集中的区域。受自然条件特别是气候和降水量的影响，天然水生态状况和特点差异较大，水生态环境禀赋不一，不同流域的供给和支持等功能各有特点，针对不同流域的特点，因地制宜，分别采取相应的生物措施和工程措施。[1]

4. 协同性

流域保护治理重在改善民生、增进人民福祉，提供的产品多是公共产品，治理项目公益性较强，治理工作牵涉面复杂，要求政府主导、整体谋划、系统推进，统筹解决涉及的上下游、左右岸、治标和治本、政府与企业以及不同部门、行业

---

[1] 陈亚宁，周金星. 中国西部山区流域综合治理研究[M]. 北京：科学出版社，2006.

之间的一系列矛盾和问题，各级政府要持续加大人力、物力、财力等投入，同时，相关市场主体、社会组织等也应发挥其应有作用，各施所长、积极参与、齐心协力推进流域治理保护工作。

三、流域生态文明建设的意义

流域生态文明建设是对人类社会与流域生态环境关系的总结和升华，是流域内经济发展、社会进步和生态平衡的高度统一，坚持以流域为单元统筹保护与发展，协调经济、社会、环境和生产、生活、生态等各方面的关系，促进流域经济社会和生态环境全面协调可持续发展。

1. 优化环境生态系统

推动流域生态文明建设，利用环境科学、水利工程学和生物科学等专业知识高效保质地推动流域生态系统优化改进，有助于改善流域生态环境和自然生物群落，防止能源和资源过度开发，避免生态环境污染问题严峻化，实现自然景观、人文景观的和谐统一。

2. 实现经济绿色发展

在流域生态系统健康目标下，以流域生态承载力为约束，综合管理，将现代社会经济发展建立在流域生态系统动态平衡的基础上，创造更多生态产品，发展现代经济，有效解决人类经济社会活动同流域自然环境之间的矛盾；转变经济增长方式，调整产业方向，由单纯追求经济目标转向流域生态系统和经济系统全面、协调、可持续发展。

3. 推动美丽中国建设

随着人民日益增长的物质文化需求和对美好生活的向往，人们对生活质量的追求更加迫切。健康的流域生态系统是保障流域社会可持续发展的基础，能够提供合乎自然和人类需求的生态服务，建设生态性的人居环境，为人民创造殷实、富庶、幸福生活的同时，建设山清水秀的美好家园，使各流域内居住的人民享受到"绿水青山就是金山银山"的发展福利，造福子孙后代。

4. 提高生态道德文化素质

流域是文明繁荣和发展的源头，增加流域生态文明建设宣传教育，弘扬我国传统文化中蕴含着的丰富而朴素的生态道德文化，促进全民族生态道德文化素质的提高，达到中华民族追求的人与自然和谐统一的精神境界，是实现中华民族伟大复兴的基本支撑和根本保障。

第三节　流域生态文明建设面临的问题

一、流域农业发展与绿色生产

流域农业绿色生产就是要按照生态学、生态经济学原理，结合传统农业经验和基本规律，运用现代科技和管理手段，最大限度地降低生态破坏和环境污染，建立和发展起来一种多层次、多结构、多功能的集约经营管理的综合农业生产体系，以获得较好的经济、生态、社会综合效益。虽然目前很多流域的农业发展速度越来越快，农业总产值逐年递增，农业内部结构也发生巨大变化，但依然采取粗放型的循环农业模式，通过人类劳动从自然界中获得产品，再将农业废弃物返还大自然，即"自然—产品—废弃物—自然"的模式。但这种粗放型的农业模式存在以下许多问题：

1. 化肥农药及农业污染物

农用化肥施用量和农药使用量逐年递增，农药和化肥过度的使用，造成农产品中农药和重金属严重超标，农产品和耕地质量严重下降。农业污染物排放量较多，有害物质富集，生态环境不断恶化。

2. 农业废弃物未有效利用

农业废弃物得不到合理利用。农业生产过程中的动植物残余以及生产或加工过程中产生的废弃物[①]大部分未重新利用甚至未经处理直接丢弃,造成农产品废弃物综合利用率较低,浪费资源,并且对环境造成较大的污染。

3. 产业化水平低,综合效益不高

在很多农村地区,农业产业化整体发展水平相对较低,综合效益不太高。农业生产组织化程度低,以家庭为单位的农户分散经营,经营规模长期凝固化,制约了农业的规模化经营,没有形成集约经营、规模效益。农业产业化技术力量薄弱,科技创新能力较低。在种植及养殖上,新品种更新换代能力较弱,在生产方式上基本还是粗放型的经营方式。[②]

4. 科技投入支撑不足,技术水平普遍不高

生态农业技术是指根据生态学、生物学和农学等学科的基本原理及生产实践经验而发展起来的有关生态农业的各种方法和技能。农民缺乏专业的生态农业技术知识,不能因地制宜设计规划,只是简单地照搬其他地方的经验,因此,很难取得成功。科技投入强度不够,成果转化能力需要进一步加强。

5. 农业与其他产业的耦合度

农业发展中提倡农药化肥使用零增长,提倡使用可循环地膜等,这都需要工业的发展与反哺才能弥补减少用量带来的农作物减产的影响。国家鼓励农村集体土地进行流转,流转后可对土地集约化经营管理,减少了人工投入。剩余农村劳动力需要其他产业的扶持。[③]

---

① 阮建雯,蔡宗寿,张霞. 云南省农业废弃物资源化利用状况及对策[J]. 中国沼气,2008,26(2).
② 文传浩,等. 长江上游生态文明研究[M]. 北京:科学出版社,2016.
③ 韩葳,曹俊杰,侯文江. 小清河流域生态农业发展现状与对策探析[J]. 南方农业,2019,13(1).

二、流域工业发展与污染防治

流域生态工业是根据生态经济学原理，运用生态规律、经济规律和系统工程的方法经营管理，以资源节约、产品对人和生态环境损害轻和废弃物多层次利用为特征的一种现代化的工业发展模式。[①]它要求综合地运用生态、经济规律和一切有利于工业生态经济协调发展的现代科学技术，从宏观上协调由工业经济系统和生态系统结合成的工业生态经济系统的结构和功能，协调工业的生态、经济和技术关系，促进工业生态经济系统的物质流、能量流、信息流、人流和价值流的合理运行，在发展的过程中注重污染防治。但流域工业发展仍面临以下问题：

1. 工业污染有所改进，但情况仍不容乐观

近年来，为保护生态环境，工业发展也做出了一系列的努力，建立监测预警应急体系，妥善应对重污染天气；加大工业企业治理力度，减少污染物排放；加快淘汰落后产能，推动产业转型升级；加快调整能源结构，强化清洁能源供应；严格节能环保准入，优化产业空间布局；加快企业技术改造，提高科技创新能力。我国尽管在工业污染治理方面采取了行之有效的措施并取得了积极成果，但是与发达国家相比，工业污染治理强度不足，工业污染治理投入偏低，工业污染依然较为严重。

2. 资源综合利用率不高

流域在经济发展进程中，经济增长主要依靠投资拉动，资源利用率低。从资源的利用效率来看，总体而言，资源综合利用率不高，远远低于国际先进水平，工业发展呈现出明显的高投入、高消耗、高能耗、高污染、低质量、低效益的粗放型特征，这种方式带来了严重的环境污染问题。

[①] 马传栋. 工业生态经济学与循环经济[M]. 北京：中国社会科学出版社，2007.

3. 生态工业园区还存在诸多问题

生态工业园区还存在如下问题：①污染控制不足。大多数生态工业园在规划中都将产业链的设计作为重点，将生态工业园的建设等同于物质的闭环流动，忽视了生态工业园区的污染控制。②投资建设存在风险。生态工业园的建设往往投资非常大，回收期很长，增加了生态工业园基础设施的投资风险，并且这种风险也影响到生态工业园的多种融资渠道。③政策风险。生态工业园建设与发展的政策框架、具体措施和规定还不是很成熟，还有很多不确定的因素，这些也是制约资金投向生态工业园的重要障碍。

三、流域服务业发展与生态可持续

流域服务业可持续发展是以生态学理论为指导，依靠技术创新和管理创新，按照服务主体、服务途径、服务客体的顺序，围绕节能、降耗、减污、增效和企业形象理念实践于长远发展中的新型服务业。主要包括两大类，一类是社会生态服务业，另一类是智力生态服务业。前者以提供社会服务为目的，包括生态旅游、自然保护区建设；后者则是以研发、教育和管理为目的，包括生态信息、生态金融、风险评估、生态产业教育等产业。在生态经济功能上相当于生态系统中的消费者。生态服务业强调服务业企业生产循环中的资源再生利用，是一种可持续发展模式。目前仍面临以下问题：

1. 政策法规不健全，绿色行业制度滞后

企业的环境行为不仅要依靠自身的自觉性，更需要具有强制性的政策法规的监督和规范。国家和地方虽然出台了很多关于环境保护的法律法规，但是针对服务业对环境影响规制的专门法律很少，有关部门对服务业的环境管理一般只能参照某些环保法规中的有关条款，对企业环境行为的监督力度不足，不能保证市场运行的公平性，大大降低了企业的自觉性。此外，由于缺少激励企业绿色化转型的优惠政策，政府不能正确引导企业绿色健康发展。同时，由于资源政策缺乏系

统性、完整性和针对性，立法上相对一些发达国家又量刑偏轻，导致市场不经济性普遍存在，不能给企业创造一个公平的市场环境。

2. 服务业专业人才短缺

绿色服务业发展的滞后除了政策、观念、技术等方面的原因，也和相关人才的缺乏有关。

3. 缺乏统一规划，盲目开发，过分追求经济利益

生态服务业在管理中还存在诸多问题，很多地区在资源开发上还没有形成一套完整的理论体系，大多由旅游部门负责规划、开发利用和管理，很少有环境保护和生态专业人员的参与。在管理上重开发利用、轻生态环境和资源保护，重经济效益、轻生态效益，而且在服务业收入中只有很少一部分才会投入到生态环境治理和资源保护中去。

4. 环境污染严重，风景区生态环境系统失调

旅游业迅速发展但缺乏科学规范的规划和管理，国民的生态意识较淡薄。随着流域旅游业的发展，景区的生活污水和固体废物增多，使景区不得不投入大量的经费去清理这些垃圾。生态旅游依托自然环境和人文环境而发展，随着旅游人数的激增，服务设施也需相应增加，许多景区开始了人工化、商业化、城市化，使得许多的风景名胜区都或多或少受到了建设性的破坏。同时，游客的数量已经远远超过了景区的生态系统承载力，游客的不文明行为和保护意识的缺乏，使得旅游景区的景点遭到了破坏，生态系统失去平衡。

5. 现阶段的生态旅游缺乏相应的制度和法规制约

我国现阶段缺乏完善法规约束的生态旅游是一种不成熟、不规范的旅游。生态旅游资源的开发和经营管理，既涉及保护问题，也涉及社会经济的多个方面，如果没有完善的政策和行业法规制度，那就必然造成混乱和无序状态。风景名胜

区等由于缺乏有效的法律体系和健全有力的管理机构，政出多门，无法统一管理，这样的管理体系的操作性弊端就显而易见了。

6. 生态知识和环境保护意识缺乏，相对的宣传教育力量薄弱

很多生态旅游景区的从业人员都不是非常专业的人员，不专业的人员也就缺乏相应的意识，在经营过程中就会出现只顾及经济利益而忽视生态保护的行为。此外，游客的行为和素质也需要进一步提高。在旅游过程中，游客的低素质导致了不文明的行为，对景区的生态、环境造成了不同程度的负面影响。因此，需要进一步加大对游客的宣传教育力度。

第四节　流域生态文明建设的主要路径

一、流域生态环境建设

1. 着力开展生态环境保护与建设

着力推进森林资源保护、退耕还林、退牧还草、湿地保护与恢复、生态环境综合治理、水土流失防治、生物多样性保护及自然保护区建设和生态安全屏障建设等重点工程，使生态环境得到有力保护，生态建设得到有效发展。以自然保护区为重点，开展生物多样性保护宣传和保护，推动生物多样性减贫计划。开展生态文明建设试点示范，划定生态保护红线试点，对生态文明建设示范区工作成效显著的地区实施"以奖代补"，与联合国开发计划署、生态环境部对外合作中心联合启动"全球环境基金赤水河流域生态补偿与全球重要生物多样保护示范项目"。

2. 健全流域环境质量标准体系，科学确定防治阈值

根据不同流域特点以及区域环境差异性制定水环境质量标准。我国的水环境质量标准主要包括化学和物理指标，缺乏水生生物、营养物、生态学等类型的指

标，不能对水环境质量进行客观全面的评价，也不能反映各类水生态功能对不同水质指标的具体要求，难以满足流域生态文明建设的需求。同时，需要明确执行标准，不同类型的生态功能区对应不同的生态保护目标，必须通过生态功能类型确定生态保护目标，从而明确维持某种生态功能所要达到的环境质量标准。因此，亟须在流域水生态功能分区的基础上，构建一套完整的水环境质量基准和标准方法体系，为流域水生态系统保护管理提供科学依据。①

3. 环境监管水平和防范环境风险的能力进一步提高

提高环境监察执法能力和防范环境风险的能力，妥善处理一些突发环境事件，不断提升生态保护和环境监管能力。建立健全流域保护地方性法规，制定和完善河湖保护技术和管理规范体系。完善各流域协作机制，建立联席会议制度，加强河流上下游政府和各部门信息共享、联动联治；充分发挥各级人大监督和政协参政议政作用，形成流域保护管理的合力。

二、流域生态经济建设

1. 多种模式开展生态农业建设

生态农业模式是一种在农业生产实践中形成的兼顾农业经济效益、社会效益和生态效益，从结构和功能上优化了农业生态系统。这种模式特点：①利用自然生态系统中各种生物种群的特点和生态位，充分利用空间，发展多层次和时间上多序列的立体产业结构。利用生态学中互惠共生原理，人工诱导激发多生物种群间的多种共生互利关系，以利于取长补短，强化系统内循环作用，节约外部能量投入、减少化学物质的施用数量，不仅降低成本，而且具有很高的生态效益。②利用物质循环再生原理和物质多层利用技术，模拟生物共生功能，建立物质能量多层次分级利用和各取所需的农业发展结构。③根据边缘效应，充分发挥食物链结构，构建水陆物质循环的生态农业模式。④利用房前屋后的空闲庭院进行集

---

① 孟伟，范俊韬，张远. 流域水生态系统健康与生态文明建设[J]. 环境科学研究，2015，28（10）.

约经营，把居住环境与生产环境有机集合起来，形成类似于"鸡—猪—沼气—菜"的家庭循环系统，以沼气站为能源转换中心，促进各业良性循环，达到清洁生产，循环利用的生态农业模式。⑤利用生态系统结构与功能统一的原理建设贸工农综合经营模式，延伸产业链条，实现了贸工农一体化，种加养一条龙的格局，使生态产品得到了进一步的增值。①

2. 以循环经济为指导构建生态工业

生态工业打破了传统经济发展理论把经济系统和生态系统人为割裂的弊端，把经济发展建立在生态规律的基础上。即考虑对产品的整个生命周期过程采取污染预防战略，同时运用工业生态系统理论构建生态共生体系，以求实现资源利用效率最大化和生态化的最高目标。以循环经济理论为指导构建生态工业，在减量化、再利用、再循环原则下，以物质闭路循环和能量梯级使用为特征，构建按照自然生态系统物质循环和能量流动规律运行的经济模式。合理规划空间布局，调整工业系统内部的结构关系，提高能效和降低物耗，使生产过程与环境相容，生产产品与环境友好，将资源和能量利用的开环过程变为闭环过程，逐渐谋求经济发展和自然的和谐一致。

3. 构建流域生态服务业

生态服务业是生态循环经济的有机组成部分，利用流域生态环境资源特点，积极推进生态服务业，降低流域经济能源和资源的消耗，提高生态经济总量。①通过绿色物流、敏捷物流、精益物流、逆向物流、环保物流、循环物流等形式实现生态物流。②②从保护、恢复、补偿和建设四方面进行房地产开发。注意保护生态环境的原质原貌，尽量减少干扰与破坏，补偿房地产开发活动造成的生态环境功能的损失。综合采用成熟的高新技术及产品建设生态节能建筑。③发展生态旅游业，坚持在保护中开发，在开发中保护，严格按照功能分区原则开展生态旅游。

① 沈满洪. 生态经济学[M]. 北京：中国环境科学出版社，2008.
② 李艳波. 全球化背景下生态物流的实现形式及其相互关系[J]. 工业技术经济，2008（1）.

坚持特色原则，根据市场需求动态，结合开发条件，进行有重点、有主题、多层次、多特点的系列生态旅游产品开发。发挥政府主导作用；做好生态旅游规划，实行有序开发；增加投入，完善生态旅游区的各项配套设施；坚持把实施精品建设作为生态旅游发展的一项重要战略；强化科技支撑与区域合作。

三、流域生态人居建设

1. 生态生活基础设施建设

流域经济相对落后区域，基础设施、环境管理建设相对滞后，要注重生活垃圾、生活污水、畜禽养殖和农业废弃物的处理，统一生活污水收集和处理设施，加快污水处理设施建设，提高城镇污水处理率，完善交通基础设施。

2. 倡导绿色生活方式

依托流域水资源，建设城市公园，改善城市环境，增加社区绿化，加强城市绿道建设；倡导绿色消费的生活方式；积极引导消费者购买高能效家电、节水型器具，组织学习节约用水用电的技巧，养成节约的好习惯。制定公民行为准则，增强道德约束力，以政策规定推动居民从衣食住行等方面加快向勤俭节约、绿色低碳、文明健康的方式转变；为生活方式绿色化提供物质基础；加大对新能源汽车、公共交通设施的投资力度，让绿色汽车、公共交通成为安全、便捷、经济的交通方式，让群众切身体会到绿色出行的便利；积极推动对生活废弃物的分类处置、回收利用。

3. 提高流域生态文明意识

通过宣传绿色生活方式，提高群众的生态文明意识，加深群众对绿色生活方式的深入了解；充分利用新媒体优势，开发面向公众的绿色生活宣传、标语、软件、App 等，增加群众对绿色生活的关注度。扶植培养绿色生态文化产业，创作生产出一批倡导绿色生活、反映环保成就的公益广告、图书、绘画、摄影等宣传作品，宣传绿色生活方式；鼓励将绿色生活、绿色消费植入各种文化产品，通过新媒体的形式传播生态文明科学知识和绿色生活方法。

四、流域社会发展建设

1. 完善国民教育体系，实施流域生态文明教育

把流域生态文明教育纳入国民教育体系，加强生态文明教育基础资源建设，发展基础生态文明教育。依托博物馆、市文化馆、图书馆、美术馆等综合性文化场馆，宣传流域生态文明，增加生态文明图书，传播生态文明知识。建立生态文明科普教育基地，依托基地开展生态文明教育宣传课，组织中小学生定期参观，学习生态文明相关知识。开辟生态文明科普展厅，建立讲解系统，培训生态文明工作人员，提高生态文明宣传实力。

2. 重视生态实践教育，全民宣传流域生态文明

全方位、多领域，系统化、常态化推进流域生态文明宣传教育。依托已有的各种类型的自然保护区和森林、湿地、森林公园以及风景名胜区等，因地制宜建设面向公众开放，各具特色、内容丰富、形式多样的生态文明普及宣教场馆；发挥良好的示范和辐射带动作用，通过多种媒体全面协调推进流域生态文明宣传新格局，依托高新技术，大力推动传统出版与数字出版的融合发展，加速推动多种传播载体的整合，努力构建和发展现代传播体系。鼓励公民在实践中提高掌握和运用生态知识的能力，提高公民的生态素质，把实践教育渗透到知识教学中。

3. 立足流域特色，着力培育生态文化

采取多种措施着力培育生态文化理念，弘扬流域文化知识和流域保护意识教育；加快生态文化创意产业和新业态发展；加强生态文明培育的组织领导，强化领导在生态文明培育中的重要作用，将生态文明培育摆在重要位置，实行主要领导负责制，领导全面主持生态文明建设、生态文明宣传、生态文明教育相关工作。

第十章　生态产业的发展

随着现代工业在全球的扩张，生态危机已经成为全球性问题，自然资源消耗过度、环境污染严重、生物多样性减少、生态退化加剧等，资源、环境与经济之间的矛盾愈加突出，经济社会环境的可持续发展面临着严峻挑战。同样，在长期高强度的人类活动影响下，中国生态环境破坏严重，各种生态问题日益凸显，许多地区形成了生态退化与经济贫困化的恶性循环，在很大程度上制约了区域经济社会的发展。在这一环境危机背景下，生态产业应运而生。不同于以往的传统产业模式，生态产业是一种新的绿色发展模式，有利于协调环境保护与经济发展之间的冲突与矛盾，更好地推动中国生态文明建设进程。

第一节　生态产业的内涵及特征

随着社会经济的迅速发展，物质产品得到了极大地丰富，但生态资源短缺日渐成为当前甚至未来的一大难题。生态产业是继农业革命、工业革命之后，人与自然之间矛盾日益激化的第三次产业革命背景下应运而生的一种以生态学理论为指导的产业技术体系革命，是一个生态环境与生活条件相结合的有机系统，通过自然生态系统形成物流与能源的转化，最终形成自然与人工生态系统之间的共生网络。

一、生态产业的内涵

生态产业是实现环境保护与经济发展协调统一的可持续路径，将产业发展建立在生态良性循环的基础上。生态产业的提出及其内涵的不断丰富为当前的生态文明建设提供了更为坚实的物质基础和技术支撑。

立足于系统论，任何系统都是通过系统环境中的许多要素以一定的方式实现系统功能的。因此，有必要从系统论的视角对生态产业的主要类型及其内涵进行深入分析，以加深对生态产业的理解。习近平总书记指出，要构建以产业生态化和生态产业化为主体的生态经济体系，深化供给侧结构性改革，坚持传统制造业改造提升与新兴产业培育并重、扩大总量与提质增效并重、扶大扶优扶强与选商引资引智并重，抓好生态工业、生态农业、抓好全域旅游，促进一二三产业融合发展，让生态优势变成经济优势，形成一种浑然一体、和谐统一的关系。①生态产业是一个可持续的生态循环系统，主要包括生态农业、生态工业、生态服务业三个方面，三者共同构建了一个良性发展的人工生态系统。②

生态产业最早始于生态农业。生态农业是一个由农业、林业、畜牧业、副业、渔业等组成的复合型生态产业体系，是以实现生态效益、社会效益和经济效益为目标的农业生态与经济的复合系统，同时也是生态农业和现代农业的综合体，协调经济发展、环境保护、资源利用之间的关系，维持和提高复杂农业生态系统的可持续性、稳定性和生产力，满足现代社会和国家的战略需要③。

生态工业作为生态产业的主要内容，其核心是实现资源循环利用及再生、清洁生产。生态工业是一种新型的、生态的工业发展模式，规避了传统工业发展的弊端，有效地改善了环境污染、气候恶化、资源利用效率低下等问题，实现了工业发展的生态化。生态工业系统建设和发展的主要途径是促进我国传统工业体系的转换，从"高投入、高污染、低产出"向"低碳、绿色、生态"的转型④。

生态服务业是生态产业的重要组成部分，也是未来生态产业的增长点。近年来，随着生态农业和生态工业的有序发展，生态服务业愈加受到重视。生态服务业将自然生态与人文生态进行了有效结合，可以因地制宜，合理开发、运用区域生态资源优势并转化为经济优势，总体上可以降低资源的过度消耗，更好地践行

① 习近平要求构建这样的生态文明体系[EB/OL]. [2018-05-24]. http://news.cnr.cn/native/gd/20180524/t20180524_524245233.shtml.
② 董岚，唐强. 生态产业系统的构建模式分析[J]. 经济论坛，2007（20）.
③ 赵敏娟. 中国现代生态农业的理论与实践[J]. 人民论坛·学术前沿，2019（19）.
④ 昌灏. 论生态工业系统的自组织演化机理[J]. 南京理工大学学报（社会科学版），2020，33（2）.

"绿水青山就是金山银山"的理念。随着社会经济的快速发展，人们对生态服务的需求及要求会越来越高，生态服务业的内涵及外延也会更为丰富。

生态产业作为一个综合性产业，充分体现了经济、社会、生态效益的高度融合，实现了三者之间的协调统一，其发展及建设需要以生态农业、生态工业和生态服务业为科学体系。生态产业在经济发展的基础上也关注了生态环境保护，不会因为个体、局部经济发展而忽略生态效益，使自然成为与人类生存和发展紧密联系的共同体。

二、生态产业的特征

生态产业是实现自然、社会、经济、技术和环境协调统一的产业类型，是一种综合性产业类型，更是一种新的经济发展模式。在产业发展过程中需要实现其生态价值与经济价值，综合衡量生态效益、经济效益和社会效益之间的协调统一，最终实现经济—社会—环境复合型生态系统的可持续发展。因此，生态产业具有可持续性、外在性、全面性、融合性、收益递增性、可预测性及可控性等多元特征。

生态产业具有可持续性。生态产业强调在环境保护的基础上发展经济，凸显了环境、经济、社会协调发展的理念，更是践行"绿水青山就是金山银山"重要理念的关键措施。首先，生态产业是可持续发展理论的重要实践内容；生态产业并不提倡过快的经济增长，而是主张经济适度增长；并不只是注重眼前利益，也并非是运用掠夺式的方式促进经济社会发展，而是坚持以可持续发展为目的，注重提高资源的利用效率，关注自然资源的可持续利用，也关注人的可持续发展能力的提升，从而使整个区域充满活力[1]。其次，生态产业实现了生态效益与经济效益的统一；生态产业是应对或解决环境保护与经济发展之间冲突与矛盾的重要途径，因为它要求人们在发展经济过程中必须要注重生态环境的保护，将资源开发、生态破坏、环境污染等限制在自我调节能力范围之内，最终实现经济—环境—社会之间的协调统一。

生态产业具有外在性。生态产业是一种公共产品，既具有非竞争性消费，又

---

[1] 任洪涛. 论我国生态产业的理论诠释与制度构建[J]. 理论月刊，2014（11）.

具有非排他性利益。这意味着，即使社会成员不承担生态成本，也能享受公共产品带来的积极外部效应。然而，生态效益的经济价值难以衡量和评价，只有当人们比较不同的环境时，才能更好地感知差异。因此，大多数人通常认为他们生活的生态环境是自然的，他们可以让污染继续发展，甚至对环境的保护漠不关心，最终导致了很多生态灾难。因此，这种外在属性已经演变成生态环境的"公地悲剧"。一些公司或企业也抵制生态产业。一些企业通过增加生产成本，实现资源的循环利用，以更好地保护生态环境，获取生态环境带来的效益，在这个过程中，很多社会成员都没有得到相应的补偿，所以消费者乃至企业都缺乏发展生态产业的积极性和主动性。[①]

生态产业的全面性是建立在可持续发展的环境、经济、社会所提供的物质基础与技术保障之上的。生态产业的生产过程，主要是通过加工生态资源，使其成为生产生活所需资料。在这一生产过程中，生态资源通过大量的物质变化，被用于更好地满足人们的需求。首先，生态产业为人们的生产生活提供了一个高质量环境，极大地提高了人们的生产生活水平，既有利于人们的身心健康，为人类社会提供更多福利，也可以更好地维护生态系统平衡，更好地实现生态资源的合理循环利用。其次，发展生态产业必须要以提高生产力、创新生产技术为根本保障，只有实现生态技术创新才能不断地提高生态产品服务质量，增强生态产业市场竞争力。

此外，生态产业还具有融合性。生态产业作为一种综合性产业类型，具有跨专业、跨领域等特点，主要体现在生态技术与农业、工业、服务业等方面的融合。生态产业具有收益递增性，充分运用高新技术，用尽可能少的生态资源或物质要素结合生态技术要素生产的生态产品，促进了经济的收益递增，可以完全取代工业经济时代的收益递减规律。生态产业更具有可预测性及可控性。现代生态科学原理可以决定一种生态产业技术的生命周期，这就使生态产业技术具有可预测性，在其可预见的周期内是不会轻易被新的技术所取代的，这种生态产业技术可用范围广、应用效果好、使用周期长。生态产业的可控性体现在生态产业技术的可控性，主要表现在生态技术对自然条件，包括资源、地理、生态与环境等各个方面

① 李周. 生态产业初探[J]. 中国农村经济，1998（7）.

的依赖和影响上，这种影响往往决定生态技术的生命周期。

三、生态产业发展的时代意义

发展生态产业是当前我国生态文明建设的重要路径选择，更是协调环境保护与经济发展的重要途径，对于实现人与自然和谐共生具有重要价值和意义。因此，生态产业发展必须提上议事日程，切实贯彻到各行业各领域中，加紧产业结构转型与升级，使产业在发展上更加绿色、生态。

1. 改善生态环境质量

生态产业是改善生态环境质量的最佳途径和必然选择。发展生态产业有利于发挥生态产品的生态功能，增强其生产能力，形成一个良性循环的生态安全系统，提高人民生活水平和质量，为全社会提供一个美丽的生态环境。在生态产业的发展过程中，需要从整体上把握生产、生活、生态三者之间的相互关系，打赢大气污染、水污染、土壤污染三大治理战役。通过发展循环经济，建立低碳循环产业体系，节约自然资源。这就需要通过产业内部实现循环流通，建立工业园区循环经济，创建循环产业，提高资源循环利用，形成最优生态产业布局。此外，还需要建立专门、完善的法律法规体系，限制资源浪费，形成真正反映资源稀缺性的价格机制，使优化的产业和良好的增长方式在市场竞争中受益。[①]

2020 年 6 月 4 日，生态环境部发布的《2019 中国生态环境状况公报》环境数据显示，2019 年全国生态环境质量总体得到改善，蓝天越来越多，水质更加清澈，生态环境更加优美。[②]这意味着我国的生态环境质量得到了很大的改善，极大地推动了生态文明建设进程。

2. 实现绿色经济可持续发展

良好的生态环境是经济发展的基础和条件。只有保护生态环境，才能优化经

---

① 魏四海，牟永福. 改善生态环境就是发展生产力[N]. 学习时报，2019-01-30.
② 我国生态环境质量总体改善[EB/OL]. [2020-06-06]. http://www.xinhuanet.com/politics/2020/06/06/c_1126081498.html.

济增长，促进经济发展。发展生态产业有利于保护生态、降低能源消耗、防止环境污染，可以避免掠夺性管理和资源的滥用及浪费。重视工业发展中可再生资源的增殖，重视不可再生资源的保护和利用，这不仅可以减少水土流失，避免生态环境恶化，使自然资源可持续利用，还可以促进工业发展，促进生态良性循环，实现人与自然的协调发展，促进绿色经济转型发展。①

绿色经济可持续发展是一种以效率、和谐、可持续为目标的经济增长方式和社会发展方式。当今世界，绿色发展已成为一个重要趋势。许多国家把发展绿色产业作为促进经济结构调整的重要举措，凸显了绿色的概念和内涵。党的十九大报告全面阐述了加快生态文明体制改革、推进绿色发展、建设美丽中国的战略部署。经中共中央批准的《关于加快生态文明建设的意见》提出，要加快生活方式绿色化，要加快生活方式绿色化，实现生活方式和消费方式向节俭、经济、绿色、低碳方向转变，倡导科学、健康、文明的生活方式。

生态产业不同于以往的传统产业，它通过生态技术创新转变传统高污染产业，如冶金、钢铁、煤炭、电力等，进一步淘汰落后产能，应用环境污染小、资源利用率高的生态技术设备。这有利于加快传统产业转型升级，加大对生态产业的政策支持与资金支持，进行技术研发，促进新型产业快速发展。发展生态产业，可以转变传统生活方式和消费观念，促进政府层面进行绿色采购，抑制不合理消费，引导社会公众积极参与到绿色低碳之中，鼓励消费者购买和使用节能节水产品，促使绿色低碳的理念深入人心。

3. 推动中国生态文明建设

党的十八大会议上明确提出，要大力推进生态文明建设，把生态文明建设放在突出地位，融入经济建设、政治建设、文化建设、社会建设各方面和全过程，努力建设美丽中国，实现中华民族永续发展。②党的十九大报告明确指出，建设生态文明是中华民族永续发展的千年大计。党的十九大报告对生态文明建设和绿色

① 唐书健. 贵州发展生态产业的重要意义以及面临的机遇与挑战[J]. 新商务周刊，2019（12）.
② 胡锦涛. 坚定不移沿着中国特色社会主义道路前进为全面建成小康社会而奋斗[M]. 北京：人民出版社，2012.

发展的高度重视，为推动我国生态文明建设进程提供新的战略机遇。

中国特色社会主义生态文明建设必须依靠发展模式和消费模式的转变。大力推进中国特色社会主义生态文明建设，培育生态文化的目的是树立尊重自然、顺应自然、保护自然的生态价值观，在全社会树立"环保优先"，形成以最少的资源消耗支撑经济社会可持续发展的生态意识，实现可持续发展。只有深入持久地推进生态文明建设，努力形成人与自然和谐发展的现代建设格局，才能真正开启中国特色社会主义生态文明的新时代。逐步扭转极端恶劣的生态环境，为子孙后代保护生态环境，实现青山绿水的可持续发展，将为中华民族的伟大复兴创造良好的生态环境，从而使中国特色社会主义生态文明建设成为实现中国梦的充分保障。

第二节　生态产业发展现状、挑战及路径

从生态产业的类型及其内涵而言，生态产业源于生态农业、生态工业及后来的生态服务业。因此，梳理及总结生态产业发展现状、面临挑战及路径优化，应当从其主要类型一一展开。

一、生态产业发展现状

从社会发展历程来看，原始社会时期，人们依赖于采集、狩猎，这种经济方式的资源承载能力较低。随着人口的不断增长，原本的经济方式无法满足需要，人们开始种植农作物、饲养牲畜，形成了种植业经济和游牧经济，资源承载能力进一步提高。进入农耕社会后，农业经济迅速发展，使可利用资源越来越少。自工业革命之后，由于人类对自然资源的大规模开发，自然资源消耗过度，产业结构进行调整及升级，生态环境与经济发展之间的冲突与矛盾日益凸显。尤其是人类自进入工业文明后，建立了以人为本的社会经济体系，产业体系成为其重要组成部分。随着现代工业的迅速发展，产业体系在提高人们生活水平的同时，给自然环境带来的危害也愈加明显，甚至对整个人类社会的稳定、安全和发展造成一定威胁。

我国关于生态农业的探讨稍晚，20 世纪 80 年代以来，一些生态学、农学领域的专家创造性地提出具有中国本土特色的生态农业概念[1]。1984 年以来，生态农业已经在政府、学界、社会逐渐形成了共识[2]。1996 年，"大力发展生态农业"被纳入《中华人民共和国国民经济和社会发展"九五"计划和 2010 年远景目标纲要》。2000 年至今，我国一直处于农业生态问题的系统性治理阶段，现代生态农业政策系统性逐步形成。2001 年中国加入世界贸易组织（WTO）之后，对生态农业的发展提出了更高的要求，以互联网和智能化为主的信息化技术迅速发展，为现代生态农业的发展提供了坚实的技术支撑[3]。截至 2014 年年底，全国已建成国家级生态农业示范县 100 多个[4]。2015 年 5 月，国务院办公厅印发《全国农业可持续发展规划（2015—2030 年）》。2016 年 9 月，原农业部印发《农业综合开发区域生态循环农业项目指引（2017—2020 年）》，生态循环农业发展正式上升至国家战略，中国现代生态农业实践在全国各地全面展开，总体呈现出绿色、循环、可持续、优质、高效、特色的发展趋势。当前，生态农业正处在蓬勃发展期，各地因地制宜，依托区域优势，借助科学技术积极发展生态农业，打造自身的绿色品牌，开拓国内、国外市场，顺应了现代化农业的发展趋势，符合农业产业结构调整的要求。

自工业革命以来，随着工业化进程的加快，工业发展过程中存在的生态问题愈加突出，如环境污染、资源短缺、能源危机、生态退化等。这主要是由于高消耗、高污染的传统工业发展模式所导致。这种模式下的工业将生态系统视作能源的提供者和废物的接纳者，不受限制地索取资源、排放废物。传统工业发展模式与生态环境之间的相互关系日趋紧张，这已经成为世界各国政府、国际社会、环保界、工业界共同关注的热点问题，人们不得不反思并寻求新的发展模式。为实现工业活动与生态环境之间的可持续发展，必须要积极探索新型现代化工业发展模式。党的十六大提出，要走新型工业化道路，新型工业化道路是以信息化带动

① 赵敏娟. 中国现代生态农业的理论与实践[J]. 人民论坛·学术前沿，2019（19）.
② 郭士勤. 我国生态农业的理论与实践[J]. 中国人口·资源与环境，1992（4）.
③ 赵敏娟. 中国现代生态农业的理论与实践[J]. 人民论坛·学术前沿，2019（19）.
④ 于法稳. 中国生态产业发展政策回顾及展望[J]. 社会科学家，2015（10）.

工业化，以工业化带动信息化。就我国所面临的生态形势来看，必须要走新型工业化道路，从根本上彻底转变以往的高消费、高消耗、高污染的传统经济发展模式，实现经济效益与生态效益的和谐统一。

生态服务业的发展主要是 21 世纪以来。2001 年 10 月，《能源节约与资源综合利用"十五"规划》明确指出在"十五"期间，实施可持续发展战略要求节约资源、保护环境，正确处理好经济发展与资源、环境的关系，合理调整产业结构和产品结构，大力发展低耗能的第三产业和高新技术产业[①]。党的十七大报告明确提出，建设生态文明，要大力调整优化产业结构，加快发展第三产业[②]。2010 年，为促进环保服务业升级与转型，环境保护部先后出台了《关于环保系统进一步推动环保产业发展的指导意见》《环境服务业"十二五发展规划"（征求意见稿）》《环保服务业试点工作方案》《关于发展环保服务业的指导意见》等。党的十八大以来，我国继续制定和出台促进现代服务业发展的政策和措施，服务业规模持续增大，现代化全面快速发展。2013 年 1 月，环境保护部出台了《关于发展环保服务业的指导意见》（环发〔2013〕8 号）[③]。同年 3 月，国务院发布了《循环经济发展战略及近期行动计划》，要求加快构建循环型服务业体系，推进服务主体绿色化、服务过程清洁化。[④]2014 年 4 月，环境保护部发布了《关于同意开展环保服务业试点的通知》（环办函〔2014〕377 号）。随着服务业的不断发展，伴随发生的废弃物排放和生态污染问题已经变得不容忽视[⑤]。发展生态服务业是应对或解决当前所面临诸多生态环境问题的最佳路径之一，也是推动生态文明建设的必由之路。

① 关于印发《能源节约与资源综合利用"十五"规划》的通知（国经贸资源〔2001〕1018 号）[EB/OL].http：//www.gov.cn/gongbao/content/2002/content_61600.html.
② 解读：基本形成节约能源资源的产业结构增长方式[EB/OL].[2007-11-24].http：//www.gov.cn/govweb/jrzg/2007-11/24/content_814442.html.
③ 中华人民共和国生态环境部. 关于发展环保服务业的指导意见（环发〔2013〕8 号）[EB/OL].[2013-01-17].http://www.mee.gov.cn/gkml/hbb/bwj/201301/t20130124_245514.html.
④ 国务院关于印发循环经济发展战略及近期行动计划的通知（国发〔2013〕5 号）[EB/OL].[2013-02-05].http://www.gov.cn/zwgk/2013-02/05/content_2327562.html.
⑤ 王强. 我国区域服务业循环经济评价研究[D]. 河北经贸大学硕士学位论文，2013.

二、生态产业发展面临的挑战

改革开放以来，中国的 GDP 飞速增长，30 多年间，在产业革命的推动下，中国已成为全球最大的生产制造中心，为世界经济的发展繁荣做出了巨大贡献。与此同时，中国经济发展也面临着严峻挑战，尤其是自然资源的过度开发、利用及破坏，在这一背景下，生态产业更是面临着前所未有的难题，具体表现在生态农业、生态工业、生态服务业等方面。

第一，生态农业发展面临的挑战。其一，生态农业竞争优势体现不够。从当前的生态农业发展情况而言，在市场发展过程中，生态农产品的产品宣传、品牌营销力度较为薄弱，无法跟上市场需求，大部分农产品未经加工便直接投入市场，且大多生态农产品原料生产区域多是为发达地区提供廉价原材料，加工及生产水平较低，输出值比较低，真正的商品交换关系尚未建立，"大资源、小产业、低效率"的情况突出。[①]其二，生态农产品品牌影响力较弱。一方面，缺乏绿色营销、绿色管理的经验，生态农产品品牌意识不强，对中小企业的品牌建设不够，一些企业并没有品牌意识，甚至没有注册企业商标；另一方面，生态农产品影响力薄弱，品牌建设不够，如绿色食品、无公害农产品以及有机食品等品牌整合力度不足，绿色营销滞后，短板突出。[②]其三，生态农业经营管理人才匮乏。目前，生态农业经营管理人员素质普遍偏低，无法与当前生态农业的迅速发展相适应。一是生态农业发展所需的劳动力短缺，无法承担起发展生态农业的重任。二是多数农民关于发展生态农业的观念和意识淡薄，绝大多数农民是缺乏发展生态农业的主动性、积极性的，如在生物农药领域，农民往往不愿使用生物农药，因为其存在效果慢、技术流程复杂、主要品种少、成本高等问题，这在很大程度上限制了生物防治技术的推广应用，最终阻碍了生态农业的发展。[③]

第二，生态工业发展面临的挑战。其一，政府部门在环境管理和执法方面职

① 郑宝华. 云南蓝皮书 云南农村发展报告（2014—2015）[M]. 昆明：云南大学出版社，2015.
② 郑宝华. 云南蓝皮书 云南农村发展报告（2014—2015）[M]. 昆明：云南大学出版社，2015.
③ 王奇，李建松. 云南省农产品质量安全检验检测体系建设的现状，问题及对策[J]. 安徽农学通报（上半月刊），2012（1）.

责不清，缺位、越位，缺乏统一协调，相关法律法规有待进一步完善，相关配套政策体系有待建立。其二，我国工业化缺乏全面规划和统筹安排，"多点、线路长、面广"，生态工业规模和数量不足，部分地区生态形势堪忧，各个资源型城市大部分已进入开采中后期。其三，资源密集型、高能源产业面临严重的生态环境问题，产业结构调整困难，资源浪费大、单位产值污染物排放高的情况不容乐观，经济发展方式和产业结构转型难度加大，就业压力大，生态文明建设尚处于起步阶段，尚未从"先发展后治理"的老路走出①。

第三，生态服务业发展面临的挑战。目前，生态服务业已经得到初步发展，但在发展过程中仍旧存在诸多问题，包括政策体系、法律法规、指标体系以及服务企业经营理念、公众意识等方面，很大程度上制约了生态服务业的发展。其一，生态服务业法律法规不健全。目前，我国还没有专门针对生态服务业的法律法规，有关生态服务业的法律法规也比较分散，近年来，我国先后制定了《可再生能源法》《清洁生产法》《节能法》《环境影响评价法》和《固体废物污染法》，虽然这些法律法规的颁布促进了企业节约和资源综合利用，但关于服务业物流、旅游、通信、零售批发、餐饮住宿等方面的具体规定较少②。其二，生态服务业发展的政策体系尚未成熟。当前的经济政策体系不健全，促进生态服务业发展的政策效果并不好。其三，生态服务业循环经济指标体系不完善。生态服务业循环经济评价指标是衡量经济发展与环境保护的重要指标，但指标体系并未明确划分，这就为生态服务业的持续发展带来了诸多隐患。其四，公众关于生态服务业发展的意识薄弱且参与度不高。世界上的很多国家经过实践表明，发展生态服务也离不开公众的广泛参与，这是生态服务业发展的重要方式③。近年来，我国已经颁布实施了《循环经济促进法》，这一法律的出台并没有相应提高公众对循环经济的理解，公众仍旧不认识循环经济的范围。

① 郝文斌，冯丹娃. 我国生态工业发展的理论基础与实践对策[J]. 北方论丛，2011（3）.
② 郝文斌，冯丹娃. 我国生态工业发展的理论基础与实践对策[J]. 北方论丛，2011（3）.
③ 张博. 中国服务业循环经济政策法制建设评价[J]. 商，2015（42）.

三、生态产业发展的路径优化

随着全球生态危机的加剧，生态产业发展必须提上日程，切实贯彻到各行业各领域之中，加紧产业结构转型与升级，使产业在发展上更加绿色、生态。

第一，生态农业的路径优化。在我国生态文明建设背景下，极有必要采取措施解决农业发展过程中存在的环境保护与经济发展之间的冲突与矛盾，应在"绿水青山就是金山银山"理念指导下，根据地域特点及社会经济发展情况，推动生态农业发展，转变传统的农业发展模式，合理利用与开发农业资源，更好地保护当地生态环境。通过运用现代科学技术提高农业生产效率，提升农产品质量，大力发展绿色农产品，加快推动生态文明建设进程。其一，农业投入品的减量化。2015 年 2 月，我国农业部出台了《到 2020 年化肥使用量零增长行动方案》《到 2020 年农药使用量零增长行动方案》等促进生态农业发展的政策文件。自"双零增长"行动方案实施以来，我国化肥和农药的使用总量呈下降趋势，提前实现了 2020 年化肥和农药使用零增长的目标，推动了生态农业的迅速发展。其二，农业废弃物的资源化。一是肥料化，堆肥技术可以达到农业废弃物循环利用的目的，与化肥相比，堆肥具有营养全面、施肥周期长的特点，同时，堆肥在提高作物产量和品质、防病抗病、改良土壤等方面有明显效果[①]。二是沼气化，以沼气为纽带，通过促进系统中物质和能源的多重循环利用，实现农业的循环经济和绿色发展[②]，如我国北方地区"太阳能温室—沼气池—猪圈—厕所"四位一体的高效种养结合发展模式。三是饲料化，利用生物工程技术，将粮食生产加工废弃物、木屑、秸秆、畜产品加工废弃物转化为微生物蛋白饲料，该饲料营养价值高，营养素配比合理，消化率高。生态农业通过农业生态系统内部的物质流和能量流的交换，实现了相互之间的循环流通，在很大程度上改善了农业生产环境，有效地保护了生态环境，节约了自然资源，提高了农产品的安全性能，保证了农业的可持续发展。

第二，生态工业的路径优化。其一，提高综合效益。生态工业要求能源和原材

---

① 柯兰. 农业废弃物资源化利用路径探析[N]. 衢州日报，2018-09-29.
② 李鸣雷，刘萌娟，谷洁，等. 农业废弃物资源化利用的微生物学途径探讨[J]. 西安文理学院学报（自然科学版），2007（3）.

料的综合利用，材料闭环循环，提倡服务型，以最大的环境服务换取最小的环境成本，这是一种高质量发展。其二，完善关键技术体系。技术支持是生态工业发展的有力保障，必须在清洁生产、废物回收利用、资源化利用、材料能源一体化、污染治理、生态无害化、园区运营管理、生态改造等方面进行关键技术创新，逐步建立和完善生态技术体系，同时充分考虑经济合理性。其三，实现区域化。生态工业园区建设将走向区域化，有必要在区域层面规划、设计和建设生态工业园区，实现不同行政区域生态工业园区之间区域经济链的构建。其四，完善政策法规体系。发展生态工业需要以政策法规作为制度保障，在现有政策的基础上，根据当前的生态产业结合园区建设实际，实施生产者责任延伸制度、引入产品导向环境政策、建立严格的环境准入实施方案等制度建设，并构建促进生态工业发展的政策法规体系。此外，还需实施绿色认证制度，积极引导企业获得认证，获得其他国家或国际认可的绿色标志。

第三，生态服务业的路径优化。随着我国社会经济的快速发展，生态服务业作为战略性新兴产业之一，逐渐成为社会经济发展的新动力。与传统服务业相比，生态服务业以循环经济理念为指导，是一种高效、清洁、低消耗和低浪费类型的产业经济，具有资源消耗低、环境污染小、信息化程度高等优点。其一，资源循环利用的可持续。资源循环利用要求高度重视经济效益和生态效益的平衡性，这是一种新型、可持续的经济发展模式。党的十八大报告中也强调循环型服务业发展，促进服务业生产、流通、消费过程的减量化、再利用、资源化[1]。在企业层面，生态服务业强调服务企业生产周期中资源的循环利用[2]。在具体层面，有必要加快提高可再生资源、垃圾分类和回收系统，促进可再生资源利用、工业化发展再制造，促进厨房垃圾的资源利用率，实现绿色建筑行动和绿色交通行动，促进绿色消费，实现回收策略，加快建设循环社会[3]。其二，经营理念的生态化。从事生产的企业根据市场需求，不断利用现代科技，充分利用资源，减少污染，在发展主

[1] 王强. 我国区域服务业循环经济评价研究[D]. 河北经贸大学硕士学位论文，2013.
[2] 徐竟成，范海青. 论传统服务业的生态化建设[J]. 四川环境，2006（2）.
[3] 国务院关于印发循环经济发展战略及近期行动计划的通知(国发〔2013〕5号)[EB/OL]. http://www.gov.cn/zwgk/2013-02/05/content_2327562.html.

要产品的同时，还大力开发相关产品，建立各项产品间互相依存、互相补充、相互促进的经营共生体，用最少的投入获得最多的产出，实现效益最大化。这种理念能够有效降低生产经营成本，提高经营经济效益，同时可以最大限度地减少对环境的污染，促进生态平衡[1]。其三，消费模式绿色化，是指服务对象的绿色消费，是以适度消费、避免或减少对环境的破坏、保护生态为特征的新型消费行为和过程[2]。积极鼓励和倡导广大消费群体选择和使用绿色、健康、无污染的产品，在消费过程中特别注意垃圾的回收利用，更好地引导消费者进一步转变传统消费观念，鼓励消费者追求绿色、健康、优质的生活，保护环境，节约资源，实现可持续消费，通过多方合作、多方参与，更好地倡导绿色消费，积极引导更多消费群体转变传统的消费模式。其四，服务主体生态化与服务途径绿色化。在所有的服务过程中都必须要以保护生态环境为首要前提，按照生态可持续发展的原则，提供消费服务。此外，还必须通过政府引导，充分发挥市场、企业这两大主体的作用，并制定相应的法律、法规和政策在市场推广，并使企业意识到进行绿色管理的重要性，从而保证服务途径绿色化[2]。五是实现服务途径的清洁化。一是批发零售业在传统服务行业之中属于比较强势的行业，主要通过电子商务、绿色营销、绿色采购渠道、绿色消费引导打造清洁服务渠道；二是在餐饮住宿业，根据客户意愿，开设"绿色餐厅""绿色客房"，提供"套餐服务"及一次性用品等。[3]

第三节　生态产业的发展模式及典型案例

随着我国生态文明建设进程的加快，进一步推动了生态产业发展，这不仅是时代的客观需求，更是人类文明发展的必然趋势。生态产业是绿色发展的必然选择，更是推动生态文明建设的关键举措。通过大力发展生态工业、生态农业、生态服务业，降低资源消耗、减少环境污染，更好地维护区域乃至全球生态系统平衡。

① 周奇. 临安区山核桃生态化经营中农民专业合作社的作用研究[D]. 浙江农林大学硕士学位论文，2018.
② 匡后权，邓玲. 现代服务业与我国生态文明建设的互动效应[J]. 上海经济研究，2008（5）.
③ 徐竟成，范海青. 论传统服务业的生态化建设[J]. 四川环境，2006（2）.

一、生态农业：舌尖安全的源头保障

我国对生态农业的探索与实践还处于初级阶段，规模较小、效益不高、循环速度较慢，生态农业发展的任务还很重，短时期内无法实现，还需要很长的时间进行摸索，总结出具有可推广、可示范的生态农业发展模式。在生态农业发展的近 30 年的历程中，在理论和实践上都取得了巨大成就，这是我国农业可持续发展的典型模式和战略选择。然而，由于我国幅员辽阔，农业自然条件不同，社会经济发展水平不同，生态农业发展的自然和社会经济条件具有较大的差异，因此，生态农业的发展模式需要因地制宜，由此便形成了多种多样的生态农业发展模式。

第一，根据区域差异划分。优化开发区：其一，以资源循环为代表的东北地区生态农业发展模式①。其二，以田园综合体为代表的黄淮海区域生态农业发展模式。如在河北省平山县依据其环境特点发展核桃种植，形成了"六个一"技术，即"选一块好地，打一个大塘，放一担农肥，栽一棵壮苗，浇一挑清水，盖一块地膜"②。其三，以稻田综合种养为代表的长江中下游区生态农业发展模式。其四，以特色农产品复合经营为代表的华南地区生态农业发展模式。这一模式广泛分布于海南、广东地区，为充分利用橡胶林中的土地资源，如胶—畜（禽）模式、猪—沼—橡胶模式、胶—热农作模式、胶—菌模式、胶—蜂模式、胶—药模式、胶—草复合栽培模式、胶—花卉模式等。适度开发区：其一，以水资源高效利用为代表的西北地区生态农业发展模式。其二，以生态循环为代表的西南地区生态农业发展模式。如为更好地降低茶叶生产成本、降低对资源环境的消耗，建设"养殖—沼气—水肥—茶叶"的立体生态循环农业模式③。

第二，根据功能类型划分。其一，种养加功能复合模式是集种植、养殖、加工为一体的多功能农业经济发展模式，需要依靠当地的农业资源，致力于发展植物种植、动物养殖、农产品加工处理的综合循环经济模式，多方面进行扩展，推

---

①《黑龙江省畜禽养殖废弃物资源化利用工作方案》解读[EB/OL]. https://heilongjiang.dbw.cn/system/2018/02/08/057925679_01.shtml？spm=zm5115-001.0.0.3.UJx0M7&file=057925679_01.shtml.

② 胡钰，王莉. 中国可持续农业发展模式的区域比较和启示[J]. 中国农业资源与区划，2020（1）.

③ 胡钰，王莉. 中国可持续农业发展模式的区域比较和启示[J]. 中国农业资源与区划，2020（1）.

动具有当地特色的农业产业发展。其二，立体式复合循环模式是集种植、蚕桑、养殖为一体的立体式复合循环农业经济模式。这种模式依靠当地的农业资源和蚕桑资源，致力于发展植物的种植、桑蚕的养殖，充分利用自然资源，将动植物的生产和资源的利用有效地结合起来，达到资源利用的最大化。其三，以秸秆为纽带的循环模式。把秸秆作为整个循环的纽带，综合利用秸秆饲料、秸秆燃料，以种植农作物、养殖动物作为主体，构建"秸秆—燃料—用户""秸秆—饲料—养殖"的循环模式。其四，以畜禽粪便为纽带的循环模式。集动物粪便燃料、粪便化肥为一体的综合利用，利用畜禽粪便池产生沼气，结合各种设施进行农业生产、畜禽合理养殖，构建"畜禽粪便—沼气池—肥料—植物""畜禽粪便—沼气池—燃料—用户"的产业循环链。其五，创意型农业循环发展经济模式，把农业资源作为循环经济发展的基础，通过核心的文化、新颖的创意、良好的产业融合，把农业和文化、生活、生产、产品有机地结合起来。①

我国近年来在生态农业建设方面所取得的成效是极其显著的，但由于实施生态农业的区域有限，并未在我国农业可持续发展中占据主导地位，也并未起决定性作用。因此，生态农业应当作为我国农业可持续发展和乡村振兴的重要战略和主导模式。

二、生态工业：工业生态化发展的必由之路

随着自然资源日益短缺以及工业发展带来的环境污染日趋严重，必须要转变传统工业发展模式，发展生态工业，实现经济效益、环境效益和社会效益的协调统一。生态工业园区是生态工业发展的重要实践内容。根据工业生态学、循环经济理论，需要以区域循环经济作为实践载体，建设生态工业园区，从生产领域到消费领域实施清洁生产和绿色制造。生态工业园区是工业园区生态发展的理论和实践的重要组成部分。我国的生态工业园区建设主要体现在国家生态示范园上。2014 年，环境保护部组织出版的《中国生态工业园区建设模式与创新》梳理总结了一系列典型案例。按照产业结构为划分标准，中国生态工业园区模式可以划分

---

① 任晓凤，齐星宇. 生态农业的发展模式研究[J]. 新农业，2017（9）.

为联合企业型模式、综合园区型模式和静脉产业型模式。

第一，联合企业型模式，又称行业型模式，以某一大型企业为主体，同行业内若干相关企业在园区内先后聚集，组成比较完整的工业生态循环系统和工业生态产业链。如广西贵港国家生态工业（制糖）示范园区是我国发展循环经济、清洁生产的典范，其生产模式实现了根本性的转变，建立了"资源消费—产品—再资源"的循环发展模式，减少了资源浪费，推动了当地的生态文明建设，一定程度上缓解了我国资源稀缺的局势，以最小成本实现最大经济效益，取得了显著的经济效益[①]。

第二，综合园区型模式，是指不同行业企业聚集在同一园区内从事生产经营和研发活动，构成多样化的企业间工业共生关系，如天津经济技术开发区。天津经济技术开发区是传统工业园区向生态工业园区转型较为成功的案例之一。园区生态化建设的最大特点是水资源已经达到综合利用。园区的中水回用、海水淡化、雨水收集和再生利用等技术目前已经比较成熟，通过完善各种水处理设施，依据各企业生产对水质的不同要求的具体情况，形成了水分循环利用体系，使水得到充分高效的利用。另外，园区在垃圾分拣和再生方面也取得了一定成绩[②]。

第三，静脉产业型模式，是指以静脉产业为主导，构建"资源—产品—再生资源"闭环式工业生态产业链，将各类废弃物加工循环利用。

当前，传统工业发展模式仍占据主导地位，总体上尚未完全摆脱高投入、高消耗、高排放的发展模式，所导致的生态环境问题依旧突出，生态形势严峻。为更好地保护生态环境，推动社会经济发展，必须要加快发展及完善生态工业园区，构建资源消耗低、环境污染小、科技含量高的生态工业产业链条，实现工业系统与经济系统的良性循环。所以，要更好地坚持"生态优先、绿色发展"的方针，进一步加快生态产业发展，节约能源，减少消耗，降低成本，提高效率，增加生态产品和服务的有效供应，加强绿色经济发展的薄弱环节。

---

① 赵满华，田越. 贵港国家生态工业（制糖）示范园区发展经验与启示[J]. 经济研究参考，2017（69）.
② 周厚威. 生态工业园区建设模式与发展对策研究[D]. 长沙理工大学硕士学位论文，2010.

三、生态服务业：经济—环境—社会可持续发展的迫切需要

当前，在我国生态文明建设的大背景下，为生态服务业提供了良好的发展机遇，符合产业转型升级的趋势，以保护生态环境，节能减排，建设资源节约型、环境友好型社会为目标，确保生态服务的可持续发展，为保护生态环境提供坚实的物质基础和技术支持。目前，生态服务业较具代表性的模式主要是生产性及流通性服务业相结合的互联网流通发展模式以及消费型服务业为主的生态旅游模式，已经在我国得到了较好的探索与实践，并取得了一定成效。

第一，互联网流通发展模式。在互联网大潮的冲击下，传统的实体流通企业纷纷发生变革，互联网流通供应链网络体系建立健全，促进了生产、流通格局的进一步调整，优化了交易环节和降低了流通成本，有力地推动了绿色经济体系的建立。互联网流通以消费者为中心，注重消费对生产的反作用，运用互联网、物联网、云计算、大数据、人工智能等现代信息技术，打造了商流、物流、资金流、信息流和数据流组成的互联网流通渠道体系。[①]互联网流通新领域的引入，不仅可以解决传统贸易流通中存在的问题，而且可以解决物流领域的信息不对称问题，减少了流通环节，缩短了流通时间，缩小了流通半径，提高了流通效率，降低了流通成本，改变了流通市场格局。当前，我国互联网流通正成为大众创业、万众创新最活跃的领域，是推动经济社会转型，实现创新、协调、绿色、开放、共享发展的重要途径[②]。

第二，生态旅游发展模式。生态旅游最大限度地减少了对生态环境造成的负面影响，以保证旅游资源的可持续发展为目的，将生态环境保护与公众教育以及促进当地经济社会发展进行了有效结合。生态旅游区通常是一些自然环境保存比较完整或文化生态较为完整的地区，因此，尤其强调旅游规模的小型化，限定在有限的范围之内。生态旅游的发展模式不仅不会对旅游资源造成极大的破坏，而且还让旅游者亲自参与其中，在实践中体验尊重自然、爱护自然，并致力于保护

---

① 肖大梅．"互联网＋"提升我国流通业发展的创新路径[J]．商业经济研究，2016（14）．
② 河北省现代物流业发展领导小组办公室．河北省物流业发展报告 2016—2017[M]．北京：中国财富出版社，2017．

自然和文化资源。目前，生态旅游业在生态服务业中是较为成熟且有所成效的行业之一，不同地区结合本土地域特色优势其模式不尽相同，主要包括自然原生态模式、农业与旅游相结合模式、人文生态模式等。

第三，区域"一体化"发展模式。目前，我国不同地区因经济发展水平不均衡，不同地区生态服务业发展模式有所差异，都在结合当地资源优势的条件下，制定适合本土的生态服务业发展模式。近十几年来，我国不同地区也根据自身特点尝试探索一条符合区域特色及充分发挥当地优势的生态服务业发展模式。如广西丽水市大力推动生态服务业与生态工业、农业现代化融合发展，立足产业转型升级的需要，加快发展科技服务、现代物流、工业设计、信息服务、文化创意、休闲旅游等现代服务业，推进"服务+制造""服务+农业"，重点服务生态精品农业、文化内涵深厚的油画、剑瓷、石雕、竹炭等产业，促进农业观光、文化旅游、教育体验等产业发展，实现生态服务业与生态工业、生态农业的融合发展①。

---

① 毛子荣. 抓住机遇　精准发力　推动"十三五"生态服务业加速发展[N]. 丽水日报，2016-02-05（A02）.

第十一章　生态城市的建设

　　城市作为人类聚居方式不断发展的产物，在满足人类生产发展各种需求的同时，也带来诸多生态环境问题。因此，人们开始思考究竟一个什么样的城市形态才是我们心目中理想的聚居地？这既是众多学者苦苦思考和研究的问题，也是摆在芸芸众生面前需要思考和探寻的问题。人文主义先驱者为此通过各种设想为我们呈现过诸如理想国、乌托邦、太阳城、新协和村、公社新村等的理想城市，乃至20世纪后相继被提出来的田园城市、新城、卫星城、立体城市、绿色城市、山水城市、园林城市、环境保护模范城市、卫生模范城市、生态城市、生态文明城市等。这些理想的城市模式，既表达了人类对自身发展过程在追求舒适生存环境的同时破坏了自然生态环境的反思，也表达了人类对生态宜居环境的理想追求与憧憬。虽然世界各地的人们因为自然地理条件不同，文化背景各异，进而对居住的城市及未来可以预期的人居环境的蓝图没有取得完全一致的目标和设想，但在人与自然和谐理念、追逐生态优美、诗意宜居及可持续发展的理念上基本达成了共识。而"生态城市"正是基于上述共识，在维持自然生态系统和谐的基础上建造的适宜人类居住的可持续发展的城市。如今，在经济飞速发展的时代，由于人口大量增加，城市规模和数量也在不断地扩大与增多，城市也面临着水环境污染、空气污染、噪声污染、垃圾围城等诸多生态环境的问题。因此，要构建适宜人类居住、人与自然和谐的城市生态人居环境，就必须在规划、设计和建设城市时坚持可持续发展的生态文明思想，用经济—社会—环境协调的复合生态系统理论指导城市建设，通过先进的科学技术提高城市的经济效率，创造美好的生活环境，改造和建设越来越多的生态宜居城市，为人类创造美好的城市生态环境。

第一节　生态城市的内涵及特征

一、生态城市的内涵

"生态城市"的英文 Ecocity，是由生态学"Ecology"和城市"City"复合而成，即一个生态健康的城市。生态城市是在乌托邦、花园城等理想城的基础上发展而来的人类理想的聚居模式。而"生态城市"的概念首次出现在 20 世纪 70 年代联合国教科文组织发起的"人与生物圈（MAB）"计划研究中，但关于生态城市的定义目前没有明确的概念界定，国内外许多专家学者从不同的角度都曾做过阐述。

美国生态建筑学家理查德瑞吉斯特（Richard Register）认为，生态城市是生态方面健康的城市。它寻求的是人与自然的健康和谐发展，并希望它充满活力与持续力。[①]中国生态环境研究专家王如松作为复合生态系统理论的提出者，从环境—经济—社会这一复合生态系统的角度，充分阐释了人类生存和发展与自然生态系统相互依存、和谐共生的关系，认为生态城市是按照复合生态系统规律统筹设计、规划、建设和管理市域范围内的人口、资源和环境，逐步形成的符合生态系统规律的，具有可持续发展制度、体制、机制、技术和行为的市级行政单元。在这样的城市中，人们具有可持续发展和生态文明的理念、制度体系和创新体制，同时，可以运用生态技术、清洁生产技术、生态环境保护技术和循环利用技术等实现可持续生产和可持续消费，逐步建设经济发达、生态高效的产业，生态健康、景观适宜的环境，体制合理、社会和谐的文化，以及人与自然和谐共生的康实、健康、文明的生态社区。[②]

生态城市是符合人类理想和可持续发展要求的城市新模式，作为一种全新的城市发展模式，在世界各地的实践中表现出多种多样的形式，国际上有生态田园城市、花园城市等，中国也紧随其步伐，先后提出了循环经济城市、环境保护模

---

① Richard Register，Ecocity Berkeley：Building Cities for a Healthy Future. California：North Atlantic，1987.
② 王如松，刘晶茹. 城市生态与生态人居建设[J]. 现代城市研究，2010（3）.

范城市、海绵城市、宜居城市、无废城市等多种生态城市模式，尽管名称各异，但这些模式都具有生态城市的核心内涵和特点：（1）人与自然和谐共生。基于环境—经济—社会复合生态系统理论，城市建设的出发点在于实现经济、社会和环境的可持续发展，并通过不断提高城市人口的可持续发展理念，在改造自然环境的同时保护自然环境，通过政策引导和科技创新优化"城市—自然环境"系统，以实现人与自然的和谐共生。（2）经济生态化。生态城市的建设，就是要努力设计、规划和构建社会、经济和自然环境协调的复合生态系统，谋求人居环境与自然生态环境的和谐。因此，必须立足于生态环境保护来发展经济，通过清洁生产、循环经济等多种途径实现经济生态化，即通过技术创新使各种资源能够得到高效利用和充分保护。

二、生态城市的特征

生态城市的诞生来自人类对传统文明的反思。曾经以工业文明为核心的城市化带来了严重的生态破坏和环境污染，人类也因此深受其害，生态城市建设本质上适应了城市可持续发展的内在要求。如何克服工业化带来的"城市病"？如何体现可持续发展和生态文明的理念和要求？这就需要彻底改变传统城市唯经济发展的增长模式，实现经济、社会、自然生态系统有机融合的复合发展，走向人类文明史上的一次伟大的绿色文明创新之路。通过对生态城市的建设，人类可以实现传统农业经济向资源型、知识型和网络型高效持续生态经济的转型，在区域经济层面可以发挥生态产业的龙头作用，带动区域内相关产业协同发展、绿色转型；可以进一步推动产业结构转型，改变以往传统的易污染环境第一、第二产业为主导的产业结构，向环境友好型的第三产业为主导协同带动第一、第二产业的结构转变，促进城市生态环境向绿化、净化、美化的可持续的生态系统演变，为城市居民建设宜居的生态人居环境和经济发展的自然生态基础；也有助于培养环境良好、资源高效、系统和谐、社会融洽的人居生态文化，培育有文化、有理想、高素质的生态社会建设者。鉴于此，我们可以预见生态城市在以下方面具有明显优势特征：

　　和谐共生。人类希望在生态城市这种聚居环境中拥有互帮互助,富有生机与活力,与自然和谐共生的人居环境,它就是为了满足人类这种生存发展需要所营造的舒适宜人、环境优美的现代城市生态人居环境。生态城市的目的是摆脱以往未能更多地关注人类生存发展需要,而以牺牲资源、能源和生态环境为代价,盲目追求经济快速发展的城市发展模式,并重新建立一种自然生态系统融入城市的整体之中,人与人、人与自然和谐共生的生态城市发展模式。因此,只有通过对生态城市的建设,构建基于生态文明的人与人、人与自然和谐共生的关系才能实现上述目的。

　　经济高效。生态城市不仅会逐步改变传统理念中的以"高能耗""非循环"运行机制为特征的现代城市和社区的"高能耗""非循环"的运行机制,它在人类开发和利用自然资源服务于人类生存与发展的过程中,还会充分考虑自然资源的承载能力,利用现代科学技术提高各种资源的利用效率,同时通过可再生资源的循环利用,提高一切资源的利用效率,实现物尽其用、地尽其利、人尽其才、各施其能、各得其所,各行业、各相关组织管理部门之间都得以协调运作的协调关系。

　　可持续发展。生态城市是否能可持续发展日益得到全球关注,它是符合可持续发展要求的自然要素配置和人类生存发展要求的有机结合,它既满足当代人的需要,又不对后代人构成危害;既满足人类生活的适宜性要求,又遵循生态环境保护的自然法则。同时,生态城市关注和强调社会、经济、环境三者的整体协调一致和效益。

　　区域性。生态城市更加强调区域平衡发展,这包括城市内部各区域平衡发展,同时也包括城市之间的相辅相成和共同发展,只有这样才能够建成平衡协调的生态城市。就广义而言,区域观念就是全球观念,也是开放参与观念,实现生态城市的建设需要全人类的共同合作,共享技术与资源,倡导人人都是生态人居环境设计的参与者,通过互惠共生的网络系统,建立全球生态平衡。这也衬托出生态城市具有全人类意义的共同财富。就狭义而言,生态城市的建设必须具备一定的规模性,才能够体现出其相对于传统城市的优越性。

三、生态城市的挑战

生态城市的建设是牵一发而动全身的系统工程，它不仅涉及的规模大，而且内容广泛，评价指标体系也较为复杂。因此，在具体实施的过程中，建设好生态城市也面临诸多的挑战。

（1）生态城市建设规划与相关规划的协调性不够，它的规划与现行规划体系的关系没有正确界定，它的规划缺乏"整体"的视角，缺少将生态城市建设的目标和内容融入现行或即将制定的专项规划中的有效工具和手段。①甚至部分生态城市规划内容过于空泛而缺乏可操作性，与城市规划的其他职能部门在实施过程中严重脱节。因此，各城市应根据城市发展状况及生态环境质量，制定相应的生态城市建设总体目标、分阶段目标及短期行动计划，同时更要注重生态城市建设的指标分解及完成情况，以便更好地监督对其建设的实施。

（2）生态城市的建设应该体现以人为本的目标，要突出以人为本，绿色、低碳、集约、高效，使生活在城市中的人身心健康、生活愉悦，人的生存环境和发展环境得到保证，宜居、宜业。因此，生态城市建设要围绕人来做规划，使人的生存需要和发展需要得到最大限度的满足。

（3）生态城市建设不能盲目追求标准化建设，应该定位城市的生态增长点，因地制宜地实施生态城市建设的目标。特别是历史文化名城，保护是第一要务，不能大拆大建。如何挖掘、利用和保护好历史文化资源，使其在新的时代条件下更好地为生态城市服务，才是我们应该要努力攻克的难关。

（4）生态城市建设缺乏有效的公众参与机制。生态城市建设缺乏广泛的公众参与，导致市民不了解和不配合生态城市建设目标的实施，决策部门也不能获得必要的反馈信息，也就很难保证决策的可行性与科学性，最终无法实现城市的可持续性发展。因此，在生态城市建设中还应该提高公民环境保护意识，加大宣传环境保护知识，加快创建环境生态教育体系，从而提高全民族生态文化基础。生态环境的保护要形成人人有责、齐抓共管的社会风尚，树立尊重自然规律、珍惜

---

① 朱坦，吕建华，丁玉洁. 生态城市：内涵·特点·挑战[J]. 建设科技，2010（13）.

自然资源、爱护生态环境与自然和谐相处的新观念，努力为建设生态城市和保护生态环境提供根本保证。①

第二节　生态城市建设的路径选择

一、生态城市建设的标准

生态城市建设是基于城市及其周围地区生态系统承载能力，进而走向可持续发展的一种自适应过程，它旨在促进生态卫生、生态安全、生态景观、生态产业和生态文化等不同层面的进化，实现环境、经济和人的协调发展。生态城市的建设标准要结合生态城市建设规划理念，在遵循生态城市基本建设规划原则的基础上，对城市各个方面的建设规划做更加细致的要求，具体来说要实现以下标准：

（1）生态城市规划布局合理，功能齐全，具有广阔的绿地面积，城市景观绿化环境规划合理且优美，城市可持续发展能力强，与区域协同发展。

（2）保护生态城市高效发展的自然生态基础，主要目标是利用现代科学技术实现自然资源与能源的节约、高效和循环利用，并布局和构建合理的产业结构，采用清洁生产技术，保护城市环境。

（3）生态城市基于可持续发展理念，提倡和推行可持续的消费模式，在消费端通过宣传教育、示范等实现绿色和文明消费，倡导节约资源和能源，提高产品的循环利用率等。

（4）生态城市有完善的社会设施和基础设施，设施节能、环保和高效，有利于资源循环利用和生活质量提升。

（5）生态基于"天人合一"思想理念，生态城市的人工环境要与自然环境融为一体，确保高质量的生态环境，维护生态系统平衡和可持续。

（6）生态城市建筑按照绿色建筑标准设计、规划和建设，有适宜人类居住的建筑空间环境。

---

① 朱坦，吕建华，丁玉洁. 生态城市：内涵·特点·挑战[J]. 建设科技，2010（13）.

（7）生态城市从资源循环利用出发规划和建设垃圾分类回收利用体系，构建环保、低碳、无废城市环境。

（8）生态城市要注重文化环境建设和文化遗产的继承与保护，并尊重居民的各种文化与生活特征，创造城市文明的文化氛围。

（9）生态城市还需要有公正、平等、自由和安全的社会环境，确保人类的身心健康，自由幸福地生活在满意的环境中，培养居民的生态意识（包括资源意识、环境意识、可持续发展意识等）和环境道德观，倡导生态价值观、生态哲学和生态伦理，让生态意识的培养融入家庭教育、学校教育、社区教育当中。

（10）生态城市还需要具有一套行之有效的生态指标体系，强调各种规划建设都能符合生态要求，并建立行之有效的生态调控管理和决策响应系统，具备很强的自组织和自调节能力。

依据上述标准不断调节和改善目前生态城市内部存在的不合理生态关系，特别是环境污染与生态破坏问题，依据自然、经济和社会发展规律，逐步规范自然的、社会的、经济的各个方面，以人为本实现城市的可持续发展，并不断提高城市生态系统的自我调控能力，为人类创造美好的城市生态人居环境。

二、生态城市建设的基本问题

生态城市建设是为了彻底改变工业化造成的城市扩张，以及由此产生的人与自然极度不和谐的关系。因此，生态城市的设计和建设要秉承"生态、绿色、健康、安全"，着眼于"生态环保、生态景观、生态安全、生态产业和生态文化"五个方面的内容。

1. 生态环保

保护自然生态系统就是保护人类，推动形成人与自然和谐发展的生态城市建设新格局，还自然以宁静、和谐、美丽。鼓励采用经济可行和环境友好的生态工程方法，解决城市生活的各种废物（包括生活垃圾、生活污水），减少城市居民生产、生活造成的空气污染、地表水水质恶化和噪声污染，为城市居民创造生态人居环境。在生态城市建筑领域，推广使用节能环保的绿色建筑材料，让城市与自然更和谐、更融合。

2. 生态景观

生态景观是自然景观（包括地理地貌格局、水文过程、生物活力等）与人类经济社会因素在时、空、量、构、序范畴上相互作用形成的人与自然的复合生态网络。基于景观生态学理论，在生态城市建设中，应遵循系统整体优化、循环再生和区域分异的原则，通过对景观的生态规划与建设，将具有地方特色的自然景观和人文景观融入生态城市整体布局规划中，达到减轻热岛效应和温室效应、减少自然资源消耗等环境影响。

3. 生态安全

城市生态人居环境所要求的生态安全主要包括居民的生命安全、水安全、食物安全和居住区安全四个方面。生命安全与居民的生理、心理健康密切相关，也受社会治安和交通事故影响；水安全涉及饮用水、生产生活用水和生态系统服务用水的质量和数量；食物安全取决于各种食品（粮食、肉类、水产、蔬菜、水果等）的充足性、易获取性及其污染程度；居住区安全主要体现在居住环境的空气（包括装修室内空气）、水、土壤的污染，还包括地质、水文、流行病及各种人为灾难的防御。

4. 生态产业

生态产业是指运用生态文明的经济观，遵循自然生态的发展规律，在有限的生态系统承载能力上，发展具有生态功能的链条型产业。生态产业不同于传统产业，其产业链条就是一个高效的生态过程，并试图从调整产业内部结构来解决其所带来的城市环境问题，强调产业之间生产、流通和消费过程的系统耦合，以及城市与周边区域及社会系统的区域耦合。通过城市生态产业体系的构建形成具有多样性、灵活性和适应性的产品和服务，不断提高经济增长的生态效益，创造就业机会，通过生态人居环境中居民的幸福感，实现对人格和人性的尊重和保护。

5. 生态文化

生态文化是崇尚和保护自然生态、能使人与自然和谐共处、促进资源永续利用、实现可持续发展的文化，它是物质文明与精神文明在自然与社会生态关系上的具体表现。生态城市建设必须培养生态文化，从根本上改变人类统治自然的价值观念，引导居民价值观转变到人与自然和谐发展的价值取向，在城市层面实现管理体制、政策法规、价值观念、道德规范、生产方式及消费行为的全方位的人与自然和谐。

三、生态城市建设的实现路径

自 20 世纪 80 年代以来，中国一直都在进行城市可持续发展实践的积极探索。江西省宜春市在总结对城市生态系统研究的基础上，立足于生态农业，注重自然生态系统的良性循环，先后编制了城市生态经济建设规划，并于 1988 年正式开始生态城市的建设试点工作，可以说是迈出了中国城市可持续发展实践的第一步。此后，中国许多城市也相继开展了城市可持续发展的实践活动。如广州市基于现实考虑，提出建设"山水生态城市"这样的生态城市雏形的发展目标；昆明市则从城市生态人居环境核心要素"人"的考虑出发，提出了建设"以人为本的生态城市"；北京市从城市发展的绿化需要出发，提出了建设"绿色生态城市"；楚雄市则从其少数民族居民的特色出发，提出了建设"具有浓郁民族风情的现代化生态城市"。发展条件较好的一些城市诸如上海市、长沙市、扬州市、威海市等则在当时就提出了建设"生态城市"的宏伟目标；江苏省常熟市、大丰市则已经构划"生态城市"和"生态经济开发区"的实践。同时，海南、吉林两省提出了建设"生态省"的目标。这些实践尝试为生态城市在中国的推广奠定了本土基础。

在城市可持续发展的实践中，中国也正在积极学习和借鉴国际经验，尝试开展国际合作和交流。中加合作、由加拿大国际发展署资助的"中国沿海地区生态规划与环境管理"项目，中德两国开展的"扬州生态城市规划与管理"的合作研究项目就是很好的例证。在中国新一轮的城市规划中，更多的城市提出了进行生态城市规划或建设生态城市的目标。

然而，中国城市可持续发展实践刚刚起步，人们对城市可持续发展及其相近的"生态城市""可持续城市""花园城市""山水城市""园林城市""环保城市""健康城市"等概念的理解还不够全面和透彻，许多提法仍然是从环境保护的角度来理解"生态"和"可持续发展"的概念，没有充分考虑"生态"和"可持续发展"的人文意义。一些本来必要的单一目标，一旦强调过分，就会走极端，违背城市可持续发展的宗旨。另外，一些以行业名义进行的评比活动有一定的局限性，一些城市为了在评比中获奖，不惜用大量的人力、物力和财力搞突击，做应付性活动，造成巨大浪费。

事实上，生态城市的建设是城市摒弃传统发展路径走可持续发展之路的有益尝试和变革。它包括城市建设由物质环境需求向绿色生态环保转变，已破坏的城市内部及其周边环境由放任自由向生态修复转变，城市居民生态环境保护意识和消费观念发生根本性转变，制定完善的城市生态保护政策法规、体制和管理监控体系，以及强有力的自我生态调控能力作为充分保障等多个方面。考虑中国全国各大中小城市经济发展水平与建设规划状况、法律制度、人口素质、意识观念现状，对比生态城市建设的要求还有很大差距。中国的生态城市建设需要有别于传统的城市发展道路，又非简单模仿西方的生态城市建设方式，而是具有"中国特色"的城市可持续发展之路，具体应该坚持以下几项基本原则：

1. 加强宣传教育，普及和提高公众的生态环境保护意识

生态环境意识的普及和提高对公众和领导决策层转变传统发展观念，树立人与人、人与自然和谐的可持续发展价值观具有重要作用。美好城市的创建需要公众一同参与，只有在日常生活中，人人都能保护生态环境，绿色出行、绿色消费，爱护我们生存的家园，使人们具有自觉的生态环境保护意识，生态城市才能可持续发展下去。而这些都离不开对公众生态环境保护意识的普及和提高，也离不开对公众尊重自然、保护自然的生态文明价值观的弘扬和培育。

2. 制定和实施城市可持续发展行动计划

生态城市的可持续发展需要有步骤、有计划、有目的、有保障地实施，这就需要一套周全的行动计划。中国早在《中国 21 世纪议程》中就把可持续发展思想贯彻落实到生态城市建设和发展的计划和政策中，事实证明，这些生态城市可持续发展的建设目标和内容对生态城市规划建设的整体布局、生态环境保护、产业结构的优化升级和居民生态意识提高都有较大的影响。因此，在今后的生态城市建设中还需要改变以往不符合生态环境保护要求的计划和政策，明确生态城市建设和发展的目标与步骤，根据城市的特点和发展基础，遵循生态学发展原理，优化各领域、各行业生产、流通、消费和回收的产业结构，并通过一系列的政策法规措施限制环境污染，以更加生态化的发展道路推动生态城市的可持续发展。

3. 强化生态环境保护立法

生态城市实施生态化转型战略和政策会与原先的城市发展战略和政策有所不同，它需要建立生态法规综合体系才能确保其顺利实施，有了制度化、法律化的生态法规综合体系的保证，阻碍生态城市可持续发展的事件都将能得到有效制止。因此，在生态城市建设和发展中必须不断加强生态环境保护的法律法规体系建设。

4. 建立和完善适应城市可持续发展的体制

生态城市的可持续发展除了有立法的保障，还需要有一个健全的体制保障。因此，需要在城市各机构中联合设立综合的、跨部门的可持续发展管理和决策机构，对城市生态化转型和可持续发展的各项计划和政策实施进行组织、协调、监督，还应该设立相应的机构来处理生态城市可持续发展的具体相关事宜。

5. 注重技术引领，重视生态技术的开发与应用

生态城市建设和城市可持续发展是以资源高效和循环利用为特征的高效经济系统，以及以自然生态系统完整性为特征的和谐生态系统。经济高效和自然和谐

都需要依靠现代科学技术，结合生态学原理创造新的技术形式——生态技术，从而实现生态破坏的修复，环境污染的消除。因此，生态城市建设和城市可持续发展必须重视增加科技投入，鼓励生态环保技术创新，不断研发生态技术、生态工艺，积极选择"适宜技术"，推广生态产业，保证发展过程低（无）污、低（无）废、低耗，提高资源循环利用率，逐步走上清洁生产、绿色消费之路。

6. 重视城市间和区域间的联动与合作

生态城市可持续发展应当依托所在地的资源，因地制宜地发展适合自身的生态产业模式，而不是一味地依靠外界资源或转嫁污染给其他地方。生态城市可持续发展不仅强调自身的繁荣，还应该避免掠夺外界资源或将污染转嫁到周边地区。为此，城市间、区域间乃至国家间必须加强可持续发展的联动与合作，通过建立公平的伙伴关系，形成可持续发展技术与资源共享的互惠共生的网络系统，各自承担相应的义务和责任，确保在其管辖范围内或在其控制下的活动不损害其他城市的利益。就中国而言，目前在城乡结构、产业结构与劳动结构中，农村、农业和农民仍然占据相当重要的位置，城市化及可持续城市建设与城郊和边缘农村都有千丝万缕的联系。这些联系不仅体现在社会与经济关系方面，还体现在生态环境方面。因此，可持续生态城市建设要重视城乡一体化，全面规划，综合协调。

根据中国国情和城市可持续发展的实践经验，未来中国城市可持续发展实践活动：第一，必须要加强普及和提高公众的生态环境保护意识，唤起人们对生态城市可持续发展实践的重视，制订宣传教育的行动计划，如一些城市生态人居环境示范工程案例的宣传与推广，逐步让公众树立可持续发展价值观，自觉保护生态自然环境；第二，调整社会经济组织结构，以生态产业带动其他产业遵循保护生态环境的原则重构产业链条，增强各城市间的合作与交流；第三，在实现可持续城市的环境—经济—社会复合生态系统和谐、高效、持续等的建设和发展目标的城市生态化的基础上，继续自觉地通过行政、经济、技术和信息手段维持动态平衡，保持持续发展，并具备较强的自组织、自调节能力，警惕自我调控失灵导致衰败现象的发生。

第三节　生态城市建设的典型案例

一、无废城市——加拿大温哥华

1. 城市概况

温哥华市（City of Vancouver）位于加拿大西南部太平洋沿岸，是其最重要的港口城市、工业城市和经济城市之一。温哥华市是不列颠哥伦比亚省大温哥华地区的一部分，总面积 115 平方千米。有别于不列颠哥伦比亚省下辖的其他市，温哥华市由 1953 年通过的《温哥华法章》（Vancouver Charter）指导，该法章赋予了温哥华市政府更大更多的权利。这为温哥华市实行严格、创新的废弃物管理提供了体制基础。

2. 建设目标

加拿大温哥华市自 2011 年以来陆续出台了多份包括成为"无废城市"的计划，并在 2018 年出台了《无废 2040》战略计划，该计划除了介绍实现"无废城市"的理念、方法、优先领域及各领域将开展的工作，还明确提出到 2040 年实现没有城市废弃物（包括生活、商业及建筑废弃物）被焚烧或填埋的"无废目标"。为此，温哥华市重点强调为了避免出现不必要的经济效应、社会效应、环境效应，需要减少废弃物，因此出现了不同行业与机构纷纷行动起来制订相关计划，寻求与专业机构、部门合作，努力实现"无废目标"的局面。

3. 具体措施

（1）立法进行强制要求。温哥华市所在的大温哥华地区颁布了地方法则，禁止将可循环利用废弃物（包括玻璃、金属储物盒、饮料瓶、瓦楞纸板、厨余、干净木材等）、有毒或可使用废弃物（包括汽车部件、农业废弃物、石棉、可燃物、超过 205 升的储物盒等）以及属于生产者责任制负责的废弃物装入可填埋废弃物的垃圾袋送至处理站，要求所有家庭和商业企业将有机废弃物和其他废弃物分离开，禁止将可堆肥的有机废弃物随意投放。

（2）制定完善的生活废弃物收集体系。温哥华市为每户家庭免费提供一个灰色垃圾箱，用于收集将焚烧或填埋处理的废弃物，如尿不湿、泡沫包装、糖果包装等；同时提供一个绿色垃圾箱用于厨余回收。

（3）确保家庭生活废弃物的循环利用。Recycle BC 公司为温哥华市所在的不列颠哥伦比亚省的所有家庭提供可循环利用的生活废弃物（如纸质、塑料、床垫、石膏预制板、木材）的收集、循环利用服务。

（4）采用生产者责任制并不断扩大其覆盖范围。温哥华市及其所在的不列颠哥伦比亚省采用生产企业责任制，要求生产企业从产品的设计、材料挑选，到产品生命周期结束时对其回收处理。

（5）减少一次性物品的使用。温哥华市在 2016 年倡导全市减少一次性物品使用，包括减少塑料及纸质购物袋、聚苯乙烯泡沫塑料杯、一次性水杯、吸管及餐具、外卖食品包装，并且制定了 2016—2025 年每年的具体计划。

（6）加大建筑废弃物的回收及循环利用。温哥华市对建筑废物的管理严格，在要求拆除 1940 年前修建的房屋后，需重复或循环使用至少 70% 的废弃物，并且禁止将干净木质废弃物焚烧或填埋。为了规范建筑企业及废弃物处理商的操作，温哥华市对建筑废弃物制定了各种细则，包括建筑废弃物处理工作，包含建筑材料的处理指导意见、绿色家庭装修指导意见等。

二、低碳城市——阿联酋马斯达尔城

1. 城市概况

马斯达尔城（Masdar City）是一座由政府规划建设的新城，距离阿拉伯联合酋长国首都阿布扎比 16 千米左右，规划面积为 6 平方千米。该城的设计和建设秉持可持续的原则，在宏观规划、城市交通、建筑物修建、能源及废弃物管理中均体现出这一点。

2. 建设目标

马斯达尔城的建设分七个阶段，包括建设马斯达尔科学技术研究所、马斯达尔中心区、酒店和会议中心、零售区、创新中心、办公区域、住宅单元及研发设施。预计 2030 年马斯达尔城入驻企业 1 500 家，居民 4 万人。该市目前由 10 兆瓦的太阳能光伏电站供电。该城的建设目标是成为全球第一座完全依靠可再生能源，并实现"零二氧化碳排放"和"无废弃物"的城市。

3. 具体措施

（1）避免及减少废弃物产生。马斯达尔城避免及减少废弃物的方法包含三类，第一类如使用光伏发电避免了传统电厂发电过程中产生的废弃物。第二类如在建造光伏电站的地基时避免了使用沥青、聚苯乙烯等不可循环使用的材料，而采用了含磨碎的高炉矿渣的低碳水泥，以减少后续废弃物的产生及处理。第三类如在建造自动单舱快车的站台时使用和快车大小相当的预制板、在建造浴室时使用模块化的房屋组件，以减少水泥等材料的使用，避免了在建造过程中产生废弃物。

（2）严格分类建筑废弃物。马斯达尔城的工程承包商需将修建房屋等产生的废弃物运至材料循环利用中心，该中心将对其进行分类及处理，以供其他工程承包商重复或循环利用。

（3）重复及循环利用材料。马斯达尔城的材料循环利用中心对建筑废弃物进行处理，工程承包商可在该中心直接购买相关材料以重复或循环利用，有助于降低运输成本。该城在修建过程中金属材料铝的重复利用率达 90%，所有建筑废弃物的重复及循环利用率达到 90%。

（4）分类回收利用生活废弃物。马斯达尔城分类回收生活废弃物，垃圾箱的不同溜槽对应不同废弃物，主要包括玻璃、铝制品、塑料、纸质等。不同类型的生活废弃物分类回收后将对应处理，未分类的废弃物将用于焚烧或填埋。

（5）修建垃圾焚烧厂。阿布扎比未来能源公司于 2017 年与沙迦的 Bee'ah 公司签约成立了合资公司，负责在沙迦（距马斯达尔城 140 千米）建设垃圾焚烧发电厂。该电厂竣工后的年处理量为 30 万吨废弃物，从而减少马斯达尔城以及整个阿联酋废弃物的填埋，预计填埋率将减少到 25%。

三、海绵城市——中新天津生态城

1．城市概况

中新天津生态城是中国和新加坡两国政府应对全球气候变化，加强环境保护、节约资源和能源，构建和谐社会的战略性合作的项目。2007 年，中国和新加坡签署框架协议，天津滨海新区成为项目的实施地。2008 年，中新天津生态城开工奠基。中新天津生态城总体规划目标比较庞杂，既要重点发展文化创意、旅游和健康、智能科技等新兴产业，又要打造绿色城市、智慧城市，努力成为世界一流的可持续发展城市。本案例仅针对中新天津生态城作为国家海绵城市①建设试点来介绍，其建设目标和具体措施均围绕海绵城市展开。

2．建设目标

生态城坚持功能、内涵相互统一的原则，结合新加坡"ABC"（活力、美丽、洁净）治水理念，将海绵城市理念有机融入各类建设项目中，丰富和提升城市功能。一是海绵设施与景观结合。在水系两岸全部采用生态岸线，减少硬质铺装，既为居民提供了宜人的滨水活动空间，同时通过绿化对表层雨水径流的过滤作用，减少了雨水对河道的污染，保证了水质稳定。二是海绵设施与公共空间相结合。在公共开敞空间或者集中绿地，因地制宜地设置下凹绿地、雨水花园或旱溪，弱化场地空间的"生硬"感，提升近人的氛围，丰富了场地功能。三是海绵设施与建筑功能相结合。在办公建筑和学校建筑中，生态城设置了很多屋顶花园，在实

---

① 海绵城市是新一代城市雨洪管理概念，指城市在适应环境变化和应对雨水带来的自然灾害等方面具有良好的"弹性"，也可称为"水弹性城市""水敏感性城市"，是"低影响开发雨水系统构建"。海绵城市下雨时能吸水、蓄水、渗水、净水，需要时将蓄存的水"释放"并加以利用。

现雨水滞蓄、净化功能的同时，满足办公人员休闲和学生活动的需求。

3. 具体措施

中新天津生态城海绵城市建设以问题为导向，坚持"因地制宜"原则，经过多年的实践探索与经验总结，逐渐形成了具有其地方特色的海绵城市建设模式。

（1）构建系统，夯实海绵城市建设基础。第一，保留静湖、故道河并开挖惠风溪，保障雨水调蓄能力；通过土方倒运，整体调整竖向，确保城市排水通畅；合理划分排水分区，按标准建设雨水管网。第二，整治黑臭水体，将原来的污水库变为静湖；隔断城市内外水系，建立内部水系循环系统，增强水体自净能力，按照"源头减排、过程控制、末端治理"思路，所有建设项目均落实海绵城市建设理念。第三，所有岸线尽可能保留自然原始状态，保持生态岸线比例100%。第四，融入新加坡"ABC"治水理念，珍惜每一滴雨水资源，综合采用雨水罐、雨水调蓄池等海绵设施，强化雨水收集回用。

（2）建立制度，落实海绵城市建设要求。第一，成立了海绵城市建设领导小组和办公室，管委会主任担任组长，建设局局长任办公室主任，具体负责海绵城市相关的各项工作，并形成了分工合理、统筹协调、运作顺畅的多部门联动机制。第二，将海绵城市建设要求纳入"两证一书"①，并在方案、施工图、验收阶段增加了海绵城市审查环节。

（3）搭建平台，评估海绵城市建设效果。充分利用运维中心平台基础，搭建海绵城市管理监测平台，对河湖水系实时监测，支持安全预警；展示不同情境下片区建设成效及积水内涝风险，对海绵城市相关设施进行运维调度；辅助政府机构对海绵城市建设项目进行管理，对建设进度实时监控。

（4）分类施策，形成海绵城市建设技术模式。针对一般居住小区、别墅、公共建筑、道路、公园等各类项目，分别形成了不同的海绵城市建设技术模式。

（5）培育企业，完善海绵城市产业链条。为了长期保持和提升海绵城市建设

---

① "两证一书"是对中国城市规划实施管理的基本制度的通称，即城市规划行政主管部门核准发放的建设项目选址意见书，建设用地规划许可证和建设工程规划许可证。

效果，保证海绵城市产业的良性发展，生态城注重相关企业的引进和培育，充分尊重市场公平竞争、优胜劣汰的自我调节机制，在设计、咨询、施工、材料和设备采购等环节为一大批企业提供了良好的发展环境，并培育出了生态城低影响开发设计有限公司等若干优秀的本土企业，逐渐完善了海绵城市产业链条。

第十二章　美丽宜居乡村建设

第一节　美丽宜居乡村的内涵、特征与挑战

乡村是淳朴的人民与农田、村舍、畜禽、鱼虾、树林、草地等和谐相处之地，呈现出勃勃生机的美好画境，更是山清水秀、鸟语花香、生态优美的代名词。但随着城市化、工业化进程，乡村生态环境逐步遭受破坏，美丽的乡村不但面临大量青壮人口的外流，而且也同时承受着巨大的生态环境压力。"美丽宜居乡村"建设是解决当前乡村社会经济以及生态环境压力的有效途径之一，也是持续推进生态文明建设的必然要求，是"美丽中国"建设的主要内容之一。

一、美丽宜居乡村的内涵

中国推行的二元分割户籍制度，使得城乡二元结构长期存在于中国城市化进程中。中国工业化的快速发展，不仅使城市面临环境污染、生态环境恶化等诸多问题，而且由于乡村的基础设施及管理相对薄弱也导致此类问题更为明显，"垃圾靠风刮，污水靠蒸发，家里现代化，屋外脏乱差"①的现象屡见不鲜。此外，受城乡二元结构的影响，生态环境治理格局呈现"重城市，轻农村"的二元化②，乡村生态环境未得到有效的治理。如此局面的形成，首先，是归因于广大农村长期作为支撑城市发展的后方资源性空间，为促进城市建设提供劳动力、农产品及各种自然资源，不但没有促进乡村经济发展，而且还无偿地承受城市转嫁的空气、水、

---

① 建设新时代美丽乡村[N]. 人民日报，2018-12-29.
② 王季潇，吴宏洛. 习近平关于乡村生态文明重要论述的内生逻辑、理论意蕴与实践向度[J]. 广西社会科学，2019（8）.

土壤等环境污染所造成的生态负担和危害。其次，在尽力支撑城市化、工业化快速发展的同时，农村地区为摆脱贫困，大多只能继续消耗甚至透支本土自然资源。再次，随着城市的不断扩展也带动大量人口的流动，城镇人口比重从 2000 年的 36% 上升至 2016 年的 57%，农村人口比重从 2000 年的 64% 降至 2016 年的 44%。农村人口逐步流向城镇，其中多数为青壮年劳动力，使得农村人口数量、结构、质量的变化更加不利于乡村社会经济发展。[①]

中国自古就是一个农业大国，也就决定"美丽乡村"建设的地位尤为重要，是"美丽中国"建设的基础与前提，也是生态文明和新农村建设的新工程与新载体。[②]在党中央的领导下，中国从提出"三农问题"大力发展乡村产业与经济，再到部署落实"美丽乡村"建设，均是着眼于中国实际情况解决乡村问题，探寻生态治理与经济协同发展、避免资源枯竭、能够实现持续发展的现代化路径。因此，注重乡村生态环境，建设美丽宜居乡村，推动乡村振兴符合中国国情，能够推动乡村整体发展。

2005 年，习近平同志对浙江省安吉县天荒坪镇余村进行了考察，对该村关闭污染产业走向生态旅游等绿色且可持续发展道路的做法给予了高度肯定，并提出了"绿水青山就是金山银山"的两山理念。党的十六届五中全会提出了建设社会主义新农村的重大历史任务，并提出"生产发展、生活宽裕、乡风文明、村容整洁、管理民主"的新要求。党的十八大报告提出"建设美丽中国"的要求，更是推动美丽宜居乡村建设的进程。广大乡村在"美丽中国"的建设中占有重要的地位，既是"建设美丽中国"的重点，又是其难点所在，更是"美丽中国"建设的基础。2013 年中央一号文件中提出"加强农村生态建设、环境保护和综合整治，努力建设美丽乡村"。此后，全国乡村地区依据本地实情探索和创新"美丽乡村"建设的路径。2015 年，《关于加快推进生态文明建设的意见》的出台成了中国"美丽中国"建设的纲领性文件，要求将生态文明建设深入乡村建设与发展之中。党的十九大报告又提出实施乡村振兴战略，要坚持农业农村优先发展，按照产业兴

---

① 赵周华. 中国农村人口变化与乡村振兴：事实特征、理论阐释与政策建议[J]. 农业经济与管理，2018（4）.
② 王卫星. 美丽乡村建设：现状与对策[J]. 华中师范大学学报，2014（1）.

旺、生态宜居、乡风文明、治理有效、生活富裕的总要求，建立健全城乡融合发展体制机制和政策体系，加快推进农业农村现代化。由此，美丽宜居乡村建设的方面，既包括民居环境的整理、生态文明理念的普及、乡村文化的挖掘与传承，也包括绿色产业的优化与升级。

美丽宜居乡村建设是"美丽乡村"建设的重要内容。"美丽乡村"建设注重的是乡村的社会经济发展、文化的繁盛与人居生态环境的改善及生态文明的普及，追求的是绿色产业、优美环境、精神文明、生活幸福美满。原农业部办公厅于2013年发布的《关于开展"美丽乡村"创建活动的意见》中指出："美丽乡村"建设就是以科学发展观为指导，其目标为农业生产发展、人居环境改善、生态文化传承、文明新风培育，以全面、协调、可持续发展的角度，构建科学、量化的评价目标体系，建设一批天蓝、地绿、水净，安居、乐业、增收的"美丽乡村"，树立不同类型、不同特点、不同发展水平的标杆模式，推动形成农业产业结构、农民生产生活方式与农业资源环境相互协调的发展模式，加快中国农业农村生态文明建设的进程。[①]美丽宜居乡村建设是"美丽乡村"建设的一部分，是以生态文明建设为向导，充分利用乡村资源优势，发展与自然环境相协调的绿色乡村产业；是不断改善人居环境，建设鸟语花香的田园乡居；是积极弘扬乡村文化，提升乡民精神文明与道德水平；是要创建绿水青山、宜居、宜业及留得住乡愁的生态乡村。

二、美丽宜居乡村的特征

农业部在2014年印发的《"美丽乡村"创建目标体系》提出，"美丽乡村"应具有"环境美"是特征；"产业美"是前提；"生活美"是目的；"人文美"是灵魂等基本特征和作用，即生产、生活、生态的"三生和谐"。此外，原农业部从产业、环境、和谐、文化及组织五个方面分别阐述了"美丽乡村"建设的目标。在产业上，能够充分利用地方特色资源与优势创立乡村或乡镇主导性产业以带动村镇产业，致富农民。在生态环境保护方面，《"美丽乡村"目标体系》对乡村生态环境

---

① 农业部办公厅. 农业部办公厅关于开展"美丽乡村"创建活动的意见[EB/OL].http://www.moa.gov.cn/gk/tzgg_1/tz/201302/t20130222_3223999.html.

的清洁化、标准化、资源高效化等方面都给出了具体量化指标和执行标准，以衡量美丽乡村的环境绿化、美化及适宜等，包括秸秆利用率、乡村人口与圈养牲畜产生的粪便等废物的处理利用率、机械化综合水平（可利用机械的乡村地区）等，以及配套的改善乡村人居环境的公众设施、乡村景观面貌，乡村道路、水、电气等村民日常生产、生活所涉及的基础设施，生活中的废物、废水、废气等处理状况，清洁绿色可持续能源推广使用状况，节能无害无污染的产品的使用以及清理和维护农村生态环境卫生的状况，改造厨房、改水、改电等情况。在社会和谐上，包括教育、医疗、养老保险等方面，涉及基础与义务教育、养老救济等。在文化传承上，主要是指乡村地区的民风民俗、优秀农耕技术、乡村艺术等优秀传统文化、休闲娱乐等公共文化场所全覆盖等。在组织上，是指乡村建设与发展中上层建筑的设计，乡村自治、基层党组织、种养大户、家庭农场主、农民专业合作社带头人、产业化龙头企业主等新型生产经营主体情况，村民自治、村规民约建设情况等。[①]因此，美丽宜居乡村的特征应具备绿意盎然的生态之美、低耗环保的发展之美以及文化浓厚的人文之美。

三、美丽宜居乡村建设的挑战

乡村与城市之间公共基础设施、产业结构、劳动力与生态文明理念等具有较大差距，而这也正是美丽宜居乡村建设面临的巨大挑战。首先，乡村生态环境问题较为突出。新中国成立以来，为不断满足人口日益增长所带来的粮食短缺问题，乡村通过不断扩增耕地面积与大量使用化肥、农药等化学药剂来提高粮食产量。这种以牺牲环境为代价进行的盲目生产，不仅使乡村森林植被覆盖率锐减，也使土壤受到严重污染，造成大量水土流失，又间接涌入河湖，进一步污染水生生态。其次，乡村公共基础设施建设不够完善。大部分乡村缺乏较好的公众基础设施，生活污水、废水、垃圾等乱排、乱丢现象较为常见，农村厕改、垃圾分类以及污水处理配套设备等基础设施建设亟待完善。再次，乡村以生态为基础所建设的产业严重不足。乡村主要以农业、养殖业等第一产业为主，且大多数为个体散户，

---

① 唐珂. 关于建设美丽乡村的理论与实践[J]. 休闲农业与美丽乡村，2013（6）.

并不成规模。以使用化学药剂为主的农业发展，给乡村带来了严重的水土污染；以养猪鸡鸭等家禽家畜为主的养殖业，又大多无序且分散养殖，造成粪便随意堆积，以致蚊蝇肆虐，污染空气与地下水，严重破坏人居环境。最后，乡村劳动力大量流失。由于乡村就业机会不足，随着城镇经济不断发展与城镇化的推进，大量青壮劳动力不断流向城镇，农村人口外流现象日益严重，致使多数村落成为"空心村"。乡村劳动力的不足，造成建设乡村主流力量的缺失，也严重阻碍了美丽宜居乡村建设的进程。

第二节　美丽宜居乡村建设的探索与实践

一、以生态美村

以生态美村就是要改善乡村生态，使其青山绿水、鸟语花香，使其优美、宜居，使其让人记得住乡愁。生态美村就是要不断维护好村貌，治理环境污染，解决农村中常见的生活生产污水，废水乱倒、乱排、乱放，生活垃圾乱丢、乱扔，厕所乱建、违建、脏乱臭等现象。对乡村人居生态环境的改善，可通过厕所改造、建立沼气池、建垃圾回收站等措施进行全方位的改水、改废、改厕。生态美村就是要充分发挥乡村丰富的水资源、森林资源以及传统的田园风光与乡村特色优势，将生态资源变为建设宜居、宜业的人居环境优势的潜力。

在生态美村建设上，浙江省处于全国领先地位。浙江省是习近平生态文明思想的发源地，也是在全国率先开展"美丽乡村"建设的"先行区"。"建设美丽浙江、创造美好生活"是浙江省从事社会、经济、文化发展自始至终追求的目标，也是"建设美丽中国"在浙江的实践，是为打造出"美丽中国"浙江样本而不断进行的努力，更是在党中央领导下浙江历来主要领导提出的"绿色浙江""生态浙江"以及"中国蓝"等众多奋斗目标基础之上的更高总结与升华。浙江省在建设"美丽省份"中坚持以习近平生态文明思想为指导，以"八八战略"为引领浙江发展的总纲领，以发展经济与改善环境为中心任务，以解决影响经济发展与人民大众身心健康的环境问题为着力点，以维护生态环境安全与社会和谐为基本要求，以创新体制机制与倡导共建共享为重要保障，①全力践行"创新、协调、绿色、开放、共享"的发展理念，充分发挥浙江生态优势，将一张蓝图绘到底，全面建设美丽浙江。

2003 年，浙江省为加快生态文明建设，提高广大农村群众的生活质量、身心健康、文明素质，改善人居环境，实施了"千村示范、万村整治"工程。该工程主要是为改善农村人居生态环境，全力打造环境优美、安居乐业的乡村，主要是以"垃圾处理、污水治理、卫生改厕、村道硬化、村庄绿化"为重点进行农村环境综合治理。科学、合理、切合农村实际情况地对其进行规划，解决农村"脏、乱、差"等突出的环境问题，进行全面、全方位的环境整治，建设与完善农村基础与公众设施。该工程计划 5 年整治完善一万个行政村，并在其中打造出 1 000 个全面小康示范村，每年整治 10%的行政村，并打造 3～5 个可以在县（市、省），甚至在全国内都可以以此为示范的美丽宜居乡村。

安吉县位于浙江省西北部，改革开放之初，安吉县曾依靠一批污染企业"挖到第一桶金"。1998 年，安吉因水环境破坏严重，在国务院当年开启的太湖治污"零点行动"中被列入太湖水污染治理重点区域。随后，安吉县关闭了县内重污染的工厂，并根据本县实际情况调整了社会经济发展方向，于 2001 年确立了"生态立县"发展目标。2008 年，安吉根据浙江省出台的"千村示范、万村整治"的工程要求，根据本县特色资源优势以及实际县情，在实施"双十村示范、双百村整治"的"两双工程"基础上，率先推行"中国美丽乡村建设"，建设"村村优美、家家创业、处处和谐、人人幸福"的现代化新农村样板②。安吉县于 2019 年基本实现"美丽乡村"全覆盖，其中建成精品示范村 55 个、乡村经营示范村 15 个、善治示范村 34 个、精品观光带 4 条，建成区面积达 37.6 平方千米。③该县获评"中国第一竹乡""中国白茶之乡""中国椅业之乡""全国森林旅游示范县""全国四好农村路示范县""全国首个生态县""2012 联合国人居奖""中国绿色示范县"

① 董根洪. 浙江建设万千美丽乡村的基本经验[N]. 重庆日报，2019-04-16.
② 于洋. "美丽乡村"视角下的农村生态文明建设[J]. 农业经济，2015（4）.
③ 安吉县县情简介[EB/OL]. http://www.anji.gov.cn/col/col1229211473/index.html.

等荣誉称号，其建设路径被总结为"安吉模式"，被誉为"中国新农村建设的鲜活样本"①。

　　改善人居环境，完善农村公共服务事业是安吉县不可或缺的成功经验之一。为改善乡村生态环境，安吉县对下辖的乡村进行了一系列的环境整治，重点治理违规建筑、杂物垃圾以及生活生产污水等，还进行修路、修改水道、改建与清洁厕所以及改塘，以使每个乡村的人居环境达到"八化"标准（布局优化、道路硬化、村庄绿化、路灯亮化、卫生洁化、河道净化、环境美化和服务强化）。2019年，安吉县为响应国务院提出的"无废城市"建设，率先积极探索建设"无废村庄"。安吉县首先以报福镇深溪坞村为"无废村庄"试点，推行取消"六小件"，即牙刷、梳子、浴擦、剃须刀、指甲锉和鞋擦等一次性消耗品。深溪坞村因取消"六小件"，一年可节约成本高达70万元，游客可以在农家乐和民宿前台按需购买。目前，报福镇已基本实现污水收集全覆盖，污水处理率高达90%，深溪坞村也积极在无废水、无废气、无废物的无"三废"建设中探索"美丽乡村"的"无废村庄"建设。②对乡村中的公共服务，安吉县以均等化为目标，积极推进乡村公共服务体系建设以完善网络化管理与组团式服务，实现城乡公共交通、社区卫生服务、城乡学前教育、居家养老服务、广播电视等11个城乡公共服务平台的全覆盖。此外，安吉县为充分保障乡村就业，积极搭建就业信息平台，提供全面的就业信息，实现了城乡就业信息互通共享。

　　除浙江省外，其他地区也在积极探索生态美村之法。十堰市坐落于湖北省西北部，位于秦巴山东部、汉江中上游，与豫、陕、渝3省市交界。十堰市在中国生态环境保护中具有意义非凡的战略地位。由于秦岭、大巴山交汇于此，形成一道天然防护墙，向北能够阻止沙尘暴的侵袭与东移，向南也能抑制酸雨向北迈进西迁，俨然成为南北气候的分界线。十堰地区拥有丰富的动植物资源，其中木本植物113科1 470种，中药药材资源1 360种，素有"华中药谷"之美誉，全市拥

---

① 姚禹阳. "安吉模式"对我国美丽乡村建设的启示[J]. 现代化农业，2018（3）.
② 杨君左. 无废水，无废气，无废物：安吉探索建设"无废村庄"[N]. 杭州日报，2019-08-21.

有国家和省重点保护野生动物 207 种。①故此,十堰市是生物多样性的重点保护地区,是中国生态环境的调节器。②十堰市提出了"生态立市"的战略,将生态美丽乡村建设纳入 2014 年市政府十件实事之一。十堰市出台生态环境保护"一票否决"制度,为"美丽乡村"建设保驾护航。乡村人居环境整治是十堰市"美丽乡村"建设中重要的一环。为解决农村垃圾、生活生产废水等污水、脏乱臭厕所等环境问题,十堰市在广大乡村展开"宜居住房、清洁生产、饮水安全、通畅路网、环境整治、乡村绿化"六大工程,坚持不懈地推进"四清(清垃圾、清杂物、清庭院、清死角)、四改(改厨、改栏、改厕、改水)、四建(建沼气池、垃圾池、生态庭院、小文化广场)",以改善乡村人居生态环境。在十堰市这些大方针指导和规划下,地方乡村根据本村实际情况因地制宜地开展"美丽乡村"的环境改善。素有"中国水都、亚洲天池"之美称的丹江口市下辖的茯苓村根据当地实际状况开展了"绿化、美化、亮化"工程,着手清理地面、河面、湖面的垃圾、漂浮物等,对厕所、牲畜圈、厨房等进行建筑和卫生改善,并且请第三方公司在乡村中展开清洁,实行保洁管理工作网格化。为了提高乡民的积极性和主动性,还在乡村中广泛组织"最美农户"卫生评比活动,激励乡村中的父老乡亲美化门前门后、绿化庭院以及注重卫生等。茯苓村的美化人居环境工作取得颇丰成果,不仅乡村的环境洁净卫生,空气清新,而且还被住建部于 2017 年授予"改善农村人居环境示范村"的荣誉称号。

二、以产业美村

以产业美村,就是要充分利用本土优势资源,因地制宜地依托当地生态环境发展相关延伸的绿色产业,集思广益以创新发展绿水青山的内生性产业。乡村产业的出发点就是要建设美丽、生态、富饶以及幸福的乡村,就是要求所经营的产业在建设美丽宜居乡村要求下符合乡村实际并能够助推乡村长久性发展,就是要激发乡民参与的激情与热情并能够在乡村发展中获得幸福感。以产业美村,就必

① 十堰市情简介[EB/OL]. [2019-12-13].http: //www.shiyan.gov.cn/zjsy/sygk/202006/t20200612_2061180.shtml.
② 胡玉、王莹. 科学创建生态美丽乡村——来自十堰市生态创建的报告[J]. 中国生态文明, 2014 (3).

须以建设和保护农村生态环境为前提，杜绝先污染后治理的错误道路，应着力掌控生态农村建设方向，以推动乡村社会经济健康绿色发展。乡村绿色产业发展道路可以有多种选择，既可以依据地区优势以旅游业带动生态宜居乡村建设，也可以优化产业结构促进生态宜居乡村建设。

旅游业是建设"美丽乡村"的主要产业之一，发展旅游业不仅可以改善乡村生态环境外貌，也能促进乡村社会经济发展。余村隶属于安吉县天荒坪镇，因境内天目山余脉余岭及余村坞而得名，是一个典型的三面环山小乡村。余村在 20 多年前是一个依靠炸山开矿为业致富的乡村，但也是一个因开矿而环境急速恶化的乡村。安吉提出生态立县策略之后，余村经过民主决策，决定关闭矿石和水泥场，封山护水、护林，走绿色经济发展道路。为建设生态"美丽乡村"，余村充分利用本地优势资源，发展旅游经济。余村将全村划分为生态旅游区、美丽宜居区及田园观光区，引导和鼓励乡民将闲置土地种植多品种花卉苗木以装扮乡村，净化空气，凸显自然韵味，并积极团结农户建设荷花山景区，为旅游经济的发展而进一步提高自然景观的观赏性。2005 年，时任浙江省委书记的习近平同志到余村考察后，对余村绿色发展道路给予充分肯定，并在余村首次提出"绿水青山就是金山银山"的理念。余村从"靠山吃山"到"养山富山"，是一个成功转型到绿色经济道路的绿色、富饶、美丽的乡村。

旅游业毕竟具有时效性，乡村产业发展也需要多元化。充分利用乡村优势资源，积极发展生态农业并兼顾发展旅游业，以多种产业协助推动乡村生态建设，也是创建美丽宜居乡村的重要产业模式之一。恭城瑶族自治县位于广西壮族自治区桂林市的东南部，是一个以兼顾发展生态农业与旅游业模式而闻名的县。20 世纪 70 年代末 80 年代初，由于能源资源有限，农村地区大多以柴草为主要的燃料来源，造成大量草木被砍伐，带来严重的环境问题。1983 年，恭城县为解决农村燃料问题，改善人居环境，解决生活垃圾、污水等，以黄岭村为试点开始推行沼气，之后推广到全县。目前，恭城县沼气入户率已经高达 90%。随着外出务工人员的不断增加，养殖业人口量与规模逐渐下降。恭城县为解决沼气使用效率低与原料供应不足等问题，探索出沼气"全托管"公司化运作模式，即由地方养殖场与政府引进公司合作以实施农村沼气"全托管"服务的经营模式。沼气的全面运营承包给公司，农户只需按照每立方米沼气 2 元的价格进行刷卡使用。恭城县气候条件优越，土壤肥沃，适宜水果与农作物种植，该县县委、县政府为进一步利用沼气，在全县推行养殖业和果树种植业等配套产业，促使农村资源规范化和产业化。恭城县种植月柿、柑橙、沙田柚、红花桃等水果，种植面积很大，为充分利用地方农业与自然资源优势，大力打造具有地方特色的关于茶叶食品、月柿、酒类等 7 个新型生态工业小区，促使"养殖—沼气—种植"农业生态链延伸为"养殖—沼气—种植—加工"。2004 年，恭城县为适配汇源等集团的落户与生产，逐步调整水果种植结构，推广无公害产品标准化生产，形成了"公司+基地+农户"的现代农业生产机制。此外，恭城县具有深厚的文化底蕴，文武庙等明清古建筑群依然屹立于县境内，素有"山水精华在桂林，古建精华在恭城"之美誉。此外，恭城县人民热情好客，原生态的瑶族文化习俗众多，常有帝庙会、盘王节、婆王节、花炮节等民俗活动。[①]恭城油茶制作工艺、吹笙挞鼓舞、瑶族婚嫁等被列入广西壮族自治区"非物质文化遗产"。故此，恭城县具有丰富的旅游资源。为全面发展旅游业，该县实施了"富裕生态家园"工程。该工程不仅改善民居环境，而且建筑均结合本土文化特色，促使优秀传统民族文化的传承与宜居、宜住相结合统一，同样也能够吸引游客发展民宿产业，再次延长生态产业链，形成"养殖—沼气—种植—加工—旅游"五位一体全面发展的新模式。新模式的推行使得恭城县乡村在人居环境、精神文化及产业经济等方面得到持续性发展，该县也先后获得"全国绿色能源示范县""中国人居环境范例奖"等殊荣，成为全国各地开展"美丽乡村"建设的生态样本，也被联合国国际能源署授予"发展中国家农村生态经济发展的典范"的荣誉称号[②]。

三、以文化美村

生态文明中的"文明"强调文明思想意识与文明行动，尤其是对优秀传统文

---

① 恭城概况[EB/OL].[2020-09-20].http://www.gongcheng.gov.cn/zjgc/gcgk/201610/t20161013_1209456.html.
② 黄雅文."恭城模式"——美丽乡村的广西探索[J].当代广西，2019（17）.

化的继承与发扬。"美丽乡村"建设不仅注重"生态美""产业美",也重视"人文美",尤其重视对广大乡村所蕴含的丰富的、优秀的、内涵的地方传统文化的发掘、保护与弘扬。完善乡村文化基础设施也是建设美丽宜居乡村有效途径之一。电影下乡、乡村多媒体设备建设等不仅能够满足乡村农业信息的需求,也是农村进行文化传播的工具。文化广场、戏曲舞台、村史馆、文化博物馆等一批为保护和传承乡村文化的建筑,在"美丽乡村"建设中陆续建设完善。广大农村大多继承了先人的民风、民俗等优秀的传统文化及多数留存着传统的古建筑、古村落等物质遗产和皮影戏、剪纸、昆腔、豫剧等戏剧非物质传统文化,这些皆是乡村社区文化,是历史遗留的文化宝库,并且对后世文化发展有重要作用。国家为"美丽乡村"建设出台了众多吸引人才的政策,如"西部计划""大学生村官""三支一扶"等,吸引了大量优秀人才投身于乡村经济文化建设当中。此外,部分高校进行对口教育扶贫,高校教师按照乡村文化需求进行课题研究,行政干部驻村等,他们投身于乡村经济文化建设之中,为农村文化发展注入活力与动力。例如,龙泉市素有青瓷之都、宝剑之邦的文化内涵,是远近闻名的历史文化名城。龙泉县在"美丽乡村"建设中重视乡村的历史文化,尤其对优秀的传统文化能够深入挖掘、保护与传承。龙泉县为推动文化产业的发展,注重对乡村传统文化产业的扶持,并举办高规格关于青瓷的艺术展、论坛等,以带动乡村文化产业发展。当前,龙泉县众多乡村中被列入中国传统村落名录的达 49 个,也有众多乡村被列入省级历史文化村落名录。龙泉县在"美丽乡村"建设中对文化的重视,不仅促进了乡村文化产业、生态文化旅游业的发展,而且也凝聚了乡村本土百姓对文化的认同感与归属感。[①]宜城市在乡村建设明确提出的标准之外,充分鼓励地方根据本地特色与优势发挥主动创造性,充分挖掘、保护优秀的传统文化,从精神层面上为"美丽乡村"建设注入生命力和活力。宜城市各乡村可以加强对文物古迹、古建筑与传统村落等的保护与宣传,通过建设大戏台、文化广场、村史馆等,不仅可以改善乡村人居环境,而且还能够提升乡村品位。

---

① 陈潇奕. 浙江龙泉:打造美丽乡村样板[J]. 民族大家庭,2019(2).

第三节　美丽宜居乡村建设的意义

一、促进乡村产业绿色优化和振兴

产业发展是乡村可持续发展的基础，更是乡村振兴的推动力。[1]"美丽乡村"是我国当前新农村建设的重要载体，其实质是在农村建设资源节约型和环境友好型社会，促进节约能源资源和保护生态环境的发展方式在农村的确立。[2]由于我国城市化发展根据国情推行的是二元分割的户籍制度，使得城乡二元结构局面长期存在于我国城市化进程中，随着我国工业化的快速发展，资源短缺、环境污染、生态环境恶化等诸多问题凸显于全力支撑城市发展的乡村之中，加之乡村对生态资源的粗放式经营与利用，使乡村正面临生态环境恶化、社会经济发展停滞不前的巨大压力。美丽宜居乡村建设注重产业之美，探寻的是绿色可持续发展的经济发展之路，它可以通过不断地优化乡村利用地方自然资源优势、农业资源优势或其他特色优势形成支柱产业的生态链，推动农村经济结构调整，加快转型升级，最终催生农业发展的新格局。如安吉县天荒坪镇余村在"美丽乡村"建设中摒弃以往对环境严重污染的矿区开采，走上了充分发挥山清水秀的生态旅游经济之路等。此外，美丽宜居乡村产业的建设与调整也带动了电商、物流、农商直供等农村商贸新形态，以满足农村社会经济发展的新需要，而且促进了乡村乡民日常的消费、娱乐，改善了农村人居环境，也提高了乡民的生产生活水平与质量。美丽宜居乡村建设中的产业具有鲜明的生态特色，寻求的是产业与生态的和谐共存，能够推动绿色、低碳、循环，实现乡村各类资源与生产要素的整合以达到良性的循环发展。因此，美丽宜居乡村建设有利于充分集约生态环境中的自然资源，促进社会发展与生态承载力的相互协调，走出一条循环的、可持续的产业兴起之路。如岳阳为促进农村产业的优化和升级，实施创建"特色小镇"，以"小产业"推动

---

[1] 李文华. 河北省美丽乡村产业形态优化构建探略[J]. 河北工程大学学报，2019（2）.
[2] 黄克亮，罗丽云. 以生态文明理念推进美丽乡村建设[J]. 探求，2013（3）.

建设大品牌。为推进"美丽乡村"产业发展，岳阳市出台了《创建农业产业化特色小镇工作方案》，制定了农业产业"三有"、燃具环境"三化"、基层建筑"三好"创建标准，强化了创建引领市场导向、资源整合、打造品牌、奖励激励五大工作抓手，建立了以财政资金引导、项目整合引入、工商资本引进等多元投入机制。2018 年，20 个创建镇主导产业产值均超过当地农业产值 1/3，成功创建 3 个市级特色小镇，2 个小镇纳入 20 个省级特色产业小镇建设名单。此外，岳阳市还坚持以工业化理念指引农村农业发展，2018 年登记注册农民专业合作社 6 642 家，新增556 家；坚持以市场化理念推进农业农村发展，全市标准化生产基地达 155 万亩，"三品一标"农产品达 278 个，华容芥菜获评"中国百强农产品区域公用品牌"；坚持以现代化理念推进农业农村发展，建成土地服务流转中心 117 个，农业机械化水平达 76%，岳阳成功创建湖南省深化供销社综合改革示范市。[①]

二、拓展生态绿色空间

生态文明建设是实现中华民族永续发展的重要措施之一，而绿色的生态环境是其发展的不懈动力。乡村是与自然生态环境关系最为密切的区域，乡民日常生活中接触最为亲密的也是自然生态环境。若乡村生态环境遭到严重破坏，不仅拉大了人与自然的距离，阻碍了人与自然的交流，还会导致土地生产力下降，乡村居民人均收入逐渐减少，人民生活质量降低，更严重的是，可能危害乡村居民的身体健康。美丽宜居乡村建设能够促使乡村生态环境、经济产业等得到快速发展，促进乡村旅游转型发展，进一步推动地方生态经济、生态环境、生态人居及生态文明建设，最终减轻工业文明对乡村自然环境的破坏，让人们生活在安全、美丽的环境中，便利人们的生活，并且在此基础上推动经济的发展，保证人民生活质量得到提高，让绿色空间更加广泛。

---

① 岳阳市政府研究室课题组. 新时代中国特色美丽乡村建设"岳阳模式"研究与思考[J]. 中国经贸导刊，2019（6）.

三、丰富生态文明建设理论与实践

党的十七届三中全会提出将提高农村人居环境作为新农村建设的一项重要任务，党的十八大进一步将"生态文明"纳入"五位一体"的总体布局中，党的十九大更是提出要建设"美丽中国"，为人民创造良好的环境。由此可见，党中央对生态环境保护的高度重视，将生态文明建设放在突出的重要位置。"美丽乡村"建设是"美丽中国"建设的基础，加之乡村生态文明建设是国家生态文明建设的重要内容之一。因此，农村生态文明发展状况对我国生态文明建设起着举足轻重的作用。改善农村生态环境，打造美丽、和谐、生态的宜居乡村，是落实党的十九大精神所需，也是推进生态文明建设的重要举措。同样，农村生态文明建设也是美丽宜居乡村建设的重要环节，在加快乡村经济产业以及其他社会事业的建设时，必须将农村生态文明建设纳入其中，共同建设美丽宜居乡村。只有统筹城乡发展，注重推进乡村生态环境的改善、保护与文明创建，才能为美丽宜居乡村建设提供保障，才能推进生态中国、"美丽中国"的建设。在美丽宜居乡村建设中，新农村建设与生态文明建设应协同发展，只有将农村生态文明建设、产业升级发展以及乡村绿色生活、生产、消费方式有机融合，才能促进农村社会经济的持续发展，才能改善农村人居环境，更好地实现新农村发展目标，创建美丽宜居乡村，进一步丰富生态文明建设的理论与实践。如漳平为改善农村生态环境，解决生活垃圾乱丢问题，在"美丽乡村"建设中推行垃圾分类。漳平政府在农村中实施生活垃圾"零废弃"办法，在农村建设阳光堆肥房，农户的生活垃圾等可以堆放于堆肥房中变成有机肥料，并就近沤肥返田。此外，漳平也将乡村划区域进行垃圾集中处理，进一步清除了农村垃圾脏乱差现象，呈现出一幅"绿、美、畅、洁、安"的"美丽乡村"景象。[1]信阳为解决生活垃圾印发了《农村人居环境整治三年行动》，明确指出解决农村生活垃圾、厕所粪污、生活废水等问题。信阳在农村垃圾处理中实行 GPS、物联网、大数据、智能传感等现代技术，对垃圾处理流程实施全方位监管，对垃圾实行卫生填埋，对垃圾渗透液通过调节池、AO 反应池等处理，

---

① 朱金妹. 垃圾分类助推美丽乡村建设[J]. 人民论坛，2019（8）.

同样对垃圾也实施分类进行沤肥。通过一系列的垃圾处理法，信阳农村风貌焕然一新，农户房前屋后无垃圾、庭院无积水的现象比比皆是，进一步推动了美丽宜居乡村的建设等。

四、推动社会主义和谐社会构建与"中国梦"的实现

党的十六大提出要建设民主法治、公平正义、诚信友爱、充满活力、安定有序和人与自然和谐相处的社会主义和谐社会。美丽宜居乡村建设追求的是生产、生活、生态的"三生和谐"与生活美、产业美、人文美、环境美的"四美共建"，对社会主义和谐社会的构建具有重大促进作用。在"美丽乡村"建设中，倡导人与自然和谐共生，无论是乡村经济产业发展，还是日常生活，都需要珍惜自然、爱护自然，以持续发展理念建设乡村的美丽与宜居。美丽宜居乡村建设也重视人与社会和谐发展，完善公共服务体系建设，实现公共服务均等化，促进民主发展制度化，以解决广大乡民所面临的难题，实现乡村社会和谐发展。

"美丽乡村"是新农村建设的载体，是"美丽中国"建设的基础、前提与具体行动，也是实现"中国梦"的基础。美丽宜居乡村追求的是"生产发展、生活宽裕、村容整洁、乡风文明、管理民主"，在建设的过程中统筹了城乡发展的理念，科学布局了城市与乡村的发展布局，促进城乡一体化的发展。习近平总书记提出，实现中华民族伟大复兴的"中国梦"，就是要实现国家富强、民族振兴、人民幸福。我国提出的一切建设与行动都是为了能够实现人民所追求的美好生活，实现广大人民群众的幸福。每一个人都是"中国梦"的重要价值实体，更包括广大乡村人民群众，美丽宜居乡村建设就承载着亿万农民的"中国梦"。美丽宜居乡村作为建设"美丽中国"的具体行动，是打造生态优美的乡村生态环境，促进乡村社会经济发展，使广大农民能够拥有宜居、宜业的美好家园，提高人民幸福指数的具体实践，能够推动"中国梦"实现的进程。

第十三章　生态安全屏障保护与建设

生态安全是国家安全的重要组成部分，事关中华民族永续发展。生态安全屏障保护与建设是维护国家生态安全的重要战略举措，更是推进生态文明建设的重要内容。近年来，随着我国生态文明建设的持续深入展开，逐步从政策理论到具体实践明确了生态安全屏障保护与建设在维护国家安全中的重要地位。近年来，我国生态安全状况总体上向良好的趋势发展，但仍面临着严峻的生态安全威胁，因此，加快生态安全屏障建设刻不容缓。生态安全屏障保护与建设是一项具有长期性、复杂性、艰难性的系统工程，需要从全局出发、整体思考、立足全球，通过顶层设计建立科学、合理、完善的生态安全体系，构筑和优化国家生态安全屏障体系，积极参与到全球生态治理之中，贡献中国智慧和方案。

第一节　生态安全屏障的概念、功能及特征

目前，"生态安全屏障"的概念、功能及特征在学界并无明确定论。"生态屏障""生态安全屏障"的概念是共用的，但两者之间明显既有区别又有联系，因此，有必要从理论层面对"生态安全屏障"这一概念、功能及特征进行梳理总结及界定。

一、生态安全屏障的概念

"生态安全屏障"一词更多的是来自我国长期的生态环境保护实践中，严格意义上来讲它并非是一个科学术语。"生态屏障"的使用及研究早于"生态安全屏障"。20 世纪 80 年代，始有"生态屏障"的相关研究成果，但最初并非是对"生态屏

障"进行专门性研究，而是通过农业、林业环境保护及自然灾害防治进行呈现。20 世纪 90 年代初，"绿色屏障""绿色生态屏障""生态环境保护屏障""生态屏障"的专门性研究逐渐增加，集中于生态环境保护与建设取得的经验、存在的问题、对策建议等方面。直至 21 世纪，关于"生态安全屏障"的专门性研究成果逐渐增多，一方面，西藏、内蒙古、甘肃、云南等西部地区结合自身实践提出了诸多区域生态屏障建设的构想，对其存在的问题、面临的挑战进行了总结，并探索性地提出了相应对策建议；另一方面，开始对"生态安全屏障"的概念、内涵、目标等进行理论性探讨，开始逐渐地从原本的经验性研究向规范性研究过渡。

生态安全屏障是指一个区域生态系统（以植被生态系统为主）的生态结构与过程处于不受或少受破坏与威胁的状态，形成由多层次、有序化生态系统组成的稳定格局，为人类生存与发展提供所需的物质生产与环境服务功能[1]。生态安全屏障建设总体上是为了保护、营造、恢复、改善和管理生态环境资源，限制或取消那些引起生态系统退化的干扰，充分利用系统的自我恢复功能和社会补偿的方式，达到保护和改善生态环境的目的[2]。因此，生态安全屏障是能满足人类特定生态要求并处于与人类社会发展密切相关的特定区域的复合生态系统。"生态安全屏障"最早是人们的一般性描述用语，其学术概念的理论源泉可追溯至与恢复生态学、保护生物学和生态系统生态学理论有关的内容，认为生态安全屏障是一个复合生态系统，具有稳定的结构并发挥重要的生态功能，通过系统的自我维持与自我调控能力，维持区域生态系统稳定、良性循环，同时通过物质、能量、信息的交流，对周边地区乃至中国和邻近国家的生态环境起到屏蔽、保护作用，是维持区域内、外生态安全与可持续发展的复合体系[3]。从人类社会视角出发，生态安全屏障主要是对生态系统保护、防御、连通、阻隔等作用的形象描述，良好的生态安全屏障不仅能够保障本地生态系统的安全和生态系统服务供给，并且有助于支撑周边地区生态安全及人类社会的可持续发展[4]。

① 钟祥浩. 中国山地生态安全屏障保护与建设[J]. 山地学报，2006，26（1）.
② 谢维伟. 石羊河流域生态安全屏障建设[J]. 知识经济，2011（8）.
③ 郭二果，李现华，祁瑜，等. 国家北方重要生态安全屏障保护与建设[J]. 中国环境管理，2021，13（2）.
④ 傅伯杰. 北方生态安全屏障建设的四大科学问题[J]. 人与生物圈，2021（1）.

"生态安全屏障"是在"生态屏障"的基础上形成的，是"生态屏障"这一概念的进一步深化，其内涵及外延更为丰富。"生态"是指生物及其与周边环境之间的关系；"安全"是一种和谐、稳定的状态；"生态安全"是指生态系统处于一种稳定、健康、完整的状态；"屏障"是一种功能物，是指一种障碍、遮蔽、阻挡、庇护之物。生态安全屏障具有明确的保护、防御对象，能够提升生态系统服务能力，其目标是实现生态安全。从一般描述性的角度来看，"生态安全屏障"是指具有某些特殊防护功能的复合生态系统，这一生态系统可以更好地维护区域生态安全，符合人类生存和发展的生态需求。

二、生态安全屏障的功能

生态安全是国家安全的重要组成部分，生态安全屏障具有特殊、重要的生态功能，是保障和维护国家生态安全的底线和生命线，对于建设人与自然和谐共生现代化具有重要意义。按照《全国主体功能区划》中对"两屏三带"生态安全战略格局的要求，不同生态安全屏障区的保护与建设有其不同的功能及作用。其中，青藏高原生态屏障要重点保护好多样、独特的生态系统，发挥涵养大江大河水源和调节气候的作用；黄土高原—川滇生态屏障要重点加强水土流失防治和天然植被保护，发挥保障长江、黄河中下游地区生态安全的作用；东北森林带要重点保护好森林资源和生物多样性，发挥东北平原生态安全屏障的作用；北方防沙带要重点加强防护林建设、草原保护和防风固沙，对暂不具备治理条件的沙化土地实行封禁保护，发挥"三北"地区生态安全屏障的作用；南方丘陵山地带要重点加强植被修复和水土流失防治，发挥华南和西南地区生态安全屏障的作用[①]。

生态安全屏障功能是指构成生态屏障的生态系统及其生态过程所形成的对生态系统内、外人类赖以生存的环境的保护效应，主要体现在构成生态屏障的生态系统对不利环境因素的阻滞、净化和有利因素的保育与涵养，包括净化、调节与

---

① 全国主体功能区划[EB/OL].http://www.gov.cn/zwgk/2011-06/08/content_1879180.html.

阻滞、土壤保持、水源涵养、生物多样性保育五大功能[1]。生态安全屏障功能表现为对屏障区、周边地区和国家生态安全与可持续发展能力的保障[2]。总体而言，生态安全屏障的功能包括净化过滤功能、调节缓冲阻滞功能、隔板功能、庇护功能、土壤保持功能、水源涵养功能、生物多样性保育功能、精神美学功能。

　　第一是净化过滤功能。生态屏障对从系统外进入或从系统内流出的物质有一定的净化过滤功效，这一功能的突出表现是森林生态系统所具有的净化水源、减少污染、提高水质与空气质量的作用。不同类型的生态系统具有不同的功能，如城市绿化、道路、河岸、海岸绿化、农田防护林网等形成的人工生态系统所具有的净化空气污染物、有机废物、农药和水污染物的功能；森林、草地、水生态系统中许多植物和微生物所具有的吸收和降减有毒化学元素的功能等[3]。第二是调节缓冲阻滞功能。通过构成生态屏障的生态系统中生物的空间阻挡、改善下垫面性质和生理生态作用，调节大气候和改善小气候，对来自外界或内部的干扰有一定的缓冲能力，以保持系统的相对稳定性，如调节温度、湿度、防霜、防冻、防风、固沙等，绿色植物特别是高大林木在防风、固沙、增湿等方面功效显著[4]。第三是隔板功能。由于生境异质性的存在，在生态系统的内部与外部，生境条件会发生很大变化，这使得系统界面对生物的流动甚至物质信息交流起到类似细胞膜的隔板作用。如在川西北的高寒湿地中，水生生物与其周边的旱地生物之间就存在这样的作用[3]。第四是庇护功能。指植被生态系统作为物种基因库的功能，森林为动物、植物（尤其是草本和灌木）、微生物和人类的繁衍与生存提供了生境与食源[3]。第五是土壤保持功能。保持土壤、防止侵蚀的功能主要是由构成生态屏障的陆地生态系统和农田生态系统中的植物承担，如高大植物的冠盖拦截雨水，削弱雨水对土壤的直接溅蚀力[3]。第六是水源涵养功能。通过生态系统中生物和土壤对水分的吸收和蒸腾作用，保持正常的地球水循环，缓解极端水情，如削

① 王玉宽，邓玉林，彭培好，等. 关于生态屏障功能与特点的探讨[EB/OL]. 水土保持通报，2005，25（4）.
② 钟祥浩. 中国山地生态安全屏障保护与建设[J]. 山地学报，2006，26（1）.
③ 王玉宽，邓玉林，彭培好，等. 关于生态屏障功能与特点的探讨[J]. 水土保持通报，2005，25（4）.
④ 潘开文，吴宁，潘开忠，等. 关于建设长江上游生态屏障的若干问题的讨论[J]. 生态学报，2004，24（3）.

洪或防旱①。第七是生物多样性保育功能。生态系统的建造依靠生物的多样性，而生物多样性的维持又依靠生态系统的存在与正常运行①。第八是精神美学功能。主要是指生态安全屏障具有旅游、休憩、科普教育、文化和美学等方面的作用。为了减少天然森林破坏，有必要尽可能地发掘生态安全屏障的精神美学功能，这也是当前进行区域生态治理与绿色发展的可持续路径之一②。

三、生态安全屏障的特征

2011 年，全国主体功能区规划明确了我国以"两屏三带"为主体的生态安全战略格局，构建以青藏高原生态屏障、黄土高原川滇生态屏障、东北森林带、北方防沙带和南方丘陵土地带以及大江大河重要水系为骨架，以其他国家重点生态功能区为重要支撑，以点状分布的国家禁止开发区域为重要组成部分的生态安全战略格局。因此，生态安全屏障是某一特定区域的复合生态系统，它除了具有一般自然生态系统的特点，还具有人工生态系统的特点，因此，生态安全屏障的特点多样、复杂。

根据生态安全屏障的共性，生态安全屏障具有防护性，生态安全屏障建设可以将其限制在一定范围内，防止其扩展对周边环境产生负面影响。生态安全屏障还具有梯度性，是指根据保护区域的重要性或严重程度建立不同等级的生态安全屏障，如我国自然保护区划分为核心区、缓冲区、实验区及人为频繁活动区域③。与一般生态系统一样，生态安全屏障具有地域性，还具有空间尺度特性，一条流域有其生态屏障，一个省有其生态屏障，甚至一个城市也有其生态屏障，凡是对某区域而言具有重要生态功能的区域都可称为生态屏障。就自然生态安全屏障的特点而言，具有明显的景观尺度性，正是由于生态屏障具有景观尺度性，才使得生态屏障在大尺度的构成上具有空间异质性和多样性。宜农则农，宜牧则牧，宜林则林，宜灌则灌④。

---

① 王玉宽，邓玉林，彭培好，等. 关于生态屏障功能与特点的探讨[J]. 水土保持通报，2005，25（4）.
② 潘开文，吴宁，潘开忠，等. 关于建设长江上游生态屏障的若干问题的讨论[J]. 生态学报，2004，24（3）.
③ 王晓峰，尹礼唱，张园. 关于生态屏障若干问题的探讨[J]. 生态环境学报，2016，25（12）.
④ 冉瑞平，王锡桐. 建设长江上游生态屏障的对策思考[J]. 林业经济问题，2005，25（3）.

根据生态安全屏障建设的特性，一是具有定向目标性。即根据区域生态环境问题和人类生存发展需求，建设不同目标的生态屏障，多数情况下，某一生态屏障具有多种功能，建设目标不一样，其内涵也不同。二是经济复合性。在某种程度上，生态屏障是一个复合的生态经济综合体，不仅受当地自然、社会、经济的影响，还受相邻区域或更大尺度区域自然、社会、经济的影响。三是区域分异性。由于不同地理区域存在自然属性与社会经济属性的空间分异，生态屏障作为特定的生态系统，其结构和功能也因此而表现出区域分异性，这种分异的特点，主要表现在不同地理区域对生态屏障结构和功能需求的不同，同时也因地理空间的尺度不同而呈现差异。四是功能的动态性。针对某一特定的生态屏障，自其建成始期，生态屏障系统便处于一种动态的发展过程之中[①]。

此外，生态安全屏障更是具有持续、稳定和长期存在的特征，它既要确保生态系统的生态服务功能得以有效发挥，同时又要兼顾生态系统保持平衡，实现人与自然协调共生。生态安全屏障具有重要的生态地位，是维护屏障区、周边地区乃至国家生态环境安全与可持续发展能力的结构与功能体系[②]。

第二节　生态安全屏障保护与建设历程

生态屏障与生态安全关系密切，生态屏障是生态安全的保障，生态安全是生态屏障建设的目标。生态安全屏障建设最终目的是实现生态安全，构建国家生态安全格局，构筑及优化国家生态安全屏障体系，推动生态安全屏障保护与建设进程。生态安全屏障保护与建设对构建国家生态安全格局，筑牢国家生态安全屏障，推动人与自然和谐共生具有重要价值及意义。我国生态安全屏障建设历程有 40余年，经历了初步探索、稳步发展两个阶段。

---

① 王晓峰，尹礼唱，张园. 关于生态屏障若干问题的探讨[J]. 生态环境学报，2016，25（12）.
② 曹洪军，谢云飞. 渤海海洋生态安全屏障构建问题研究[J]. 中国海洋大学学报（哲学社会科学版），2021（1）.

一、初步探索阶段（1978—1999 年）

从生态安全屏障的经验性表述而言，我国生态安全屏障保护与建设的历程不只 40 余年，可以追溯至中国古代所开展的一系列生态环境保护实践。但从狭义而言，生态安全屏障是在"生态安全""生态屏障"之后形成及产生的。从这一层面看，我国生态安全屏障保护与建设工作始于 20 世纪 70 年代末，我国在这一时期开展了一系列生态安全屏障保护与建设工作，包括自然灾害防治、水土流失治理、防护林工程、天然林保护、退耕还林等生态工程建设。

1978 年，党中央、国务院从中华民族生存与发展的战略高度，做出了建设西北、华北、东北防护林体系（以下简称"三北"工程）的重大决策，开创了我国生态工程建设的先河。20 世纪八九十年代以来，在全国大范围开展治沙工程、造林绿化、防护林工程。20 世纪 80 年代，国家相继在"三北"地区、长江、珠江、淮河等重要江河流域实施了一系列防护林体系建设工程。沿海地区既是我国经济最为发达的区域，也是遭遇台风、海啸、风暴潮等自然灾害最为频繁的区域，沿海防护林是我国重要的沿海绿色生态屏障，1988 年，国家计委批复了《全国沿海防护林体系建设总体规划》。20 世纪 90 年代，我国环境恶化趋势加剧，沙漠化是危害最直接、最迫切需要解决的问题之一，1991 年，全国绿化委员会、林业部制定了《1991—2000 年全国治沙工程规划要点》。

二、稳步发展阶段（2000—2010 年）

2000 年以来，我国生态安全屏障建设的相关政策法规相继出台。2000—2010 年处于缓慢发展阶段，2011 年以来生态安全屏障建设进程加快。

2000 年，我国发布《全国生态环境保护纲要》，第一次明确提出了"维护国家生态环境安全"的目标，要求江河源头区、水源涵养和水土保持重要区以及防风固沙重要区建立重要生态功能保护区。2005 年，我国政府以维护国家生态安全为目标，启动了西部生态建设标志性工程——三江源自然保护区生态保护和建设工程。2006 年，《中华人民共和国国民经济和社会发展第十一个五年规划纲要》

明确提出要"加强青藏高原生态安全屏障保护与建设",同时要求"十一五"期间开展主体功能区规划,主体功能区规划要求生态功能重要和生态脆弱的区域要禁止开发和限制开发。2009 年,《国家发展改革委办公厅关于印发西藏生态安全屏障保护与建设规划(2008—2030 年)的通知》(发改办农经〔2009〕446 号)明确指出生态安全屏障保护与建设工程包括保护、建设和支撑保障三大类 10 项工程,其中生态保护工程 5 项、生态建设工程 4 项、支撑保障工程 1 项。

三、快速发展阶段(2011 年至今)

2011 年,《全国主体功能区划》明确指出到 2020 年要推动形成"两屏三带"生态安全战略格局,使生态安全得到保障。2013 年,国家发展改革委印发《西部地区重点生态区综合治理规划纲要(2012—2020 年)》,指出西部地区是国家重要的生态安全屏障[①]。2014 年,国务院有关部委、直属机构印发的《甘肃省加快转型发展建设国家生态安全屏障综合试验区总体方案》指出,甘肃是西北乃至全国的重要生态安全屏障,在全国发展稳定大局中具有重要地位[②]。2015 年,《内蒙古自治区构筑北方重要生态安全屏障规划纲要(2013—2020 年)》出台,指出要把内蒙古建设成为我国北方重要生态安全屏障[③]。2016 年,《全国生态保护"十三五"规划纲要》中提出推动形成以"两屏三带"为主体的生态安全格局,建设生态安全屏障。2017 年,中共中央办公厅、国务院办公厅印发了《关于划定并严守生态保护红线的若干意见》,2018 年,进一步明确生态保护红线全国"一张图"。2020 年,国家发展改革委、自然资源部关于印发《全国重要生态系统保护和修复重大工程总体规划(2021—2035 年)》,提出了以青藏高原生态屏障区、黄河重点生态区(含黄土高原生态屏障)、长江重点生态区(含川滇生态屏障)、东北森林带、北方防沙带、南方丘陵山地带、海岸带等"三区四带"为核心的全国重要生态系

---

① 西部地区重点生态区综合治理规划纲要 [EB/OL].http://www.gov.cn/gongbao/content/2013/content_2433562.html.
② 甘肃省加快转型发展建设国家生态安全屏障综合试验区总体方案[EB/OL].http://www.gov.cn/gzdt/2014-02/05/content_2580390.html.
③ 内蒙古自治区构筑北方重要生态安全屏障规划纲要(2013—2020 年)[EB/OL].http://www.nmglyt.gov.cn/xxgk/ghjh/jcgh/201508/t20150803_95411.html.

统保护和修复重大工程总体布局①。

经过近 40 余年的生态安全屏障保护与建设历程，我国生态安全屏障建设相关政策、法规、方案及管理办法相继出台，从理念到制度再到贯彻落实，逐渐建立起我国生态安全屏障建设体系，构建及优化了我国生态安全屏障，保障了国家生态安全。

第三节　生态安全屏障保护与建设取得成效、面临挑战及路径

随着现代化进程的加快，我国面临生态系统退化、资源约束趋紧、环境污染严重等生态安全挑战，亟待提升生态安全意识，破解生态安全威胁，构建科学合理的生态安全格局，满足人们对生存和健康所需要的足够的生态系统服务或生态环境条件的需求。

一、生态安全屏障保护与建设成效

20 世纪七八十年代以来，我国生态安全屏障建设工作就逐渐在全国不同地理范围推进，如四川、云南、贵州分别提出建设长江上游生态屏障战略；内蒙古自治区提出建设我国北方的生态安全屏障；此外，北京、青海、福建、浙江、甘肃等一些省、市也相继提出建设各自区域性的生态安全屏障。经过 40 余年的发展历程，我国生态安全屏障保护与建设取得了一定成效，生态系统整体稳定，生态服务功能有所提升。特别是党的十八大以来，以习近平同志为核心的党中央将生态文明建设纳入了"五位一体"总体布局，推动生态环境保护发生了历史性、转折性、全局性变化。在全面加强生态保护的基础上，不断加大生态修复力度，持续推进大规模国土绿化、湿地与河湖保护修复、防沙治沙、水土保持、生物多样性保护、土地综合整治、海洋生态修复等重点生态工程，取得了显著成效。

---

① 全国重要生态系统保护和修复重大工程总体规划（2021—2035 年）（发改农经〔2020〕837 号）[EB/OL].
http://www.gov.cn/zhengce/zhengceku/2020-06/12/content_5518982.html.

第一，森林资源总量持续快速增长。通过"三北"、长江等重点防护林体系、天然林资源保护、退耕还林等重大生态工程建设，深入开展全民义务植树，森林资源总量实现快速增长。截至 2018 年年底，全国森林面积居世界第五位，森林蓄积量居世界第六位，人工林面积长期居世界首位[1]。西藏高原生态系统整体稳定，植被覆盖度呈增加趋势；根据全国第九次森林资源连续清查结果，西藏自治区林地面积 1 798.19 万公顷，森林面积为 1 490.99 万公顷，森林蓄积 22.83 亿立方米；与全国第八次森林资源连续清查结果相比，全区森林面积净增 19 万公顷，森林蓄积净增 2 047 万立方米，森林面积和蓄积再次实现"双增"[2]。

第二，草原生态系统恶化趋势得到遏制。通过实施退牧还草、退耕还草、草原生态保护和修复等工程，以及草原生态保护补助奖励等政策，草原生态系统质量有所改善，草原生态功能逐步恢复。2011—2018 年，全国草原植被综合覆盖度从 51%提高到 55.7%，重点天然草原牲畜超载率从 28%降到 10.2%[1]。2020 年，草原生态系统植被平均覆盖度45.0%，天然草原干草单位产量为868.95千克/公顷，平均植被高度 25.9 厘米，与 2019 年相比，植被覆盖度提高一个百分点，生产力增加 15 千克/公顷，高度提高 0.3 厘米[3]。

第三，水土流失、荒漠化、沙化防治效果显著。中国治沙历史 70 余年，从1979 年开展"三北"防护林体系建设工程到沿海防护林体系工程，积极实施京津风沙源治理、石漠化综合治理等防沙治沙工程和国家水土保持重点工程，启动了沙化土地封禁保护区等试点工作，全国荒漠化和沙化、石漠化面积持续减少，区域水土资源条件得到明显改善。第五次荒漠化监测（2014 年）显示，荒漠化和沙化程度呈现出由极重度向轻度转变的良好趋势，我国荒漠化和沙化土地面积自2004 年呈现减少以来连续 10 年持续"双减少"，全国荒漠化土地面积 261.16 万平方千米，占国土面积的 27.20%；沙化土地面积 172.12 万平方千米，占国土面积的

① 全国重要生态系统保护和修复重大工程总体规划（2021—2035 年）（发改农经〔2020〕837 号）[EB/OL].http://www.gov.cn/zhengce/zhengceku/2020-06/12/content_5518982.html.
② 西藏自治区保护生物多样性工作成绩斐然[EB/OL]. https://www.tibet3.com/news/zangqu/xz/2021-10-12/240149.html.
③ 内蒙古自治区生态环境厅.2020 年内蒙古自治区生态环境状况公报[EB/OL]. https://sthjt.nmg.gov.cn/xxgk/zfxxgk/hjzkgb/202108/t20210825_1812808.html.

17.93%；有明显沙化趋势的土地面积 30.03 万平方千米，占国土面积的 3.12%；实际有效治理的沙化土地面积 20.37 万平方千米，占沙化土地面积的 11.8%[①]。我国逐渐总结并形成了防治荒漠化的治理经验，并建立了较为完善的治理体系。

第四，河湖、湿地生态恢复初见成效。大力推行河长制湖长制、湿地保护修复制度，着力实施湿地保护、退耕还湿、退田（圩）还湖、生态补水等保护和修复工程，积极保障河湖生态流量，初步形成了湿地自然保护区、湿地公园等多种形式的保护体系，改善了河湖、湿地生态状况。截至 2018 年年底，我国国际重要湿地 57 处、国家级湿地类型自然保护区 156 处、国家湿地公园 896 处，全国湿地保护率达到 52.2%[②]。

第五，海洋生态保护和修复取得积极成效。近几十年来，我国陆续开展了沿海防护林建设、滨海湿地修复、红树林保护、岸线整治修复、海岛保护、海湾综合整治等工程，局部海域生态环境得到改善，红树林、珊瑚礁、海草床、盐沼等典型生境退化趋势初步遏制，近岸海域生态状况总体呈现趋稳向好态势。为更好地维护海洋生态安全，我国已经成立了相对完善的海洋生态安全治理机构，并已经初步形成海洋生态安全保护的法律体系，建立了包括海洋自然保护区、海洋特别保护区、海洋公园在内的海洋生态保护区体系，甚至还建立了一批海洋生态文明示范区，展开了一系列生态补偿实践。截至 2018 年年底，累计修复岸线约 1 000 千米、滨海湿地 9 600 公顷、海岛 20 个[②]。

第六，生物多样性保护步伐加快。通过稳步推进国家公园体制试点，持续实施自然保护区建设、濒危野生动植物抢救性保护等工程，生物多样性保护取得积极成效。截至 2018 年年底，我国已有各类自然保护区 2 700 多处，90%的典型陆地生态系统类型、85%的野生动物种群和 65%的高等植物群落被纳入保护范围；大熊猫、朱鹮、东北虎、东北豹、藏羚羊、苏铁等濒危野生动植物种群数量呈稳

① 中华人民共和国国务院新闻办公室. 国新办举行第五次全国荒漠化和沙化土地监测情况发布会[EB/OL].
http://www.scio.gov.cn/xwfbh/xwbfbh/wqfbh/2015/33953/index.html.
② 全国重要生态系统保护和修复重大工程总体规划（2021—2035 年）（发改农经〔2020〕837 号）[EB/OL].
http://www.gov.cn/zhengce/zhengceku/2020-06/12/content_5518982.html.

中有升的态势①。为更好地筑牢西南生态安全屏障，云南省委、省政府历来高度重视生物多样性保护，颁布了全国首部生物多样性保护条例《云南省生物多样性保护条例》，并建立了以自然保护区为基础，风景名胜区、森林公园、湿地公园、地质公园、水产种质资源保护区等为补充的保护地体系。

二、生态安全屏障保护与建设面临挑战

近几十年来，随着城镇化、工业化速度加快，经济社会活动不断地对自然环境施加压力，自然生态系统受到严重破坏，呈现出结构性破坏向功能性紊乱的方向发展。

第一，生态环境十分脆弱。生态环境的脆弱性主要是由于生态环境退化以及人类长期的干扰活动所导致，生态系统脆弱，一旦生态环境遭到破坏，就很难恢复。从我国生态安全屏障总体布局来看，诸多区域存在生态环境脆弱的问题。西南地区石漠化和生物多样性锐减问题突出，西北地区草原荒漠化和土壤盐渍化问题严重，青藏高原地区冰川和湿地面积萎缩、草地退化和生物多样性锐减问题明显，黄土高原地区植被破坏、水土流失问题严峻。2020年，《全国重要生态系统保护和修复重大工程总体规划（2021—2035 年）》明确指出，草原生态系统整体仍较为脆弱，部分河道、湿地、湖泊生态功能降低或丧失，全国沙化土地面积及水土流失问题依然严峻①。

第二，生态系统服务功能降低。由于长期的人类开发活动以及区域社会经济发展的迫切需要，导致生态安全屏障的生态系统服务功能大大降低。其一，森林生态系统服务功能降低。随着天然森林面积逐渐减少，大多被人工林、经济林所取代，使森林生态系统整体功能较低，威胁区域生态安全。如广西北部湾除保护区还保存部分天然林外，其他地段基本被人工林所取代，森林结构简单、树种单一，容易发生病虫害和森林火灾，森林生态系统稳定性差，森林涵养水源、水土保护能力低，地力衰竭、立地生产能力下降和生物多样性降低②。其二，湿地生态

① 全国重要生态系统保护和修复重大工程总体规划（2021—2035 年）（发改农经〔2020〕837 号）[EB/OL].http://www.gov.cn/zhengce/zhengceku/2020-06/12/content_5518982.html.
② 覃家科，符如灿，农胜奇，等. 广西北部湾生态安全屏障保护与建设》[J]. 林业资源管理，2011（5）.

系统服务功能降低。如九大高原湖泊湿地生态系统，由于湖泊换水周期较长，加之周边多是农田和城镇，随着社会经济发展速度的加快，大量的生产生活污水排入湖中，导致水污染严重，使湿地生态系统服务功能退化。

第三，生态修复和环境治理难度大。生态修复和环境治理是一项长期、复杂、艰巨的工程，因为生态环境一旦破坏，便难以修复。其一，水生态修复和治理难度大。由于部分地区水资源过度开发，经济社会用水大量挤占河湖生态水量，水生态空间被侵占，对区域水源保障、水质改善、生物多样性保护带来严峻挑战[①]。其二，石漠化治理难度大。目前，石漠化造林省级下达的补助资金为 53.3 元/公顷，与其他碳汇林造林补助资金一致。这一补助标准对生态修复明显偏低，但地方政府对生态修复普遍存在畏难情绪，认为技术能力有限、工程应用不足、修复成本高，所以生态修复和环境治理力度不大，工作积极性不高[②]。其三，矿山生态修复难度大。在开发利用矿山的同时对环境、资源保护的力度不够，使矿山的生态环境变得更加脆弱，灾害发生的次数也不断增加。大量的地下开采能够诱导崩塌、瓦斯爆炸、地面塌陷等地质灾害的发生，且露天煤矿开发后大多数没有进行有效的复垦，从而形成大片的荒漠化区域。

第四，环境保护与经济发展存在矛盾。环境保护与经济发展之间的矛盾一直存在，不利于生态安全屏障保护与建设。2020 年，《全国重要生态系统保护和修复重大工程总体规划（2021—2035 年）》中提到，一些地方贯彻落实"绿水青山就是金山银山"的理念还存在差距，个别地方还有"重经济发展、轻生态保护"的现象，以牺牲生态环境换取经济增长，不合理的开发利用活动大量挤占和破坏生态空间。一些地方政府对经济建设和生态安全屏障保护之间的关系认识不清，对生态安全屏障保护的重要性和必要性认识不够深入，没有正确处理好保护和利用的关系。如在矿山开发、城市建设、公路铁路建设等方面随意占地，河流治理、火电、风电、水电项目的实施忽视了对环境的影响，一些高耗能、高污染、高排放的企业仍然存在。在经济利益占主导地位的格局下，使保护生态安全的法律法

---

① 刘济明. 加强贵州生态安全建设　筑牢国家生态安全屏障[J]. 贵州政协报，2017-08-25（A02）.

② 胡淑仪. 对粤北生态屏障保护的思考[J]. 中南林业调查规划，2019，38（2）.

规从属于相关政策和地方保护之中①。

第五，生态安全屏障保护与建设机制不健全。其一，自然保护区管理及生态补偿机制不健全。包括建设管理机制不完善，资金投入严重不足，而且市、县级森林公园、自然保护区界至不清，林地林木权属分散，生态补偿机制不健全②。其二，生态安全屏障建设条块化分割、碎片化现象严重。如长江上游相关省份在面临跨区域、跨流域生态环境治理问题时，仍难以顾及生态空间的公共性和区域生态链的整体性，不能形成治理合力，严重阻碍生态屏障建设③。其三，生态安全屏障建设成本共担及利益共享机制尚不健全。如长江上游生态屏障功能承载区横跨多个省份，由于不同区域间发展水平不一，对生态屏障建设的认知水平和投入意愿存在较大差异，导致生态屏障建设的成效不一③。

第六，生态安全屏障保护观念淡薄。当前，绝大部分群众缺乏保护和建设生态安全屏障的意识，多数人认为生态安全是国家的事、他人的事，与自己没关系，对破坏生态安全的行为漠视，甚至是参与其中。特别是部分行政管理人员的生态安全屏障建设及管理意识淡薄，还存在"先开发、再保护"，甚至认为实行可持续发展会减缓经济增长速度等错误观念，个别地方仍以破坏森林资源为代价去获得短期的经济增长，国家的有关规定几乎只是停留在纸上，有些县级领导干部仍抱怨下达给他们的木材砍伐指标太少④。

三、生态安全屏障保护与建设的路径

第一，创新环境保护与经济协调发展模式。坚持"绿水青山就是金山银山"的新发展理念，以绿色发展理念为引领，按照"生态优先、保护优先"的原则，在因地制宜的基础上，加快传统产业提质增效，培育战略性新兴产业，积极发展绿色产业。严控高污染、高能耗、高排放的"三高"企业建设，充分发挥地域资

① 刘济明. 加强贵州生态安全建设 筑牢国家生态安全屏障[N]. 贵州政协报, 2017-08-25（A02）.

② 胡淑仪. 对粤北生态屏障保护的思考[J]. 中南林业调查规划, 2019, 38（2）.

③ 丛晓男, 李国昌, 刘治彦. 长江经济带上游生态屏障建设：内涵、挑战与"十四五"时期思路[J]. 企业经济, 2020, 39（8）.

④ 陶德玲. 西藏高原生态安全屏障的保护与建设[J]. 林业调查规划, 2007, 32（6）.

源优势，加快推进农林牧区绿色转型，大力发展清洁生产、清洁能源、节能环保、生态环境产业，重点发展生态旅游、森林康养、乡村振兴等绿色产业，将生态资源成功转化为生态产品，建立现代化绿色产业体系，探索以生态优先、绿色发展为导向的高质量发展新路子，促进生态安全屏障区社会经济发展，切实保障国家生态安全，筑牢生态安全屏障。

第二，加强生态安全法治建设，构建生态安全法律保障。一是要加强立法工作。在现有各类法律法规基础上，立足生态安全需求，健全具有中国特色的生态安全法律支撑体系。二是要加强执法工作。对事关国家生态安全的重大事件，要开展多部门联合执法，并且大幅提高生态环境违法成本，做到不越雷池一步。三是要完善民主监督制度。动员广大干部群众积极主动地监督危害国家生态安全的行为，并对举报危害生态安全行为的人给予适当奖励，形成良好的社会法治环境①。

第三，完善绿色发展政策体系，加快生态安全体制机制建设，构建生态安全制度保障。其一，完善以绿色发展为主的政绩考核指标，提高政府对生态安全屏障保护建设的积极性；其二，建立健全国土空间用途管制制度；其三，完善自然资源资产产权制度和有偿使用制度；其四，促进对生态环境保护的政策和资金倾斜，完善市场化、多元化生态补偿机制；其五，健全环境治理和生态保护市场体系；其六，完善生态产品价格形成机制，培育交易平台，使生态保护者通过生态产品交易获得收益；其七，健全绿色发展政策和法治体系；其八，发展绿色金融，鼓励绿色信贷、绿色债券等金融产品创新②。此外，出台相关优惠政策，鼓励社会资本参与生态安全屏障保护，利用碳排放交易等环境交易方式来积累资金，服务于生态安全屏障保护建设。

第四，建立生态智慧网络一体化体系，构建生态安全技术保障。充分挖掘和运用大数据，综合采用空间分析、信息集成、"互联网+"等技术，构建生态安全综合数据库。通过对生态安全现状及动态的分析评估，预测未来生态安全情势及

---

① 刘济明. 加强贵州生态安全建设 筑牢国家生态安全屏障[N]. 贵州政协报，2017-08-25（A02）.

② 郭二果，李现华，祁瑜，等. 国家北方重要生态安全屏障保护与建设[N]. 中国环境管理，2021（2）.

时空分布信息。在此基础上建立生态安全评估预警体系，建立警情评估、发布应对平台，充分保障生态安全[1]。建立生态保护全过程监管体系，建设全区天空地一体、上下协同、信息共享的生态环境监测网络体系，加快推进生态环境保护综合行政执法改革，建立生态监测、评估与预警体系，建立上下互通、部门共享、动态更新的生态环境大数据信息管理平台，依托自然资源"一张图"、国土空间信息平台、生态保护红线监管平台和生态环境大数据平台等，构建互联互通的生态安全屏障监管信息化平台[2]。

第五，整合推进生态环境保护工程，构建生态安全措施保障。大力实施并持续推进青藏高原生态屏障区生态保护和修复重大工程，黄河重点生态区（含黄土高原生态屏障）生态保护和修复重大工程，长江重点生态区（含川滇生态屏障）生态保护和修复重大工程，东北森林带生态保护和修复重大工程，北方防沙带生态保护和修复重大工程，南方丘陵山地带生态保护和修复重大工程，海岸带生态保护和修复重大工程，生态保护和修复支撑体系重大工程。[3]在顶层设计的基础上，针对关键问题，整合石漠化防治，育林造林，治理土壤污染和地下水污染等重大工程，构建生态保护、经济发展和民生改善的协调联动机制，发挥人力、物力、资金使用的最大效率，实现生态安全效益的最大化[1]。

第六，构建生态安全屏障区教育新体系。面向国家生态安全屏障区进行重点宣传及教育，分别对中小学生、大专及高等院校本科生、企事业单位、政府部门以及社会公众等不同群体进行差别宣传及教育。首先，是在中小学开设普及课程，把生态安全教育作为必修课程，全方位开展保护自然、保障生态安全相关知识、法规普及教育，采取课堂与课外相结合的教学模式，让其亲自感受自然之魅力。其次，是在高校开设生态安全、生态文明教育相关的公共课程，让大学生理解、学习生态安全的相关专业知识；还可以建立生态安全宣传与教育社团，鼓励更多本科生、研究生积极参与社团活动，吸引更多高校学生积极参与到生态安全屏障

---

① 刘济明. 加强贵州生态安全建设 筑牢国家生态安全屏障[N]. 贵州政协报，2017-08-25（A02）.
② 郭二果，李现华，祁瑜，等. 国家北方重要生态安全屏障保护与建设[J]. 中国环境管理，2021（2）.
③ 全国重要生态系统保护和修复重大工程总体规划（2021—2035 年）（发改农经〔2020〕837 号）[EB/OL].
http://www.gov.cn/zhengce/zhengceku/2020-06/12/content_5518982.html.

保护与建设的行动之中。再次，在企事业单位、机关政府部门主要是以讲座的形式展开，定期组织生态相关研究的专家进行讲授，在条件允许的情况下可以开展切实的生态安全屏障保护与建设行动，统一组织到生态安全屏障区进行实地调研。此外，针对社会公众的宣传及教育，可以以进社区、宣传栏、广告语、微视频等多种方式开展。通过分层分类针对不同人群加大宣传力度，让生态安全屏障保护与建设意识深入人心，更好地践行生态安全屏障建设理念，在全社会树立人与自然和谐共生理念，形成良好的社会氛围。

第十四章　中国生态文明建设的历史使命及现实诉求

第一节　中国古代生态环境问题

生态环境问题并不是人类进入近代后才凸显的问题，人与地球上其他生物的区别在于人类可以创造并使用工具去影响周围自然万物以谋取生存与发展，但过于干扰便会打破生态平衡，一旦生态失衡便衍生出种种生态灾变。于是，随着人类进化与发展，生态环境问题伴生于人类活动区域。但在前工业化时代，由于生产力低下，生态环境破坏问题整体上并未严重威胁到人类的生存和社会发展。

一、人口变迁与生态环境

中国古代的生产方式是以单一个体农业生产为主体，是运用较为简单的农业生产工具以事一家一户为单位的小农经济。由于生产力与医疗技术水平落后，再加之无力抵御洪涝、干旱等重大自然灾害所造成的迫害，致使人口产生高死亡率。为弥补人口短缺所导致的劳动力不足，古人多转向于早婚与多育以缩短人口再生产的周期，从而大幅提高了人口的出生率。由此，中国古代人口生产总体上呈现出高出生率—高死亡率—低自然生长率的形态。但受生产关系、社会环境、生产方式的基本矛盾及经济规律等多种因素的影响，历史上的中国人口自然增长率并非持续处于低下状态，而是具有阶段性变化。在战国秦汉封建社会形成的初期，人口迅速增长，随后进入长期停滞、缓慢发展的阶段；直至乾隆、嘉庆、道光年间开始大幅上升，显示出高—低—高的模式①。古代中国人口在不同时期所集中区域分布也不同，秦至西晋人口主要集中在黄河下游，魏晋南北朝时期人口分布格局开始出现变化，至唐代秦岭—淮河一界南北分布大致相同。安史之乱至北宋建立，中国人口中心逐渐由黄河流域向长江流域转移，之后的靖康之难更是加快了人口南移的速度。元代长江以南、云贵高原以东集中了中国大部分的人口，明清两代人口快速增长，但人口多数分布于南部。

中国古代人口增长率虽较低，但人口数目增长较高，从秦代 2 000 余万人口到道光二十年的 41 000 余万人，增长了 20 倍。中国虽地大物博，但历史上人口分布较为集中，过多人口给区域社会和生态环境造成巨大压力。一定区域内的自然生态环境承载力有一定的限度，过快的人口增长一旦超过其限度必然要靠无限度的毁林退草进行开荒，也必然造成严重的生态破坏和环境污染。公元 5 世纪之前黄土高原仍保有完好的原生植被，以森林草原和森林为主。秦汉时移民垦殖，魏晋南北朝以及隋唐继续加快人口输入与屯田垦殖，过多的人口、高密度的土地开发，致使黄土高原逐渐水土流失和荒漠化，生态环境遭受严重破坏。

在西南，清代以前，中央王朝对西南的经济开发范围主要是驿道沿线和坝区，但出于纷繁复杂的国内形势需要，清朝统治者加强了对西南边疆的统治，调整了开发政策，默许和鼓励移民到边疆地区进行垦殖和矿业开发，其开发的规模和效果超过了以前的任何一个朝代。清朝中叶后，西南人口增长很快，一个重要的原因是大量人口自外地迁入西南地区。以云南为例，在顺治十八年，云南人口不少于 200 万人，至清末，云南省人口达 1 250 万人②。大量人口迁入与聚集严重破坏区域生态环境。明代东川归属于四川管辖，"洪武十六年改为军民府，编户一里，隶四川布政司"③。据郭声波核算，明代四川每里人数应为 2 238 人。故，东川在明代人数大致为 2 238 人。清代又重新划归于云南管辖，至康熙三十九年"禄氏夷民一千七百二十九户，后新来三百户……府城内汉民二十余户，客民百余户"，

① 王育民. 论中国封建社会人口发展的阶段[J]. 中国史研究，1992（2）.

② 方铁. 西南通史[M]. 郑州：中州古籍出版社，2003：673.

③（清）顾祖禹. 读史方舆纪要：卷 73[M]. 北京：商务印书馆，1937：3111.

共计为 2 000 余户，至雍正十三年"查明现在汉夷居民 5 400 余户"①。根据清代社会平均四户出一丁，以此为基础，以平均每户人口 5 口计算，得出康熙三十九年东川人口大致增长为 21 275 人，平均 1.7 人/平方千米；至雍正十三年人口增至 62 100 人，平均 4.8 人/平方千米，呈近 2 倍增长速度②。以此推算，乾隆二十六年"共烟户 12 803 户，又各厂共 2 404 户"，共计 15 207 户，人口大约 174 880.5 人。从明代东川人口仅仅 2 000 余人，到乾隆二十六年达 17 万人，人口呈现爆发式增长。仅仅从清代看东川人口增长，由康熙年间的 1.7 人/平方千米增长到乾隆年间的 13.6 人/平方千米，几十年间呈现出 7 倍的增长速度，即使清代末期铜矿衰落并经历咸同回民事变，东川仍有"本城内外四乡五里共 19 185 户"③，足见人口的膨胀增长。大量人口的迁入，则会使人与林争地、人与山争地，加之滇东北地区山高坡陡，生态系统脆弱，埋下了严重的生态隐患。人口过多聚集使得东川府城出现了局部的温室效应，雍正《东川府志》载"自雍正十年建成后，设局鼓铸，四方负贩者络绎不绝，城中居民渐集，气候亦渐和暖云"④。局部温室效应的出现说明了东川地区生态环境的倒退，森林植被、水文气候对生态调节的失控。

二、农业开发与生态环境

农业是古代中国的立国之本，在国家社会经济发展中占有重要位置。由于农业在稳定社会秩序、提升国民经济收入以及灾害救济等方面发挥着至关重要作用，历代王朝将农业发展作为国家之大计，不仅政策支持，而且大力推动农业种植技术水平的提高与种植规模的扩大。金属农具在西周的使用加快了井田开垦的速度，铁犁牛耕在春秋的推广进一步推进了耕种的效率，并在两汉时期传播到北方高原和江南一带。魏晋南北朝时期战争频繁、社会动乱，推动人口大规模迁移，尤其是永嘉之乱后北方人口大规模南迁，为南方土地开垦，带去了先进的技术与丰富的劳动力，使得南方土地逐步被规模化开发。隋唐两代政局稳定，农业开发范围

① （清）方桂. 东川府志：卷八[M]. 梁晓强校注. 昆明：云南人民出版社，2006：172.
② 徐艳. 明清金沙江下游经济开发与生态环境变迁[D]. 西南大学，2006.
③ （清）余泽春，冯誉骢. 东川府续志：卷一[M]. 梁晓强校注. 昆明：云南人民出版社，2006：462.
④ （清）崔乃镛. 东川府志：卷二[M]. 梁晓强校注. 昆明：云南人民出版社，2006：50.

涉及河湟、河套、桂川、南山南路等边远区域。五代十国虽为乱世，但战乱相对较少的南方农业得到进一步开发。北宋结束战乱，农业得到长足发展，尤其是对山体农业的开发。元代疆域更为广阔且推行"移民实边""屯田垦种"以及"户口增、田野辟"的官吏考核之策等，加速了对民间以及边疆地带的土地开垦效率。明代的减免租税，清代的盛世滋丁永不加赋以及鼓励开垦边地、山地坡面、高原台面、山麓以及水滨河湖地带，使得土地开垦面积达到又一高潮，甚至局部区域在乾隆时期更是出现"户口日增，报垦几无隙地"的现象①。

中国古代随着人口与社会经济快速发展，农业耕作技术与开发力度也随之不断提升，但大规模无节制地、盲目地开荒，也带来一系列环境问题。农耕开垦需要根据不同区域的环境特点做出相应的经济与技术选择，又需要为拓展耕地面积进行不断的焚林、辟草以及开凿沟渠等水利工程，而其中对山地生态环境影响最为深远的则是从中原带来的较为先进的固定农田开辟与建构技术。固定农田建设首先要砍伐并焚尽地表植被，再进行整地、建构辅助的排灌设施，这样开出的农田才能长期使用。此外，在相当长的时间内还必须清除野生的灌丛和杂草，直到农田能有效控制杂草，才算固定农田的建构定型。山地农田除了少数位于生态系统稳定的坝区外，绝大部分都建在山地坡面或者高原台面上。但在山坡地区保持水土的功效中森林最佳，草皮次之，农田最差②。大量地开垦坡地，必然会使土质疏松，致使大量的水土流失。

农田开辟是对区域自然生态系统不断地进行人工改造使之成为为社会经济发展服务的农业生态系统，而这些活动也必然促使生态失衡，致使自然生态环境发生变化，造成森林锐减、草原退化、水土流失以及物种灭绝等一系列环境问题。但中国古代历史悠久，农业开辟的区域在不同时期侧重不同，由此带来的环境影响也不同。如战国、秦汉时期，中国农业开发主要集中在华北平原和西北地区，其余地区总体上处于蛮荒状态。但也由于华北与西北长期农耕，致使此时期森林和野生动物锐减，最为典型的就是大象南退与多数鹿科动物的消失③。

① 李心衡. 金川锁记[M]. 上海：商务印书馆，1941：5.

② 张祥稳，惠富平. 清代中晚期山地种植玉米引发的水土流失及其遏制措施[J]. 中国水土保持，2010（4）.

③ 王利华. 中国环境通史第一卷（史前—秦汉）[M]. 北京：中国环境出版集团，2019：353-373.

三、矿业开发与生态环境

古代先民早在原始社会与奴隶社会时期就创造出了辉煌的彩陶文化与青铜文化，此时的石器加工与处理可认为是我国古代矿业经济的萌芽[①]。中国古代矿业发展呈现的是以铁铜开发为主，兼以锡、铅、银、金、汞、盐、煤、明矾、石膏、石棉等几十种矿产多元协同开发的局面。据不完全统计，中国古代的铁矿采矿点达 527 处，占当时 8 种金属矿产采矿点总数 1 582 处的 33.31%；其中铜矿采矿点有 243 处，占 8 种金属矿产采矿点总数的 15.36%；铁、铜两种矿产采矿点占总采矿点数的 48.67%。中国古代矿业分布并不平衡，中南区最多，东北最少。其矿业活动也是呈现出波动式发展，在唐宋与明清两个时期呈现出高峰[②]。

中国古代矿业的发展无论在寻矿、开矿、冶炼以及运输等各个环节都对区域生态环境造成破坏。以清代铜矿主要来源地云南东川府为例，首选是寻矿，寻矿之法主要是发现矿苗，"山有磁石，下有铜……矿藏于内，苗见于外"[③]，寻矿苗之法即为"谛观山崖石间，有碧色如缕，或如带，即知其为矿苗，亦有涧啮山坼，矿砂偶露者"[④]。东川在进行大规模矿业开发之前，其森林植被覆盖较为茂密，"危峦叠巘，重围迭拥，加以幽箐深林，蓊荟蔽塞"[⑤]，在植被覆盖良好的山地去寻找较为隐蔽的矿苗，必然要清理森林植被。一旦发现矿苗，"此名一传，挟资与份者纷至沓来"[⑥]，开始大规模地清除矿苗周围的植被，"有矿至之山，概无草木"，但并不是每一次都能寻中矿苗，需要经历多次地清除森林植被进行探寻。再者东川铜矿分布较散，小矿四处散落，由寻矿所导致的森林破坏就更加严重。因此"矿山植被被'剃头'，并未能等到大规模的开采，乃是在初发现矿苗后的大规模找矿活动中就完成了，所以时人才有'有矿之山，概无草木'的概念，并非是露天开

---

① 夏湘蓉，李仲均，王根元. 中国古代矿业开发史[M]. 北京：地质出版社，1980：5.

② 朱训. 中国矿业史[M]. 北京：地质出版社，2010：7.

③（清）吴其濬. 滇南矿厂图略：上卷.

④（道光）云南通志：卷七十四《铜厂上》。

⑤（清）崔乃镛. 东川府志：卷四[M]. 梁晓强校注，昆明：云南人民出版社，2006：75.

⑥（清）倪蜕. 复当事论厂务疏[M]. 载师范《滇系》二之一《职官》。

采所致"①。

再次是采矿。由于技术落后，在遇到硬石之时，则需要"热胀冷缩"之法进行破石，"石坚谓之硖硬，以火烧硖谓之放爆火"，此法不仅需要大量的木材进行火烧，而且对土层地表造成难以恢复的破坏，因为"原生植被以草灌居多，而且土层较薄，一经破坏便会使山石大量裸露，矿石污染和水土流失都比较严重"②。在矿洞开采过程中大量用木材支撑以及照明，"土山窝路，资以撑柱。上头下脚，横长二、三尺，左右二柱，高不过五尺，大必过心二寸。外用木四根，谓之一架。隔尺以外曰走马镶，隔尺以内曰寸步镶"③，又需要消耗大量的森林。

最后冶炼。铜矿冶炼需要使用树根进行锻炼，"铜厂锻矿，窑内炭只引火，重在柴枝树根，取其烟气熏蒸，不在火力，若积久枯干即无用"④。在锻炼过程中不仅需要砍伐大量森林以作为燃料，而且多需树根，无疑对山体土层进行翻动致使其松动，为水土流失创造了更加便利的条件。对于炼铜所消耗的木材量，根据《东川府志》的有关记载估计：每炼铜 100 斤⑤，需木炭 1 000 斤，至清乾隆年间炼铜最盛时，年产铜量达 1 600 万斤，烧 100 斤炭需 10 000 斤柴，据此估算每年需砍伐约 10 平方千米森林⑥。现《东川市志》也认为："清乾隆年间，伐薪烧炭，年毁林地约 10 平方千米"⑦。但是炼铜用炭进而转化出烧毁森林面积是个复杂的问题，它涉及薪炭转化率、当时每公顷的活立木蓄积量、烧炭对树种的选择性、铜炭比以及人们的利用方式，若综合考虑计算的话"130 年来（1726—1855 年），因铜业发展需要，使得滇东北地区损失了 6 450 平方千米的森林，约占森林面积的 21%，森林覆盖率下降 20 个百分点"⑧。东川铜矿开发无节制地砍伐，致使林地被毁面积扩大；植被退化面积进一步扩大，水土流失面积进一步增加，致使山洪、泥石流、滑坡等自然灾害进一步趋向恶化。

---

① 杨煜达. 清代中期（1726—1855 年）滇东北的铜业开发与环境变迁[J]. 中国史研究，2004（3）.
② 杨伟兵. 云贵高原环境与社会变迁（1644—1911）——以土地利用为中心[D]. 复旦大学博士论文，2002.
③（清）吴其濬. 滇南矿厂图略：上卷.
④（清）吴其濬. 滇南矿厂图略：上卷.
⑤ 1 斤=0.5 kg.
⑥ 中国科学院成都山地灾害与环境研究所. 中国泥石流[M]. 北京：商务印书馆，2000：11.
⑦ 云南省东川市地方志编纂委员会. 东川市志[M]. 昆明：云南人民出版社，1995：266.
⑧ 杨煜达. 清代中期（1726—1855 年）滇东北的铜业开发与环境变迁[J]. 中国史研究，2004（3）.

东川除铜矿的开采和冶炼严重影响生态环境之外，其开发时的尾气以及开发后的尾矿、废石、炉渣等也对区域生态环境造成了一定影响。清代东川地区每年由此产生的固体废物应达数十万吨之多。这些废料都未经任何处理就随意抛弃，并大多随雨水顺沟谷而下。实际上，就是到 20 世纪 90 年代，东川汤丹矿的选厂，还是"尾矿自流入小江"①。更何况二三百年前生产技术较为落后的古代②。矿业开采被废弃的矿石主要为采矿凿碎的白云岩，堆积松散，受降水、下方牵引等扰动极易发生滑动失稳，所到之处植被破坏，大量沟谷地被压埋，土地复垦难度大，从而出现多条荒漠化沟谷③。废渣的危害更为严重，尾矿、废石中的有毒元素经降水淋溶作用进入水体，长期以来水流经过的沟谷两岸植被死亡，沟谷侧蚀加剧，水土流失严重。尾气含有硫化物、氮化物等有毒气体，由于受地形条件的限制，尾气不容易扩散，长时间在山谷中滞留、弥散。高浓度有毒气体长期汇集山谷，烟气液化后降落到地表引起山体上植被死亡，失去对坡面的保护，侵蚀风化速度加快④。

为运铜亦需先修交通，在山势陡峭的地方劈山修路，也会造成一定的环境破坏。东川地区跬步皆山，山势陡峭，修路常常要剥开地表，对陡坡上的植被的破坏，会导致严重的水土流失。成品铜要运向外地，外地的米、油、炭、木材等要运往矿区，由此引起的数以万吨的物资交流，需要马、骡和牛来负担，这都要求新修和扩建道路。据《铜政便览》所记，官拨银定期不定期维修的运铜道路有 15 处，有 13 处位于滇东北地区，平均每年维修经费近千两⑤。这也从一个侧面说明了道路沿线由修路引发的塌方、滑坡等地质灾害的危害在当时已经有所反映了。

由此，以清代东川铜矿开采所造成的生态破坏，足以窥见在矿采技术较为落后的古代矿产的开采对山体生态环境造成了严重的破坏。

① 云南省东川市地方志编纂委员会编. 东川市志[M]. 昆明：云南人民出版社，1995：188.
② 云南省东川市地方志编纂委员会编. 东川市志[M]. 昆明：云南人民出版社，1995：34.
③ 曾保成，高永祥，王国雄. 东川矿区滥泥坪铜矿环境问题及防治措施[J]. 西部探矿工程，2016（5）.
④ 杜玉龙，方维萱，柳玉龙. 东川铜矿区泥石流特征与成因分析[J]. 西北地质，2010（1）.
⑤ （清）佚名著，陈艳丽校注. 铜政便览：卷八[M]. 成都：西南交通大学出版社，2017.

第二节　中国近代生态环境问题

一、人口变迁与生态环境

近代，先进的公共卫生与医疗技术由西方引入国内，并逐渐从城市向乡村、从沿海向内陆普及与传播，改变了中国流行病治疗率低下的情况，进而带动了人口现状的转变，即死亡率渐趋下降，开始摆脱高出生率、高死亡率的人口模式。中国人口由此进入高速增长时期[①]。到第一次鸦片战争爆发之前，中国人口已经突破4亿人。由于人口基数较大，再加之医疗卫生水平的提高，即使经历之后的第二次鸦片战争、辛亥革命以及军阀混战等战争，中国人口仍旧处于不断增长的状态[②]，截至1919年，人口总量高达5亿余人。民国时期，国内不断内战以及抗日战争对中国人口总数造成一定削减，但人口总数未大幅降低，截至1947年，中国总人口数仍旧高于5亿人。

庞大人口给区域内生态环境造成的沉重压力，是促使自然生态环境变迁的主导因素之一。为满足大量人口粮食需求，在生产力落后与动荡的近代只能希冀土地给予。人们广泛围淤、围湖造田、毁林开荒并且无限制地在平原、山地种植外来高产作物。然而，山地开发不仅致使森林面积锐减，且由于大规模种植吸水能力较强的外来作物玉米、马铃薯等，致使表土层干燥疏松，在雨水的作用下造成了大面积的水土流失。此外，开发湿地围田也极大地破坏了自然系统的调节能力，若过度开垦也会促使土地荒漠化，如近代"走西口"使大量移民聚集在内蒙古中西部进行无序开荒，并出现了"放垦、滥垦"以及过度滥伐现象，再加之内蒙古本身生态环境较为脆弱，最终酿成近代内蒙古中西部区域土地出现荒漠化的结果[③]。

---

① 侯杨方. 中国人口史：第6卷（1910—1953）[M]. 上海：复旦大学出版社，2001：提要.

② 曲格平，李金昌. 中国人口与环境[M]. 北京：中国环境科学出版社，1992：21.

③ 王俊宾. "走西口"与近代内蒙古中西部社会生态的恶化[D]. 山西大学，2005.

二、工业发展与生态环境

在西方工业文明的强势挑战之下，中国被迫转向近代化工业建设。中国近代化工业道路起始于 19 世纪 60 年代洋务派创办的军事工业，止于 1949 年中华人民共和国成立，大致经历了四个阶段[①]。第一阶段为 1861—1895 年，是中国近代工业起步阶段。这一阶段主要是洋务派开始陆续兴建军火兵工企业、造船业、采矿业、缫丝业和棉纺业等近代军用和民用企业。第二阶段为 1896—1927 年，是中国近代工业发展阶段。这一阶段由于受政府支持、实业救国思潮以及第一次世界大战等多种因素的影响，中国工业得到迅速发展，工业规模不断扩大，但存在发展不平衡等问题。第三阶段为 1928—1937 年，是中国近代工业发展达到最高水平时期，但日本帝国主义的入侵严重阻碍了其发展道路。第四阶段为 1938—1949 年，是中国近代工业发展停滞阶段。在此时期，先是经历抗日战争，后经历国民党反动派发动的内战。日本帝国主义的入侵，致使中国华东、华北等地区工业遭受重创，即使国民党政府将工业迁入西南大后方，但也只是得到畸形发展。抗日战争胜利后，国民党反动派发动内战致使工业并未得到稳定发展，再次陷入停滞状态。

近代工业发展对自然生态环境也造成了一定影响，环境问题日益严重。矿业开采致使众多山林童秃，废渣堆积如山，工业废水致使水体污染，工矿区生活环境恶劣且人为灾害接连不断。近代矿业开采采用的是动力机器设备，由于开采机器与技术落后，时常造成矿藏资源的破坏与浪费。1936 年，全国煤矿矿区总面积达 11 864 688.94 公亩[②]，主要集中于河北、山西、山东、河南 4 省，占全国矿区总面积（东北除外）的 69.4%[③]。煤矿的开采时常致使附近农田"水线下降"而无法耕种，山林被乱砍滥伐而童秃，地面下陷、火灾频发、煤尘爆炸、矿厂透水与山洪灾害等也常有发生。

金属矿产的开采同样也容易破坏农田水利、山林树木，引发水土流失。开矿后的废石、尾矿和废水又易造成山体污染等生态环境问题。以云南东川铜矿为例，

① 罗桂环，等. 中国环境保护史稿[M]. 北京：中国环境科学出版社，1995：301.
② 1 公亩=100 m².
③ 罗桂环，等. 中国环境保护史稿[M]. 北京：中国环境科学出版社，1995：309.

民国云南东川铜矿开采致使矿区乃至整个东川附近区域内的森林植被面积大幅降低，使其生态环境遭到严重破坏。早在民国三年（1914 年），东川义江区士绅向东川知事林春华上呈连年山洪暴发的主因就是铜矿开采导致森林减少而造成生态环境恶化，"据县属义江区议事会绅董李发春……王正董等呈称本区住民聂文彩……吴正华等到会，佥称水灾限满，实难垦复，事情缘民等所种田地界连汤丹厂地，将沿村树木历年砍伐以炼铜，俾民等祖辈亦不复种树株，接年遭水沿山，水势环绕直冲，沿河一带田亩化成汪洋，田埂冲塌三十余里，田地沙堆石垒"①。随着民国东川铜矿开采的进一步发展，其对森林植被的需求量更大，但"惜地方人民多不勤远利，未能推广种植（森林），致野生林木亦将有砍伐日尽之虞"②。随着植被日益稀少，其生态恶化导致的泥石流灾害的危害更为严重。民国三十三、三十四两年洪水为灾，皆因小江"河床沿岸因无森林保护，每当山洪暴发时，托泥混水连沙带石蜂拥而至，情势凶恶，村舍良田顷刻化为乱石沙丘"③。直至民国末年，东川已经呈现出"硐老山荒"、童山濯濯的景象。

东川矿产区是在清代矿产区基础上再进行开发的，即使1939年滇北矿物公司成立后，仍旧在原有矿地进行更深处的探勘，"东川铜区，山坡陡峭，铜矿露头，多在山之顶部，以往开采不深。矿脉下延情形难明，惟矿脉倾角尚大，亟宜于山腰适当地点开凿石门，横切矿脉，以探其内部情形，若结果良好，将探道高宽加大，即可做出砂矿硐，探道如用人工开凿，黑药爆炸，进展过慢，为增加开凿速度起见，拟采用压风机、风钻开凿，黄炸药爆炸，惟矿山附近不产煤炭，利用水利又非短期间所能办到，且山坡陡峭，运输困难，故以采用轻简之柴油机为适宜，柴油虽须自外运入，价值甚昂，但为短期间之试探工作需用量不大，就全部效率与时间而言，犹较经济也。在开凿机器未安装以前，拟招致有经验之矿工以人力

---

① 云南民政司财政司关于云南省东川县呈请将受灾田亩暂作民欠一案的训令. 云南省档案馆藏档案，档案号：1106-001-00810-006。

②（民国）路崇仁修，汤祚纂. 巧家县志稿：卷6[M]. 民国三十一年钤印本，台湾：成文出版社有限公司，1974.

③ 云南省政府秘书长关于巧家县遭受洪灾请赈济一案给云南省社会处的通知单. 云南省档案馆藏档案，档案号：1044-003-00450-025。

开凿，迨机器能使用后，仍可令其在次要地点工作以补机器之不足。"①山体表层铜矿在清代已经开采殆尽，而民国又从山腰进行探矿、采矿，致使原本松动的山体内部更加空虚，外部犹如空壳，每当地震发生之时，松动的山体便会快速滑落，形成滑坡性泥石流。

工业矿工的生活环境也较为恶劣。如个旧锡矿区，"一般厂尖洞道内空气、阳光缺乏，积潦与污泥未能排除，砒质等毒素亦不设法消去，其不合卫生与影响于矿工实属显然之事，故矿工患呼吸病，风湿病及皮肤病者甚多。"②据 1938 年调查，个旧厂区矿工患赤痢者占 3.3%，其他肠胃病 10.7%，呼吸系统病 12.7%，麻醉品瘾 4.18%，外伤及脓溃 11.3%，皮肤病 12.68%，眼病 11.9%（其中砂眼 6.3%），性病 2.39%。矿工所患疾病类型众多，且比例之大，凸显其生存环境的卫生条件之差。

三、战争与生态环境

中国近代是战争频繁、兵连祸结、社会动乱的年代。中国近代前后经历了鸦片战争、甲午战争、辛亥革命、军阀混战、抗日战争以及内战等众多战争，不仅严重阻碍了中国社会经济发展，也严重破坏了自然生态环境。首先，战争对自然资源进行破坏性掠夺，是破坏生态环境的直接诱因。战争爆发不仅战火会焚烧森林，筑造堡垒、铁路，生产火药、燃料，造船等，也会对林木矿产等资源进行无节制的破坏性开采，不仅造成山林童秃，也引发水土流失等一系列环境问题，致使生态环境恶化。抗日战争时期，日本帝国主义对中国强横野蛮侵略和疯狂掠夺，致使我国的森林、矿藏、农业资源遭到极大破坏，仅东北的原始森林就被掠夺走6 400 万立方米，本来已经很脆弱的生态环境再次遭受巨大破坏③。

再次，战争致使生态环境恶化从而引起灾害频发。战争常致使青山变为荒山秃岭，造成水土流失、土地沙化，从而进一步加大水旱灾害发生频率与严重程度。如1877—1878 年发生的"丁戊奇荒"，山东、山西、直隶、河南以及陕西 5 省共上千

① 滇北矿务公司之筹设及现状. 云南省档案馆藏档案，档案号：1088-002-00042。
② 苏汝江. 云南个旧锡业调查[M]. 国立清华大学，国情普查研究所，1942：73.
③ 曲格平，李金昌. 中国人口与环境[M]. 北京：中国环境科学出版社，1992：24.

州县卷入此次灾荒中，受影响人口达 1.6 亿多人，其中因饥饿、疫病死亡达 1 000 万人。丁戊奇荒旱灾程度接近 1846 年秦豫大旱，但饥荒程度远超于其，其中一个重要原因就是 19 世纪 50—70 年代长期战争对北方地区生态平衡的破坏，最直接联系便是森林资源的锐减[①]。抗日战争时期，为阻止日军作战计划，国民党实行的花园口决堤造成严重的洪灾，也曾致使河南、皖北以及苏北 40 余县被洪水淹没。

最后，战争也促使人口大规模迁移致使迁入区域生态环境逐步恶化。战争加速了人口迁徙的速度与规模，大量人口短时间内转移给迁入地生态环境带来沉重压力。大规模移民，其主要是生存型移民，并不在乎移入地的整体环境，在生存压力促使之下只是一味地追求自然的产出，从不考虑自然环境承载力，从而采取掠夺式的资源开发与利用方式，与林争地、与山争地，最终造成严重的生态环境破坏。抗日战争爆发后，随着国民政府政治中心迁移，大量人口迁入西南大后方，致使人口急剧膨胀，生态环境压力日益增加，从而催生出森林和林地面积缩小、生物多样性减少、水土流失以及自然灾害频发等一系列环境问题[②]。在东南浙江，抗日战争也为其引来大量外来人员和工业迁入，人口避难需要搭建住所、取暖，再加上工业筑建等，破坏大量的森林资源，致使生态环境恶化[③]。

第三节　中国现当代生态环境问题

改革开放 40 多年来，我国社会经济高速发展，但在物质不断丰裕的同时，经济发展对自然资源和生态环境的影响日益凸显。我国拥有丰富的自然资源，但人口众多致使人均占有量低，再加之空间分布不均衡且长期受到不合理的开采与经营，以至于暴露出一系列生态环境问题。党的十八大以来，随着生态文明建设力度的不断加大，生态环境走势持续向好，并为全球生态环境建设做出了巨大贡献。但生态环境污染问题并没有得到根本改善，自然资源尤其是不可再生资源日益短缺，区域自然环境承载力逐渐下降等逐渐成为中国社会经济发展中所面临的重要问题。

① 康沛竹. 战争与晚清灾荒[J]. 北京社会科学，1997（2）.
② 常云平，陈英. 抗战大后方难民移垦对生态环境的影响[J]. 西南大学学报，2009（5）.
③ 张根福，岳钦韬. 抗战时期浙江省社会变迁研究[M]. 上海：上海人民出版社，2009：357-363.

一、土壤污染与水土流失问题

中国现当代土壤污染源主要来自工业"三废"以及农药的使用，水土流失主要是由于盲目利用土地资源、乱垦土地、乱砍滥伐森林植被、破坏草场等，严重的则会使干旱和半干旱地区的土地退化演变为土地荒漠化。1989 年有高达 600 万多公顷的农田被工业"三废"污染，受荒漠化威胁土地面积达 33.4 平方千米[①]。1999 年全国共有沙化土地 168.9 万平方千米，占国土面积的 17.6%[②]。2007 年水土流失面积达 256 平方千米，占国土面积的 37.08%[③]。2011 年水土流失更为加剧，流失面积高达 356.92 万平方千米，占比为 37.2%[④]。2013 年进行的全国土壤污染调查（2005 年 4 月—2013 年 12 月）结果显示，全国土壤轻微、轻度、中度和高度污染点位比例分别为 13.7%、2.8%、1.8%和 1.1%。根据第一次全国水利普查水土保持情况普查成果，中国水土流失面积在 2011 年下降至 294.91 万平方千米，占普查面积的 31.12%[⑤]。根据第五次全国荒漠化和沙漠化监测结果，截至 2014 年，全国荒漠化土地面积为 261.16 万平方千米，沙化土地面积为 172.12 万平方千米。与 2009 年相比，5 年间荒漠化土地面积净减少 12 120 平方千米，年均减少 2 424 平方千米；沙化土地面积净减少 9 902 平方千米，年均减少 1 980 平方千米。水土流失面积在 2018—2019 年基本保持在 270 万平方千米左右，2018 年水土流失面积与第一次全国水利普查（2011 年）相比，全国水土流失面积减少 21.23 万平方千米[⑥]。近年来，在生态文明建设与环境治理的协同发展下，土壤污染、水土流失以及土地荒漠化问题虽仍旧存在，但并未恶化而且保持在一定可控范围内。

二、大气污染问题

中国早期大气污染主要为煤烟型污染，其污染物主要是烟尘和二氧化硫，时

---

① 中华人民共和国生态环境部. 1989 年中国环境状况公报[EB/OL]. http：//www.mee.gov.cn/hjzl/sthjzk/ zghjzkgb/.
② 中华人民共和国生态环境部. 1999 年中国环境状况公报[EB/OL]. http：//www.mee.gov.cn/hjzl/sthjzk/ zghjzkgb/.
③ 中华人民共和国生态环境部. 2007 年中国环境状况公报[EB/OL]. http：//www.mee.gov.cn/hjzl/sthjzk/ zghjzkgb/.
④ 中华人民共和国生态环境部. 2011 年中国环境状况公报[EB/OL]. http：//www.mee.gov.cn/hjzl/sthjzk/ zghjzkgb/.
⑤ 中华人民共和国生态环境部. 2014 年中国环境状况公报[EB/OL]. http：//www.mee.gov.cn/hjzl/sthjzk/ zghjzkgb/.
⑥ 中华人民共和国生态环境部. 2019 年中国生态环境状况公报[EB/OL]. http：//www.mee.gov.cn/hjzl/sthjzk/ zghjzkgb/.

间上主要集中在冬、春季，北方二氧化碳较重，南方大气污染则偏以二氧化硫为重。1989 年，我国大气污染主要集中在大中城市，其中烟尘达 1 398 万吨，二氧化硫排放量高达 1 564 万余吨。1996 年之后，我国的煤烟型污染、大气污染以尘和酸雨危害最大，并且污染程度日益加重。2010 年受监测的 494 个市（县）中，酸雨区达 249 个，占比高达 50.4%[①]。截至 2011 年，全国酸雨区主要分布在浙江、江西、福建、湖南等地，占国土面积的 12.9%[②]。2015 年酸雨污染仍旧主要集中于长江以南—云贵高原以东地区。2019 年酸雨分布区范围大幅减小，在 469 个受监测的市（县）中出现酸雨的占 33.3%，比 2018 年降低了 17.1%[③]。

2011 年之后重污染天气逐渐引起人们注意。高密度人口的经济及社会活动所排放的大量细颗粒物（$PM_{2.5}$）一旦超过大气循环能力和承载力便会持续凝聚，再加上受到静稳天气等多种因素的综合影响便产生大范围的重污染天气。雾霾中细小颗粒对人身体健康能够造成重大危害。首先，雾霾自身携带 20 余种有毒物质，空气流动缓慢，便会加快疾病传播速度。其次，雾霾颗粒进入人体呼吸系统后易引起呼吸道疾病、脑血管疾病、鼻腔炎症等众多病种。2012 年 8 月 6 日国务院发布的《节能减排"十二五"规划》提出要推进大气中细颗粒物（$PM_{2.5}$）治理。《2015 年中国环境状况公报》显示，$PM_{2.5}$ 年均浓度范围为 11～125 微克/立方米，平均为 50 微克/立方米（超过国家二级标准的 0.43 倍）；日均值超标天数占监测天数的比例为 17.5%；达标城市比例为 22.5%。2017 年，全国 338 个地级以上城市可吸入颗粒物平均浓度比 2013 年下降 22.7%，空气质量得到明显改善[④]。2020 年 $PM_{2.5}$ 未达标地级及以上城市平均浓度为 37 微克/立方米，比 2019 年下降 7.5%，比 2015 年下降 28.8%。[⑤]雾霾虽进一步得到控制，但形势依旧较为严峻。

近年来大气污染物中除 $PM_{2.5}$ 之外，PM_{10}、O_3、SO_2、NO_2 和 CO 也是主要污染物。从环境空气质量达标标准整体上看，2017 年，全国 338 个地级及以上城市

---

① 中华人民共和国生态环境部. 2010 年中国环境状况公报[EB/OL]. http：//www.mee.gov.cn/hjzl/sthjzk/zghjzkgb/.
② 中华人民共和国生态环境部. 2011 年中国环境状况公报[EB/OL]. http：//www.mee.gov.cn/hjzl/sthjzk/zghjzkgb/.
③ 中华人民共和国生态环境部. 2019 年中国生态环境状况公报[EB/OL]. http：//www.mee.gov.cn/hjzl/sthjzk/zghjzkgb/.
④ 中华人民共和国生态环境部. 2017 年中国生态环境状况公报[EB/OL]. http：//www.mee.gov.cn/hjzl/sthjzk/zghjzkgb/.
⑤ 中华人民共和国生态环境部. 2020 年中国生态环境状况公报[EB/OL]. https：//www.mee.gov.cn/hjzl/sthjzk/zghjzkgb/.

中，有 99 个城市达标，占全部城市数的 29.3%；239 个城市超标，占 70.7%。[①]2018 年空气质量有所改善，城市环境达标比 2017 年上升 6.5 个百分点，超标也相应下降至 64.2%。[②]2020 年空气质量更进一步提升，202 个城市环境空气质量达标，占全部城市的 59.8%，比 2015 年上升 30.5 个百分点，未达标城市 135 个，未达标率为 40.1%。[③]空气质量得到明显改善的同时也要看到中国仍有近一半的城市未达标，与国际标准仍有较大差距。

三、水污染问题

中国的水污染与水质也不容乐观。1989 年中国大江大河水质基本良好，只是流经城市的河段污染较重，水体污染主要来自工业废水，污染物成分主要是氨氮，其次是耗氧有机物和挥发酚。虽然生活污水、工业废渣、农业生产等也对水体造成一定程度的污染，但并不是主要原因。[④]然而到 1994 年，全国大江河均受到不同程度的污染，并且呈现发展趋势，工业发达城市（镇）附近水域的污染尤为突出。1995 年发生 3 起特大污染事故，尤其是 7 月 15—20 日淮河干流鲁台子段至蚌埠闸段发生的严重污染事故，给淮南、蚌埠、淮阴、连云港市区、盐城等地数十万居民生活饮水造成重大影响。[⑤]1995 年水质污染进一步加重，中国江河湖库普遍受到不同程度的污染，除部分内陆河流和大型水库外，污染呈加重趋势。[⑥]截至 1999 年，中国主要河流更是普遍受到有机污染，面源污染日益突出。[⑦]

中国的经济发展并非以牺牲生态环境为主，在发展的同时也在去全力整治环境，且在水质与水环境治理方面也取得一定成果。在污水处理上，2015 年城镇污水处理能力较 2010 年的 1.25 亿吨提高了 45.6%，增加至 1.83 亿吨。全国化学需氧量、二氧化硫、氨氮和氮氧化物排放总量分别比 2010 年下降 12.9%、18.0%、

[①] 中华人民共和国生态环境部. 2017 年中国生态环境状况公报[EB/OL]. http://www.mee.gov.cn/hjzl/sthjzk/zghjzkgb/.
[②] 中华人民共和国生态环境部. 2018 年中国生态环境状况公报[EB/OL]. https://www.mee.gov.cn/hjzl/sthjzk/zghjzkgb/.
[③] 中华人民共和国生态环境部. 2020 年中国生态环境状况公报[EB/OL]. https://www.mee.gov.cn/hjzl/sthjzk/zghjzkgb/.
[④] 中华人民共和国生态环境部. 1989 年中国环境状况公报[EB/OL]. http://www.mee.gov.cn/hjzl/sthjzk/zghjzkgb/.
[⑤] 中华人民共和国生态环境部. 1994 年中国环境状况公报[EB/OL]. http://www.mee.gov.cn/hjzl/sthjzk/zghjzkgb/.
[⑥] 中华人民共和国生态环境部. 1995 年中国环境状况公报[EB/OL]. http://www.mee.gov.cn/hjzl/sthjzk/zghjzkgb/.
[⑦] 中华人民共和国生态环境部. 1999 年中国环境状况公报[EB/OL]. http://www.mee.gov.cn/hjzl/sthjzk/zghjzkgb/.

13.0%和 18.6%。[1]2019 年将监测的国控水质断面扩大到 1 610 个, Ⅰ～Ⅲ类水质断面比例达到 79.1%, 提高了 18%左右, 地表水水质显著提高。2020 年中国水质整体上呈现良好发展趋势, 但辽河流域和海河流域仍为轻度污染, 湖泊劣Ⅴ类占比为 5.4%, 海洋水域劣Ⅳ类占比为 9.4%,[2]故仍需加强水环境保护与水污染治理。

第四节　生态文明建设的紧迫性、必要性与艰巨性

一、生态文明建设的紧迫性

人类社会已经经历了以石器为生产工具, 依附于自然生态环境且社会生产力低下的原始文明阶段; 以铁器为生产工具从事种植业且改变土地、动植物等自然万物能力较弱的农业文明阶段; 以及以机器为主要生产工具, 改造自然、利用自然、开发自然能力极大增强的工业文明阶段。其中, 原始文明阶段人们对于自然的干扰程度最低, 几乎保持了自然的原始风貌; 到了工业文明时期, 人们从大自然中获取大量财富, 但也付出了沉重代价。进入现代之后, 伴随着社会经济的高速发展, 土地荒漠化、盐渍化、石漠化日益严重, 森林覆盖率逐年降低, 资源日益枯竭, 生物多样性急剧下降, 全球变暖, 自然灾害频发等生态环境问题日益突出, 致使人类生存面临前所未有的挑战。到 20 世纪下半叶, 人类逐渐感受到来自大自然的空前危机, 逐渐意识到维持良好自然生态环境的重要性和紧迫性, 开始奋力追求人与自然的和谐共处。因此, 进入 21 世纪, 人类必须进行生态文明建设, 维护好人类赖以生存的地球的自然生态环境, 才能延续人类文明。

二、生态文明建设的必要性

中国的改革开放促使社会经济发生重大改变, 在原有经济基础之上迅猛发展, 40 年来保持高速增长, 陆续完成"三步走"战略的前两步。[3]但长期以来"高消

---

① 中华人民共和国生态环境部. 2015 年中国环境状况公报[EB/OL]. http：//www.mee.gov.cn/hjzl/sthjzk/zghjzkgb/.
② 中华人民共和国生态环境部. 2020 年中国生态环境状况公报[EB/OL]. https://www.mee.gov.cn/hjzl/sthjzk/zghjzkgb/.
③ 田宪臣. 建设生态文明绘就美丽中国[J]. 学习论坛, 2013（1）.

耗、低效益、高排放"的粗放型经济发展方式占据主导地位，中国也为此付出了沉重的代价，"面临着环境污染蔓延和生态环境恶化的严峻形势"。①然而，至今中国所面临的资源紧束、生态环境破坏等问题还没有从根本上得到改善，人民群众对优质生态环境日益增长的需求与优质生态产品供给不充分、不平衡的矛盾依然存在。在此背景下，只有顺应自然、保护自然、爱护自然，尊重自然规律，发展绿色、低碳经济，建设资源节约型、环境友好型社会，促进人与自然的和谐，才能缓解资源短缺，改善生态环境，实现中华民族的永续发展。

三、生态文明建设的艰巨性

我国社会经济建设绝不能按照西方国家"先污染后治理"的发展模式，更不能以污染环境作为发展的基础。我国要实现跨越式发展以紧跟西方发达国家建设步伐，就必须深刻认清我国发展不平衡与生态文明建设基础薄弱等问题。我国生态文明建设虽然取得卓越成就，但要深刻认识到现在的成绩与广大人民群众对优美生态环境和美好生活的需求仍具有较大差距，建设生态文明之路仍具有艰巨性。我国古代虽然提出丰富的自然生态观，但进入近代由于内外交困，为追求发展与强大多以牺牲生态环境为代价，造成环境问题日益突出，环境保护意识淡薄。进入社会主义现代化建设后，环境保护意识与道德文化并未深入每一位大众的内心，仍需坚定地筑牢思想文化基础建设。此外，我国是人口众多的大国，虽地大物博，但人均可利用资源较为匮乏，也就决定"高污染、高消耗、高排放"的发展模式并不符合我国当前国情。因此，在社会生产力发展不平衡、不充分前提下，我国生态文明建设并不是，也不能一蹴而就，而是需要我们积极稳妥地走好每一个发展步伐，力争早日实现人与自然和谐美好的社会主义现代化国家。

---

① 中华人民共和国生态环境部. 1989 年中国环境状况公报[EB/OL]. http://www.mee.gov.cn/hjzl/sthjzk/zghjzkgb/.

第十五章　生态文化的构建

第一节　生态文化的内涵、特征及价值

一、生态文化的内涵

生态文化作为生态文明建设的重要内容，既不能把它大而化之为与生态相关的文化，也不能把它简单地理解为生态与文化的生硬组合。生态文化是研究人与自然互动关系的文化系统，是人们在认识、利用和适应自然的过程中所形成的物质文化、精神文化、制度文化的总和，其核心思想是人与自然和谐共生，一切有利于促进人与自然双向发展的技术、观念、制度都可纳入生态文化的研究范畴。物质层面的生态文化主要表现在适应自然环境和利用自然资源中形成的技术体系，精神层面的生态文化集中表现在人们对待自然环境、自然资源的观念和智慧，制度层面的生态文化包括保护和合理利用自然资源的国家法规、政策及乡规民约。生态文化具有相对固定的运行轨迹：源于自然（生态环境是生态文化存在的基础）→高于自然（利用和保护生态的理念体系）→归于自然（生态思想对保护生态环境的现实意义），它是以自然为轴心处于运动状态的文化。

二、生态文化的特征

1. 人与自然共生的生态性

（1）生态性是生态文化的本质属性

自然环境对文化的特征具有重要影响，文化是在适应环境的过程中产生和形

成的。生态文化是人类文明与环境协调发展的结果，它的形成和发展与自然环境密切相关，是人类在适应环境特别是自然环境的过程中形成的，是在特定自然环境中各种自然因素和社会因素共同作用的生态结果，因此其表现出明显的生态性。生态性是生态文化的本质特征，其特质为人与自然共生，人与自然环境之间并非二元对立的状态，而是互为载体、协调统一、互融共进。

（2）生计与生态协同共进

生计与生态看似不兼容，因为生计意味着要从自然环境中摄取资源及改造原来的自然状况。部分民族为何能把生计与生态这对矛盾体变为统一体？产生如此效果的关键原因在于与自然环境相适应的技术体系，这与当今技术生态使命之目的恰巧契合："要探索人与自然之生态关系的生态阈值，以此科学地寻求人与自然环境之间的适度关系。"①这种技术体系讲求生计与生态协同共进，包括 3 个重要内涵：以适应自然环境及遵守自然规律为前提，以合理、适度利用资源及改造自然为具体方法和手段，以获取人的生存和生态良性循环为旨归。

2. 贯通古今的传承性

（1）儒释道文化中的生态观念源远流长

文化通常需要时间的积累和传承，从而具有传承性。生态文化同其他类型的文化一样，在人类改造自然、改造社会和改造自我过程中历经岁月积累、承续而来。"天人合一""道法自然"思想作为中国传统文化的重要组成部分，其间蕴含底蕴深厚的生态观念。"天人合一"强调天道与人道的统一，肯定人与自然界的统一。佛教将自然看作佛性的显现，山川草木悉皆成佛，万物都有佛性，都有自己的价值。道教是中国土生土长的宗教，以自然大化为旨趣，《太平经》"以教天下之人，助天生物，助地养形"倡导天下万物一起生长。

（2）民间文化中的生态智慧口耳相传

民间文化蕴含着丰富的生态智慧，这些生态智慧主要以口耳相传的方式在地方社会中代代相传。民俗发挥着传承文化的重要作用："一代代人的文化复制，相

---

① 许斗斗. 技术的社会责任与生态使命[J]. 自然辩证法研究，2017（3）.

沿成习，就成为民俗传统。"①民间文化中的生态智慧主要依托民俗传承延续，生态文化在时间上的历久性及在一定地域范围内的全民性都得益于民俗的传承功能。

3. 本土相宜的区域性

（1）不同自然环境下生态文化的差异性

文化生态学承认"文化之间存在实质性的不同，它们是由一个社会与其环境互动的特殊适应过程造成的"②，依此类推，生态文化的差异性同样与其相适应的自然环境有关。为了生存和发展的需要，对自然环境的适应包括顺应和应对两个方面。顺应主要是指对特定自然环境下的资源顺而用之，也就是因地制宜的生产生活方式。应对是指针对不利于生产生活的自然环境采取的方法和措施，比如逐水草而居以确保牧业稳定，南方稻作民族大多居住在干阑式房屋以应对潮湿、炎热的气候特征，山地民族把村寨建在森林茂盛之处以确保获取水源及生存资料。无论是顺应还是应对，都是区域生民适应自然环境过程中积累的生态智慧，因自然环境的差异，相应的方式方法也有较大差异，促使生态文化具有明显的区域性。

（2）同一自然环境下生态文化的趋同性

因生计方式、传统习俗受自然环境因素影响较大，因此同样自然环境下不同民族的生态文化具有较大的趋同性。相同或者相似自然环境中不同民族的生态文化具有明显的同质化特征，如游牧民族、狩猎民族、渔业民族、稻作民族的生态技术、观念、制度等都有诸多相似。根据自然环境及少数民族的经济类型③，可把中国少数民族生态文化划分为不同的区域，大概可分为采集渔猎生态文化区、游牧生态文化区、刀耕火种生态文化区、山地耕牧生态文化区、绿洲耕牧生态文化区、山地耕猎生态文化区、稻作生态文化区、平原农耕生态文化区等。

---

① 陈建宪. 试论民俗的功能[J]. 民俗研究，1993（2）.
② [美]朱利安·H·斯图尔特. 文化生态学[J]. 潘艳，陈洪波译，南方文物，2007（2）.
③ 林耀华. 民族学通论[M]. 北京：中央民族大学出版社，1997：88-96.

4. 彰显特色的民族性

作为生态文化重要组成部分的民族生态文化具有突出的民族性特征，在技术、观念、制度层面都有一定的差异。从宏观层面来看，各族系的生态文化有较大差异。东胡族系民族以游牧为主要生计方式，在狼崇拜中表现为维护草原生态平衡的理念，存在大量保护草场的制度。氐羌族系民族耕牧兼营，其生计方式与森林密切相关，神山、神林、神树崇拜中饱含与森林和谐相处的生态观，有许多对森林保护有利的禁忌和乡规民约。百越族系民族多滨水而居，以稻作为主要生计方式，形成一套"林—水—田—人"的生态排序，林崇拜与水崇拜中表现出对森林与水在决定自身生存方面的深刻认知，制度层面的生态文化主要倾向于管理森林和水资源。从中观层面来看，同一族系中不同的民族其生态文化也具有差异性。傣族和侗族同属百越族系，有着底蕴深厚的稻作文化，然而各有特点。傣族的是林稻生态系统，森林为稻作生产提供水源、稳定的气候、减少病虫害等多种重要条件，良好的森林生态系统成为水稻生产的重要先决条件。侗族积累了一套稻鱼鸭共生的生计方式，稻鱼鸭促进了农田生态系统的平衡，并能获取多样化的收益。建筑虽同为干阑式建筑，但傣族居住下层全架空的竹楼，侗族居住依山而建的吊脚楼。从微观来看，同一民族不同支系的生态文化也具有差异性。因为民族生态文化存在民族性差异，所以有必要从族系、单个民族、民族支系等不同的研究对象审视其生态文化的内涵和特征，进而呈示一个内涵准确、形式多样的民族生态文化群。①

三、生态文化的价值

生态文化是人类发展进程中积淀的宝贵财富，其有着丰富的价值，主要体现在生态价值、历史价值、经济价值等方面。

首先是生态价值。其一，有利于生态环境保护。传统生态文化在历史时期发挥着协调人与自然关系的作用，顺应自然，适时、适度利用资源，这是部分地区

---

① 刘荣昆. 民族生态文化特征辨析[J]. 广西社会科学，2018（3）.

部分可再生资源长期持续利用的原因所在。至今一些传统生态文化依然发挥着保护生态环境的作用，在保护森林、水源、生物多样性方面依然发力。其二，有利于生态文明建设。生态文化底蕴深厚的地区有着生态文明建设的先天优势，一方面，这些区域有较牢固的生态环保意识；另一方面，生态文化中的生态智慧可为生态文明建设提供借鉴。其三，有利于生态教育。生态文化为生态教育提供人与自然和谐共生的价值理念，为生态教育提供知识层面、理论层面、实物层面的素材。

其次是历史价值。其一，历史文化遗产价值。至今保留的一些历史文化遗产包含生态智慧，很好地协调着人与自然的关系，其价值贯通古今。如都江堰鱼嘴的"四六分水"和飞沙堰的溢洪排沙都是利用自然之力的治水方式。一系列农业文化遗产具有生态文化意蕴，如甘肃迭部扎尕那农林牧复合系统、云南红河哈尼稻作梯田系统、贵州从江侗乡稻鱼鸭复合系统，都较为典型。其二，历史研究价值。一方面，生态文化可为历史研究提供实证资料，主要包括与生态文化相关的实物和文献。实物主要是指具有生态文化内涵的历史遗存，如一些顺应自然、利用自然而建的古城、水利工程、农业遗产及林业碑刻等。文献资料则主要包括林业碑刻、林业契约文书、古代农林类的志书等。另一方面，对于推动文化史、环境史、民族史研究具有一定帮助，生态文化的发生发展史属于文化史范畴，传统生态文化很大程度上属于环境史范畴，一个民族在相应区域适应自然、利用自然的历史以及其间的生态思想属于民族史研究的范畴。

最后是经济价值。其一，维持生计。平原地区精耕细作的农业、部分山区轮歇种植的刀耕火种、转场放牧、农牧猎兼营以及传统渔业的捕大放小等，因地制宜、因时制宜，讲求生态与生计平衡，从而实现了持续从自然界中获取生计资源的目的。其二，生态经济。一方面是绿色产品带来的经济效益，如生态养殖、生态种植等；另一方面是生态旅游，一些生态文化意蕴浓厚的人文景物、民情风俗为旅游提供资源。

第二节 生态文化与生态文明建设的关系

一、生态文化与生态文明的关系

1. 生态文化是生态文明的基础

（1）生态文化是生态文明建设的核心和灵魂

生态文化强调人与自然和谐共生，奉行可持续发展理念，是解决当前生态问题的文化动力。生态文化是人类向生态文明过渡的精神铺垫，是生态文明作为一种独立的文明形态的思想和理论基础。一言以蔽之，生态文化是生态文明建设的核心和灵魂，生态文明建设要靠生态文化的引领和支撑。[①]

（2）生态文明是构建在生态文化基础上的目标及精华

从文明与文化层面来说，生态文化是中国特色社会主义建设中文明目标与文化创新的组成部分；从生态层面来说，生态文明与生态文化又是从生态角度切入的具有生态特点的具体的特殊的社会主义和谐文化与文明。这就是在大力发展繁荣的生态文化的基础上，建设新的生态文明的客观基础与理论根据。生态文化是生态文明的基础，生态文明是建立在生态文化基础上的一个目标，是在生态文化中形成的精华。发展繁荣的生态文化，有助于这个目标的实现，是建设生态文明的前提条件。[②]

（3）生态文明是生态文化的核心内容和优秀成果

生态文明秉承生态文化的价值取向，批判地吸收了农业文明、工业文明的积极成果，倡导绿色消费和适度消费，从而促进了人与自然的和谐相处。生态文明建设是整个文明形态的转变与升级，是一次文化大变革，无论生产方式、消费模式、思维模式、行为模式，都应该发生根本性的变化。生态文化建设的最终目标

---

① 杨立新. 论生态文化建设[J]. 湖北社会科学，2008（3）.
② 鄂云龙. 生态文明与生态文化的关系[J]. 环境教育，2009（7）.

是树立生态理念，倡导绿色发展，共建生态文明。生态文化建设的首要任务，就是通过文化启蒙将生态价值观和生态意识渗入公众的心灵，即以先进的生态理念为指导，在微观上逐渐引导公众的价值取向、生产方式和消费模式的转型，在宏观上逐步影响和指导决策行为、管理体制和社会风尚。[①]

2. 民族生态文化与生态文明交契相通

（1）渊源相通

自有人类以来，就在不断利用自然资源、适应自然环境，人类发展史、人类文明史蕴含着丰富的人与自然关系的内容，在人类适应、利用、保护自然的过程中形成了生态文化。这个过程也在不断创建着生态文明，只是各个时期表现的程度不同，如农业文明中就包含丰富的生态文明成果，工业文明时期在工业不发达区域或者非工业区域仍有大量的生态文明成果。从人类学角度来看，生态文明是在人类发展过程中形成的文化生态体系："不同时代人类认知自然、适应和顺应自然规律、合理利用自然资源、维护人类与生态环境和谐共生的典型的文化生态体系。"[②]民族生态文化、生态文明在历史发展过程中交契共进，形成促进人与自然关系协调发展的合力。

（2）内涵相通，特质交契

内涵的共通之处在于都包括人与自然的关系，其实质在于追求人与自然关系的和谐，二者的特质都是生态性，都强调人与自然和谐共生，其间充满绿色的生态底蕴。少数民族生态文化在历史时期和在当代都在保护生态中发挥着重要作用，至今仍然有一些活态的少数民族生态文化存在，在生态文明建设中仍在发挥作用。

---

① 林玉. 建设生态文明 生态文化先行[J]. 中国环境报，2014-07-30（02）.
② 尹绍亭. 人类学的生态文明观[J]. 中南民族大学学报（人文社会科学版），2013（2）.

二、生态文化对生态文明建设的支撑作用

1. 生态文化为生态文明建设提供观念引导

（1）生态文化为生态文明建设提供生态世界观

生态文化所提倡的世界观强调，自然是人的无机的身体，人是自然界的一员，保护自然系统就是保护人类自己，破坏自然系统无异于毁灭人类自己。在生态世界观的指导下，人类必然需要促进方法论的转变。以生态文化为基础的方法论强调，对自然的研究与对人的研究并重，要以整体性的方法把握人与自然的内在统一。

（2）生态文化为生态文明提供生态价值观

建立在生态文化基础上的价值观是互利型的价值观，就是要努力克服传统人本文化的反生态性质，寻求一种适于人类与自然共同持续发展的价值观念体系。它的基本原则是在承认和肯定人类满足与追求其基本需要和合理消费的前提下，充分考虑生态发展的客观需要。这样的价值观，就要求我们努力追求一种生态化生产方式和持续发展模式，走上一条与自然系统互惠互利、共生共荣、协调平衡的发展道路。

（3）生态文化还要为生态文明提供生态伦理观

生态伦理学把道德研究的对象从人与人之间的关系扩大到人与自然之间的关系。要真正解决生态问题，实现社会的可持续发展，仅仅依靠科技的、经济的、法律的和行政的手段是不够的，还要靠道德调节手段，通过树立生态伦理观，激发保护生态环境的道德责任感，使人们自觉地调节人与人之间的利益冲突，自觉地调节人类与自然之间的物质变换，从而形成可持续发展的坚实基础和内在动力。①

---

① 陈彩棉. 生态文化是生态文明建设的核心和灵魂[J]. 中共贵州省委党校学报，2009（4）.

2. 促进经济发展的生态化转型

（1）经济增长方式向综合化转变

综合发展观与传统发展观最大的区别在于，其视角不仅仅局限在经济增长的目标上，而更多地考虑整个社会领域的协调发展、共同进步，尤其强调对自然环境的保护、资源的有效配置与合理运用。人类在经历了不同社会形态更替、不同文明交流碰撞以后，生产力水平在不断提高，经济发展速度也越来越快，经济发展方式也越来越科学。从以物为本向以人为本转变、从传统的线性发展观向非线性发展观转变、从不均衡发展向均衡发展转变、从掠夺式发展向生态式发展转变，这一系列的转变反映了人类社会的不断进步、对生态意识的逐步加强，逐步实现传统发展观向综合发展的生态化倾向变革。[①]

（2）经济模式生态化转型

经济模式的生态化转型代表了人们的价值观、信念、态度和行为方式的生态化转向，也是生态文化的具体体现。如果总是不断地以耗竭性方式攫取地球资源的话，总有一天地球上的资源将不能够满足人类的需要。因此，经济模式的生态化转型，就是告诉人类要摒弃耗竭式攫取地球资源的经济发展方式，而以生态经济或者绿色经济发展方式作为人类社会经济发展模式的首选，生态文化成为人类社会的主流文化。[②]

3. 促进社会消费观及行为生态化改进

人类的生存发展始终要以消费物质产品为基础，但这种消费应该是适度合理的，而不能是过度甚至奢靡的。实际上，很多物质需要并非有着实质上的需要，更多的是为了展示权力和炫耀金钱，满足人们虚荣心理的需要。这样的消费市场心理需要，很显然会误导人类的生产方式。生态文化的当代价值之一，就是要求以生态学为指导的消费主张引领公民生态消费方式，然后通过这种消费方式的变

---

① 刘亚萍，李银昌. 生态文化新论[M]. 北京：中国环境科学出版社，2016：129.
② 刘亚萍，李银昌. 生态文化新论[M]. 北京：中国环境科学出版社，2016：132.

革形成消费结构、消费行为、消费理念的生态化，促进资源节约型用品、耐用品、大众用品、环保与健康产品、精神文化产品的大幅度需求。因此，真正的生态文化能够促进社会消费观和行为生态化改进。①

三、生态文明建设对生态文化的升华

生态文明建设助推生态文化传承。随着生产力及社会的发展，生态文化尤其是民族生态文化的传承难度升级。民族文化流失及民族文化退化就会对附着其间的生态文化造成冲击，因其载体的流失或退化而发生相应的变迁。②另外，民族文化传承场的变迁增加了传承民族生态文化的难度。③传承场及传承场内人员的变迁都给民族文化的传承带来一定困难，也给民族生态文化的传承带来不同程度的影响，原来以潜移默化、口传身授方式传承的民族生态文化因传承场的改变或者消失以及传承对象的减少或者不进入传承场而使传承变得空洞乏力。在生态文化面临传承危机的情况下，生态文明建设给生态文化传承带来机遇。基于生态文化对生态文明建设的价值及支撑作用，生态文明建设需要生态文化的助力，当把生态文化融入生态文明建设中时，生态文化依托生态文明建设得以传承。

生态文明建设彰显生态文化价值。文化价值有时是隐性的，而传统生态文化在人类发展进程中明显发挥着协调人与自然关系的作用，显示其重要价值。而随着生产方式、社会习俗、社会观念的变化，传统生态文化逐渐式微，其价值没有得到应有的重视。随着一系列生态问题的出现，人们对过往的行为进行反思，生态文明建设顺势而为。在生态文明建设中，传统生态文化越发受到重视。一方面，生态文化中人与自然和谐共生的理念被倡导，成为推动生态文明建设的思想源泉，如《生物多样性公约》缔约方大会第十五次会议（COP15）的主题为"生态文明：共建地球生命共同体"，体现着"人与自然和谐共生"的美好愿景。另一方面，一些传统生态知识、生态智慧的作用彰显。因为地理环境、文化习俗的差异，随意

---

① 刘亚萍，李银昌. 生态文化新论[M]. 北京：中国环境科学出版社，2016：137.
② 按：少数民族文化变迁主要有民族文化融合、民族文化区域化、民族文化流失、民族文化退化四种表现形式，详见张桥贵：《少数民族文化的特征与变迁》，《云南民族大学学报（哲学社会科学版）》，2005 年第 3 期。
③ 按：传承场是指一切人与人、人与社会接触的空间组合，详见赵世林：《民族文化的传承场》，《云南民族学院学报（哲学社会科学版）》，1994 年第 1 期。

嫁接的科技不一定取得理想效果，甚至适得其反，这就需要找到一条现代科技与本土生态知识相结合的路径，从而达到人与生态平衡的效果。生态文明建设过程中，生态文化发挥着重要作用，生态文化的价值随之得到认同和彰显。

第三节　生态文化融入生态文明建设

一、生态文化融入生态文明建设的原则

1. 人与自然和谐共生原则

在把生态文化融入生态文明建设时，必须牢牢把握人与自然和谐共生这一总原则。从自然之于人类的角度来看，其一，提供并满足人类生产、生活所需的自然资源和生态功能；其二，提供自然生态环境的自净化能力，对人类经济活动及生活所形成的污染排放及废弃物累积进行消解；其三，提供人类世代生存并传承所适宜的自然生态环境系统。从人类之于自然的角度来看，其一，在利用自然资源过程中遵循资源永续性原则，以维护自然资源的永续性；其二，在生态环境的自净化能力范围内进行经济活动，以维护生态环境不受人类活动的破坏性影响；其三，在确定人类经济活动规模和水平时，以维护地球生态系统及其生态功能的完好性作为前置约束，防范地球生态系统的稳定性受到破坏，导致生态系统脆弱化、抗外在影响能力弱化，进而导致自然灾害加剧加频。①

2. 因地制宜原则

（1）本土生态知识适用范围的特定性

生态文化中有很大一部分属于本土生态知识，本土生态知识的定义为："特定民族或特定地域社群对所处自然与生态系统做出文化适应的知识总汇，是相关民

---

① 钟茂初. "人与自然和谐共生"的学理内涵与发展准则[J]. 学习与实践，2018（3）.

族或社群在世代的经验积累中健全起来的知识体系。"①本土生态知识是与特定的自然生态系统相适应的文化体系，其适用范围主要局限于与之对应的自然生态系统，一旦超出此范围可能将失去效用。在开展与自然生态系统密切关联的经济活动时，务必尊重本土生态知识，做到因地制宜，因文化而异，避免生搬硬套而造成"水土不服"，从而得不偿失，甚至引发生态灾变。

（2）本土技术的就地化应用

生态文化中的技术以适应性、适度性、适用性原则有效协调着人与自然的关系，在人与自然共生关系中发挥着重要作用。在生态恢复过程中要挖掘和传承传统生态文化，特别要注重挖掘和传承具有地域适应性和适用性的技术体系。因为"一个地方的生态环境之所以得以保护，便是依靠了该地方的文化保护所产生的结果"②。要恢复区域生态，就不能忽视民族生态文化在保护生态环境方面的重要作用，经过长期实践奏效的技术同样具有实用价值，在生态恢复的过程中，最好找到现代科技与传统技术的契合点，这样才行之有效。

3. 去粗取精原则

（1）撷取有利于生态平衡的内容

文化内容丰富，包含积极意义和消极影响的文化。生态文化往往与其他文化混合在一起，应当把握人与自然和谐共生的主旨，把符合这一原则的生态文化从复杂的文化遗存中辨别出来，从而融入生态文明建设之中。天人合一思想中裹挟有天人感应观，佛教、道教中的生态智慧以所依托的宗教为载体，原始宗教中的生态伦理观念蕴含在原始宗教之中，在撷取其中的生态文化促进生态文明建设时，要选取有利于生态平衡的文化智慧、观念及思想，批判地继承传统生态文化中有利于推动生态文明建设的部分。

（2）辨识隐蔽状态的生态文化

生态文化涵藏内隐在渊博的物质文化、精神文化、制度文化之中，带有较强

---

① 杨庭硕，田红. 本土生态知识引论[M]. 北京：民族出版社，2010：3.
② 尹绍亭. 农耕文化与乡村建设研究文集[M]. 昆明：云南大学出版社，2008：38.

的隐蔽性。从物质文化层面来看，生态文化主要表现为与自然环境相适应的生存方式，包括生产、生活两个方面的适应，其间表现出较强的技术性，蕴含着天地人协调发展的生态观念。从精神层面来看，生态文化表现为热爱自然、敬重自然的生态伦理观念，于是隐蔽性更加突出，以观念形式内嵌在宗教信仰、文学艺术之中。从制度层面来看，国家法律、地方法令、习惯法、乡规民约、家族家规中都有保护生态环境的条款。即便一些专门的生态保护规约，也只是庞大制度生态文化的一部分，而更多有关生态文化的制度杂糅在整个制度体系或者单个乡规民约，以及一些生产生活及宗教的禁忌中。物质文化、精神文化、制度文化都是非常庞杂的，而生态文化隐含在这些文化当中，只有抽丝剥茧般辨识出生态文化，才能准确地把生态文化融入生态文明建设中，从而发挥生态文化在生态文明建设中的相应功能。

二、生态文化融入生态文明建设的路径

1. 树立自然与人共生的生态导向

（1）摆正人与自然和谐共生的关系

通常的表述是"人与自然和谐相处"，这样的表述方式是把人置于主导地位，而把自然置于被动地位，并且"和谐相处"不能很好地体现出其中的相互促进及影响。"和谐相处"不能很准确地表述自然与人的关系，"和谐相处"主要是突出人与自然的并列关系，而不能表达出自然与人之间的诸多交集的关系，相对于"和谐相处"，"和谐共生"更为贴切和恰当。首先是自然决定和制约着人类的生存，也就是人类依靠自然实现了生存的目标。反过来，并不是所有的人类活动都会破坏自然生态系统，有的人类活动对自然生态系统的平衡有促进意义。人类为了能让自然界持续发挥支撑人类生存的作用，主动对自然界采取了一些保护措施，在文脉中传承着崇拜自然、感恩自然的生态伦理观念，所有这些都能起到保护自然的作用。因此，自然与人的关系并非简单的并列，而是双向交融的共生关系。

（2）把保护自然放在共生关系的基础位置

自然与人的共生关系中起决定作用的是自然，要维系这种共生关系的持续和发展，至关重要的是保护好自然，同时也不排斥人类的生存，只是人类在生存的同时要掌握好自然的承受限度，既要用之有度更要用之有护，这样才能真正实现持久的自然与人共生。文化理念在生态文明建设中的意义极为重要，如果倡导征服自然的理念，意味着人类只会对自然为所欲为，致使自然遭到严重破坏，最后两败俱伤。一旦突破自然被利用的限度就会引发灾害，人类也必须为这种为所欲为埋单，终致无法在当地生存而不得不迁往别处。真正理性、科学的人与自然相处理念是自然与人共生，只有在这样的理念引领下才能更有效地避免人为灾变的发生或更有利于解决灾变问题。

2. 以传统生态文化为主要内容培育环保意识

（1）以传统生态思想为根基培育环保意识

在推行生态文明建设战略的当下，应该充分挖掘传统生态思想，大力开展公共生态教育，把保护生态作为发展底线，走可持续发展道路，走出一条人类与自然和谐共生的发展路径。传统生态思想是人类在与自然相处的实践中得出的生态认知，其经历了长期的实践考验，具有较强的实用价值，只要理性继承，其实用价值在当代甚至未来都能在生态保护方面发挥重要作用。传统生态思想至今还发挥着作用，大理市下关镇吊草村把《永远护山碑记》《永卓水松牧养利序》两块石碑供奉在土主庙中，说明村民对保护生态碑刻的敬重，同时也以这样的方式表达对祖先保护生态精神的继承，并体现在生态保护实践中，村寨周围森林苍翠，一派生机盎然的景象。

（2）多渠道传承传统生态文化

关于传统生态文化的传承，可多措并举。第一，开展生态文化普查。从技术、观念、制度3个层面开展普查，摸清传统生态文化的现状，在此基础上进行传承与保护才能做到有的放矢。第二，传统生态文化传承要贯穿在家庭教育中。第三，要把传统生态文化纳入基础教育，至少在小学阶段开设生态文明教育课程。第四，充分利用现代媒体进行传统生态文化传承，可把传统生态文化做成纪录片、微视频等形式，依托电视、网络进行传播。第五，要重视民间本土力量，传统生态文化原本主要通过裹挟在传统文化中而得以传承，加强保护和传承传统文化对传统生态文化的传承能起到强源固本的作用。[①]

3. 构建本土底蕴的绿化体系

（1）本土绿化的优势

首先是植物成活率高。乡土树种对当地的土壤、气候具有较强的适应性，容易成活，能节省运费、培育等方面的开支，降低绿化成本。

其次是能发挥一定的品牌效应。城市的文化内涵是构建城市品牌的重要力量，城市绿化给人以直观的视觉冲击，绿化往往被当成"植树、栽花、种草"的代名词，这是浮于绿化表层的感官效应带来的误区，浅显的"植树、栽花、种草"是缺乏品味的绿化活动，经不起审美的考量。绿化的更高境界是美化，把具有地方文化特色的植物应用到城市绿化中，聚生态美、景观美、人文美于一体，为提升城市的知名度、美誉度添力，以避免城市绿化的同质化。

（2）本土绿化的实施

首先要尽可能保持原有的自然风貌。在城市开发和建设中，在不影响工程开展的情况下，尽可能保持原有的河流、山体、湿地、片林、古树等自然风貌，而不是销毁原有的自然景观，另造假山，制造人工溪流，引进外地植物，这样做不仅成本较高，而且全是人造景观，其生态价值、人文价值大打折扣。

其次要确保高成活率及文化品牌效应。要考虑植物的生长习性，这样才能保证植物成活率高，如香樟不耐干旱，不宜栽种在土壤板结的地方。为了促进绿化的文化品牌效应，可充分挖掘本土植物文化资源，将其融入绿化中。比如，在彝族聚居地区，可尽量选择民族文化气息浓郁的松树、竹子、茶花、马缨花作为绿化树种。而在傣族聚居区，尽量选择高榕、贝叶树、槟榔树、椰子树、缅桂、鸡蛋花、文殊兰、地涌金莲等作为绿化植物。

---

① 刘荣昆. 澜沧江流域彝族传统生态文化研究[M]. 北京：中国社会科学出版社，2021：246-250.

三、生态文化融入生态文明建设的成效

1. 生态恢复

传统生态文化是一定区域生态得以较好保护的内源机制，要恢复地方生态，也就不能忽视地方生态文化在保护生态环境方面的重要作用。要恢复森林或者是要发展森林，既要应用造林护林的现代科技，同时也不能忽视传统森林文化知识的应用，在现代科技和传统森林文化知识的契合应用下，才能更有效地恢复和发展森林，才能更加高效地开展生态恢复。西双版纳的雨林再造是利用传统生态文化恢复生态的项目，详见案例 15-1。

案例 15-1　雨林再造

村民还可以像以前那样到森林去采草药、蘑菇，拾柴火，并出售产品来增加收入。但条件只有一个——村民不能再砍伐森林。在此基础上，西双版纳盛产的优质普洱茶也引起了马优博士的关注，并对现行的原生植物砍伐一光，大面积种植台地茶的模式表示担忧。为此，一个规模为 8 400 亩，以恢复和保护古茶园和古茶树赖以生存的自然环境，开发出立体的生物多样性有机茶，名叫"天籽老班章生物多样性有机茶园"的全新项目，在勐海县布朗山乡著名老班章古茶山一片目前只有 16%森林覆盖率的荒地中实施。按照马优博士的估算，这个项目全部完成后，在这一片区域内生存的物种将达到 1 200 余个。①

雨林再造中并没有绝对排斥村民的生计，村民可以从森林中采集一些生活资料，这是奉行了人与自然和谐共生的理念。恢复和保护古茶园和古茶树的自然环境，这是对传统管理茶园、茶树方式的认可和利用。

---

2. 景观绿化

在城市绿化中，普遍存在这样的现象：夏天耗费大量人力拔除草坪杂草，冬

---

① 孙晓东. 来到中国的"雨林再造之父"[J]. 绿色中国，2010（23）.

天给树木缠上草绳、遮上塑料布防冻，之所以出现这种情况，皆由引用外来植物绿化所致。外来之物往往水土不服，加强管理也不一定有较高的成活率，绿化本应该发挥生态功能及景观效果，然而用塑料布遮上，景观效果也被掩盖了。本土绿化值得倡导和推行，既节约成本，又彰显城市绿化特色。比如，安顺市在本土绿化方面取得了一定效果，详见案例15-2。

案例 15-2　安顺的本土绿化

安顺市塔山广场，设计种植了不少当地植物，如火棘、南天竹、小叶麦冬、栾树、香樟、梧桐、银杏、桂花等，皆生长良好，只有在下沉广场处的桂花、银杏，由于设计时未能考虑该地地下水位过高，致使有的死亡或长势不好。安顺冬青在安顺开发区的歪寨风景区进行了大树移植，目前长势良好；耐荫的野八角树也在歪寨进行了移植，长势良好，展示了当地景观植物的独特风光。①

安顺市采用本土植物绿化取得较好效果，体现出植物适应性强、成活率高、区域性植物景观等优势。

---

3. 生态旅游

生态文化为生态旅游提供了丰富的旅游资源。一些水利工程在顺应自然的基础上适当改造自然，如都江堰。传统村落大多体现出顺应自然的理念，从村寨选址、就地取材等多方面体现出来，许多传统村落成为旅游景点，如西递宏村、西江苗寨等。古树名木、原始森林是人们热爱自然、保护生态环境的重要成果，如今成为旅游资源的一部分，如江东银杏村、曼掌独树成林等。一些农业文化遗产也在生态旅游中占有一席之地，如大量的梯田景观。有的景点以浓郁的生态观念为旅游资源，如芭沙苗寨，详见案例15-3。

---

① 史俊巧. 论本土景观植物在城市绿化中的应用——以安顺市为例[J]. 吉首大学学报（社会科学版），2015（36）.

案例15-3　从江岜沙：古老生态理念守护绿水青山

岜沙，苗语意为"草木繁多的地方"。走进岜沙苗寨，古树成荫，满目苍翠，鸟鸣声声，空气清新湿润。

"茫茫的森林保护了岜沙祖先，是树木让岜沙人得以生存繁衍。"岜沙苗寨的老人介绍。所以，岜沙人自古以来敬树、护树，祖先制定有十分严厉的寨规，乱砍伐一棵树木要罚"三个一百二"，即一百二十斤猪肉、一百二十斤米、一百二十斤酒，供全寨人食用，以儆效尤。

在岜沙，每出生一个孩子，父母都要为其种上一棵"生命树"苗，并精心护理"生命树"成长。在孩子成长的过程中，如果遇到不顺或者家里突发变故，父母就带着孩子来到自家的先祖墓穴上的大树祭拜，祈求祖先庇护并消灾解难。到这个人死后，其子孙就砍下这棵"生命树"做成棺木装尸下葬，然后在墓穴上又种下一棵树，表示逝者永生。这一奇特的丧葬习俗形成了岜沙独特的"树葬文化"。

在岜沙，树文化无处不在。岜沙人头上蓄留的发髻象征着生长在山上的树木，身上穿的青布衣服象征着美丽的树皮。岜沙人认为，如此安然自得的生活，主要是得益于祖先选准的这块宝地，尤其是拥有这片生于斯、养于斯的森林的荫庇。

于是，岜沙人对树木特别崇拜，把树木当神祭拜。岜沙人说："人来源于自然，归于自然，生不带来一根丝，死不带走一寸木。"从古到今，岜沙人从不滥伐树木。

正是岜沙人这种"敬畏自然""自然崇拜"的生态理念和朴实的生活方式，孕育、养护出苍翠茂密的森林，岜沙苗寨曾被授予"全国生态文明示范村"称号。如今，岜沙苗寨森林覆盖率达93.4%。①

敬重自然的生态观念保护了岜沙的森林，"生命树"成为岜沙苗寨的景观之一。浓郁的生态观念成为岜沙苗寨有别于其他景点的异质性，对于支撑岜沙苗寨的旅游起到推动作用，到此旅游的游客无形中接受了一次人与自然和谐共生生态观念的洗礼。

---

① 王远柏. 从江岜沙：古老生态理念守护绿水青山[N]. 贵州日报，2019-11-20.

第十六章 国际生态合作及中国方案

中国提出人类命运共同体、共谋全球生态文明等一系列新发展理念主张，对全球环境治理贡献中国智慧和方案，中国已经从国际生态合作的一个学习者、参与者、受益者，逐步变成分享者、推动者、贡献者，积极参与区域环境合作倡议，为全球南南环境合作提供支持，倡导绿色"一带一路"等国际公共产品，为保证联合国 2030 年可持续发展目标的实现起到一定的推动作用。

第一节 国际生态合作的起源与发展

一、国际生态合作的起源

《联合国人类环境会议宣言》中对现代国际生态合作有详细界定。出于优化全球生态环境的目的，在 20 世纪 70 年代正式公开发表的《联合国人类环境会议宣言》，对联合国各成员国及国际组织达成的统一共识和原则进行了系统的阐述。最初的国际生态合作形式主要是在联合国的主持下，国家之间签订各种生态环境协议和公约，之后，相继出现了许多联合防治生态环境问题的全球性公约，如《保护臭氧层维也纳公约》（1985 年）等。这项宣言对促进国际生态合作的发展具有开创性、启蒙性意义。

《联合国人类环境会议宣言》中强调环境对人的生存发展起决定性作用，另外人同样对环境的变化有直接影响，保护和改善生态环境与人类生存发展息息相关，是全球人们的共同诉求，是世界各国需要履行的基本职责等；人拥有保护环境的权利和义务，对多元化的自然资源的充分利用，对污染问题的及时防范和治理，推动社会经济稳定和谐发展，实现经济发展与环境保护的协调统一，筹集资金，援助发展中国家，对发展和保护环境进行计划和规划，实行适当的人口政策，发展环境科学、技术和教育，销毁核武器和其他一切大规模毁灭手段，加强国家对环境的管理，加强国际合作等二十六项原则。

继联合国人类环境会议后，欧美发达国家普遍进入了一个环境监管制度创设和环境法律体系制定实施的新时期，而广大发展中国家（包括中国）也开始逐渐关注国家经济现代化发展和国际经济交往与合作中的生态环境损害问题。尽管以美苏为代表的东西方之间、南北方之间（发达国家与发展中国家）的政治和经济分裂依然存在，但环境与人类社会的关系明确地呈现出一种世界性。[①]

二、国际生态合作的发展

自《联合国人类环境会议宣言》的公布开始，国际生态合作逐渐演变为一个多层面、宽领域的综合型系统。其中，联合国大会和经济与社会理事会负责对各项相关事项的决策工作，联合国环境规划署负责对各项具体工作的统一落实，另外联合体各相关机构均承担相应的职责。[②]一是组建国际生态合作协调机构，1973年和 1983 年分别设立联合国环境规划署和世界环境与发展委员会，1993 年成立可持续发展委员会等组织、协调和管理机构。二是成立了国际生态合作技术和资金援助基金会，如联合国环境基金、保护世界文化与自然遗产基金、湿地基金、蒙特利尔议定书多边基金、全球环境等基金会。三是形成了联合防治生态环境问题的全球性公约，如 1973 年《濒危野生动植物物种国际贸易公约》、1985 年《保护臭氧层维也纳公约》、1992 年《关于环境与发展的里约热内卢宣言》以及《21世纪议程》、《关于森林问题的原则声明》3 个文件和《生物多样性公约》等公约，预示着以可持续发展为最终目的的国际生态合作时代的到来。

国际生态合作倡导"可持续发展"核心理念。1987 年，世界环境与发展委员会发布《我们共同的未来》，其中首次提及"可持续发展"的概念。具体解释为：

---

① 郇庆治. 联合国环境治理体制[J]. 绿色中国，2019（13）.
② 张海滨. 联合国与国际环境治理[J]. 国际论坛，2007（5）.

"在当代人需求得到满足的条件下，不会对后代人的需求满足造成负面影响的发展。"①从其概念构成来看，具体包括下列两个方面：一是需要概念，特别是全球人民的基本需要，需要对其保持高度重视；二是限制概念，即现有技术水平和社会组织对环境满足需求能力的约束。1992 年《气候变化框架公约》及《生物多样性公约》、1994 年《防治荒漠化公约》及一些区域性公约都体现了可持续发展的内容。作为国际生态合作的核心理念，可持续发展成为至今被国际社会最广泛接受的生态环境合作的基本共识，许多发达国家和新兴的工业化国家也都将可持续发展确定为国家战略。

国际生态合作对中国生态环境保护事业建设也有一定的积极作用。自 20 世纪 70 年代开始，在历届召开的联合国人类环境会议中，中国均作为与会国的身份出现。并且，中国积极响应国际号召，组建专门的国务院环境保护领导小组和国务院环境保护领导小组办公室。不仅如此，中央及地方政府结合基本国情，从立法层面对环境保护和改善问题提出了明确标准与要求，为中国环保事业建设进程的推进提供了重要的法律保障。与此同时，中国在环境保护领域同其他国家间的联系程度越发紧密。②

三、国际生态合作的典型案例

国际生态合作日益成为全球层面各国交流合作的重要领域，全球环境保护合作也取得了积极的进展。澜沧江—湄公河国家致力于通过区域环境合作为全球环境可持续发展做出贡献。

澜沧江—湄公河是流经中国、老挝、缅甸、泰国、柬埔寨和越南六国的国际河流，沿线各国在环境保护与可持续发展中面临诸多相似的问题和挑战。经济迅速发展为区域生态系统和气候带来巨大压力，不可持续消费模式导致污染加剧，致使空气、水和土壤质量下降，对环境与人类健康构成威胁；能源和自然资源的开发造成环境挑战和生物多样性丧失；工业、住宅和农业发展产生的废弃物增加，

---

① 世界环境与发展委员会著. 我们共同的未来[M]. 王之佳，柯金良等译. 长春：吉林人民出版社，1997：52.
② 夏堃堡. 中国环境保护国际合作进程[J]. 环境保护，2008（21）.

反映出城乡环境管理能力不足的状况；温室气体排放导致气候变化，成为该地区自然灾害的主要原因。

面对上述情况，以上国家共同组建澜沧江—湄公河环境合作中心。各参与国以"成果落实，合作建设"为导向，针对区域环境保护问题展开积极交流与广泛合作，确定澜沧江—湄公河环境保护合作战略，并务实推进澜沧江—湄公河国家在环境政策主流化、环境管理能力建设、生态系统管理与生物多样性保护、气候变化适应与减缓、城市环境治理、农村环境治理、环境友好型技术交流与环保产业、环境数据与信息管理、环境教育与公众环境意识等具体优先领域开展合作，推动区域可持续发展。

在澜沧江—湄公河合作机制下，澜沧江—湄公河国家已经开展了多项环境合作项目，推动了区域环境管理能力建设的相关早期收获项目，组织实施了环境能力建设培训与交流项目。过去的一个时期，澜沧江—湄公河合作机制下的环境合作早期项目主要围绕大气污染治理、水环境管理、生态系统管理及可持续基础设施建设领域开展能力建设活动，邀请湄公河国家环境主管部门官员赴中国参加能力建设活动，共有近三百位来自澜沧江—湄公河国家环境部门、国际组织、非政府组织、学术机构和企业的代表参与相关活动。活动取得了积极的成果，并逐步构建起澜沧江—湄公河环境合作交流对话网络，成为国际生态合作的典型代表。

第二节　国际生态合作的中国实践

从《联合国人类环境宣言》到《联合国气候变化框架公约》，中国深度参与了历次重要国际生态合作文件的起草工作，并作为《联合国气候变化框架公约》首批缔约国，在《巴黎协定》等一系列协议的出台和实施中扮演关键角色。

一、中国国际生态合作中的理念主张

1972 年联合国召开了人类环境会议后，各国关于环境保护和国际环境保护合作的意识逐步增强，成立了国际环保机构，组织了多次区域和全球性的会议，发

布了会议宣言，达成了双边、多边、区域乃至全球的环保协议和协定。然而，虽然有局部性的环境改善，但是全球环境反向变迁的趋势并没有得到根本性扭转，宣言言而不行，协议行而无果的问题依然十分明显。造成上述问题的原因涉及诸多方面，但实质上反映的是人类仍然缺乏对环境的全面认知和理解。

共同体意识是中国国际生态合作的核心理念。2015 年，国家主席习近平在联合国成立 70 周年系列峰会提出构建人类命运共同体"五位一体"的总体路径；2017年，在联合国日内瓦总部进一步提出建设"五个世界"的总体布局；2020 年，在联合国成立 75 周年会议上阐述中国将坚定推动构建人类命运共同体等原则立场。联合国大会、联合国安理会、联合国社会发展委员会、联合国人权理事会等机构的多项决议写入"构建人类命运共同体""以人民为中心"等理念，彰显中国负责任大国的作用。就像习近平总书记强调的，"我们应该追求携手合作应对。建设美丽家园是全体人类的共同愿望。面对生态环境的威胁，人类命运是一致的，不存在任何国家能够免受威胁。只有各国保持良好的合作关系，才能从根本上解决一系列全球性环境问题，实现联合国 2030 年可持续发展目标。只有共同努力，才能将绿色发展理念延伸到世界各个领域，才能实现全球生态文明的稳定和谐发展。"[1]从中也反映出中国在全球生态文明建设中的原则和定位。

从中国国际生态合作理念来看，其中一个关键方面是共同推动国际生态文明建设。新中国成立以来，我国生态文明建设从无到有，国际环保合作不断迈上新台阶，生态文明建设取得了举世瞩目的成就，国家主席习近平在众多场合阐述共谋全球生态文明建设的理论，成为中国国际生态合作理念的重要组成部分。其主要包括树立人类命运共同体理念、坚持正确的义利观、积极开展"南南合作"、携手打造绿色"一带一路"等。实践证明，坚持人类命运共同体理念，共谋全球生态文明建设是解决全球环境问题的必由之路。如习近平总书记强调的，"生态文明建设与人类的生存发展息息相关，国际社会需要建立广泛合作，共同推进国际生态文明建设，树立科学合理的生态保护意识，以绿色发展为导向，用行动践行可

---

① 习近平在 2019 年中国北京世界园艺博览会开幕式上的讲话[EB/OL].[2021-10-05].http：//www.xinhuanet.com/politics/leaders/2019-04/28/c_1124429816.html.

持续发展理念。在这方面，中国责无旁贷，将继续做出自己的贡献。"①这反映了中国作为发展中大国的责任担当，为应对全球环境问题，维护国际环境安全，推动国际可持续发展做出了重要贡献。

二、中国国际生态合作的实践与挑战

中国国际生态合作成果丰硕。从 20 世纪 70 年代至今，中国参与了历次重要国际生态合作文件的起草工作，作为《联合国气候变化框架公约》的首批缔约国，为达成《京都议定书》等做出重要贡献。推动并发起了亚欧环境部长会议、中非环保合作会议、中国—阿拉伯国家环境合作会议等一系列跨地区国际生态环境合作的多边磋商机制；不仅如此，长期以来，已经先后同美国、俄罗斯、日本等多个国家建立了广泛的环境保护合作关系。中国在国际环境政策法规、全球生物多样性保护、全球气候变化、可持续发展、环境技术和环保产业、海洋环境保护、环境监测等诸多领域同世界各国进行积极互动与沟通，并且在长期实践中有长足的发展与进步，中国在国家生态合作中的地位和影响力均有明显提高。

现阶段，国际生态合作需要重点解决的问题就是全球气候治理问题。在 20 世纪 90 年代，联合国环境与发展大会制定了《联合国气候变化框架公约》，随后，缔约国每年均会组织召开专门的会议，对《联合国气候变化框架公约》内容的执行进度和具体状况进行协商与沟通。2015 年联合国环境规划署对已提交的国家自主贡献目标进行了评估（共 146 个国家，约占全球排放的 90%），发现国家自主贡献目标并不能满足《巴黎协定》规定的温升目标，有的甚至还有很大差距。2020年 12 月 12 日，联合国秘书长古特雷斯在气候雄心峰会致辞中再次呼吁全球进入"气候紧急状态"，指出当前的努力远不能满足《巴黎协定》提出的目标要求。国际应对气候变化面临的挑战是多方面的。

第一，"公平、共同但有区别的责任和各自能力原则"并未得到完全贯彻。以美国为首的西方资本主义国家在工业化建设期间排放大规模的二氧化碳等温室气

---

① 十八大以来重要文献选编（中）[M]北京：中央文献出版社，2016：697-698.

体，是气候变化的直接原因，但是一些发达国家总是寻找各种借口，迟迟不兑现历史欠账，消极甚至拒绝向发展中国家提供资金和技术，甚至否认气候变化的人为因素原因，拖累了全球气候变化应对能力的提升。

第二，个别发达国家的消极作用影响。个别发达国家参加了《京都议定书》《巴黎协定》等协定的签订后又退出、拒不履行承诺等行为对国际应对气候变化起到了消极作用，而上述行为对全球气候治理工作的落实造成严重的负面影响。

第三，应对气候变化的国际案例不足。对气候治理与经济发展之间矛盾的认识决定了应对气候变化的行动，发达国家在历史上走的是一条先污染后治理的发展之路，事实证明这条道路是行不通的，发达国家为此付出了沉重的代价。

近年来，习近平总书记多次在公开场合下对碳达峰、碳中和愿景目标进行了详细界定与说明。不仅如此，党中央及政府同样将碳达峰、碳中和目标纳入国家总体战略规划当中。为确保上述目标的实现，中国陆续实施《2030 年前碳达峰行动方案》《中国应对气候变化的政策与行动》白皮书等，并向联合国气候变化框架公约秘书处正式提交《中国落实国家自主贡献成效和新目标新举措》等。这些都是中国履行《巴黎协定》的具体举措，体现了中国对全球应对气候变化的责任担当和最新贡献。

三、中国国际生态合作的机制建设

面对诸多挑战，需要国际广泛参与、共同行动，全面加强团结合作，坚持多边主义，坚持联合国在国际体系中的主体地位、以国际法为准则的国际秩序，积极建立一个客观公正、合作共赢的国际生态合作机制。

建立中国理念对国际生态合作的引领机制。现阶段，世界各国间的沟通联系日益密切，世界人民共同构建命运共同体的趋势越发加强。中国人具有讲信义、重情义、扬正义、树道义的文化基因和国家品格，追求"大道之行、天下为公"，崇尚"亲仁善邻、协和万邦"，倡导"和衷共济、守望相助"，积极开展国际生态合作，是中国作为国际社会负责任成员的应尽责任和义务。中国人类命运共同体意识和生态文明思想，与联合国所倡导和坚持的包容、公平、可持续以及人与自然和谐相处等目标高度契合，为全球携手应对气候变化、生物多样性丧失、环境污染三大危机指明了方向，有利于推动全球更加公平、更可持续、更为安全的发展，实现人与自然和谐共生。中国领导人多次在联合国阐释重大理念主张，对引领机制的构建起到了至关重要的作用。

构建中国经验对国际生态合作的借鉴机制。中国经济稳步推进，在2005—2020年这段时间内，中国GDP的增长幅度超过400%，并且在脱贫攻坚事业中取得了显著成效，累计脱贫人口已经接近1亿人，绝对贫困问题得到根本上的解决。中国推进生态文明建设中取得的一系列优异成绩得到了世界各国的广泛认同和推崇，塞罕坝林场建设者、浙江省"千村示范、万村整治"工程等均荣获了联合国颁发的"地球卫士奖"；中国作为优秀的履约国家，获得联合国环境规划署国家保护臭氧层机构杰出贡献奖等。联合国的安诺生曾强调，中国的生态文明建设理念和实践经验为其他国家相关实践活动的开展提供了重要的理论支撑。①

构建中国行动对国际生态合作的实践机制。2011年以来，中国累计投入约12亿元用于开展应对气候变化的"南南合作"，与世界多个国家均建立了良好的合作关系，利用设立低碳示范区，援助气象卫星、新能源汽车、环境监测设备等一系列物资，促进合作国家气候应对能力的提高。不仅如此，中国还依托自身优势面向发展中国家开展了一系列专业培训活动，为发展中国家在应对气候变化问题提供充足的人才保障。2021年，中国与28个国家联合发表"一带一路"绿色发展伙伴关系倡议，呼吁各国应按照公平、共同但有区别的责任和各自能力原则，根据本国实际现状，针对气候变化问题采取恰当合理的应对措施。中国国际生态合作实践机制关键在行动，优势也在行动，中国开展国际生态合作实践机制构建，既有郑重庄严的承诺，更有实实在在的行动。在区域层面，中国积极参与亚太地区环境合作机制和倡议，在中国—东盟、上海合作组织、大湄公河流域等区域合作框架下推动环境合作或设立合作中心，与周边国家携手解决共同面临的问题。

---

① 全球连线1"绿水青山就是金山银山"理念提升了中国引领者地位——专访联合国环境规划署执行主任英厄·安诺生[EB/OL].[2021-11-04].https://baijiahao.baidu.com/s？id=1713492468627551359.

第三节 国际生态合作的中国方案

中国国际生态合作顺应时代要求，不断丰富合作内容和形式，并在实践中创新形成国际生态合作的"中国方案"。未来的中国国际生态合作，可在构建人类命运共同体、共谋全球生态文明建设、开展"一带一路"国际合作的过程中发挥更加重要作用，助力中国与世界的共同发展。

一、"一带一路"：全球绿色发展新平台

积极推动丝绸之路经济带和 21 世纪海上丝绸之路（以下简称"一带一路"）的建设，强调实现沿线国家和地区的社会经济的进一步发展，加强沿线国家间的经济沟通与合作，通过维持不同文明的良好互动，推动全球稳定和谐发展。在生态环保合作方面，中国与沿线国家保持积极沟通与合作，并针对区域生态环保问题签署了一系列协议，强化生态环境信息支撑服务，深化环境标准、产业和技术合作，在长期探索当中有长足的进步和发展。

通过"一带一路"将绿色发展理念和经验在沿线国家进行广泛传播和推广。中国的发展历程在广大沿线国家中具有典型性和代表性，各国高度关注中国在推进环境治理、生态保护和绿色发展中的成就和经验。"一带一路"沿线国家主要以发展中国家为主，这部分国家在经济发展过程中普遍暴露出一系列的生态环境问题，在这种背景下对积极推进产业转型、实现可持续发展提出了迫切要求。中国和部分沿线国家共同构建环境与经济协调发展模式，以绿色发展为导向，在实践中取得显著成效。分享生态文明和绿色发展的理念与实践经验能够有效促进沿线国家生态环境保护水平的提高，促进沿线国家发展模式的转型升级，实现经济发展与环境保护的协调统一。达到经济发展对生态环境破坏的最小化，是促进区域经济可持续发展的关键渠道。

"一带一路"构建生态环保合作平台。2015 年，我国多个相关部门共同制定《推动共建丝绸之路经济带和 21 世纪海上丝绸之路的愿景与行动》，其中，对中国与"一

带一路"沿线国家的生态环保合作问题有明确的规定与要求。随后，习近平总书记公开强调"践行绿色发展的新理念，倡导绿色、低碳、循环、可持续的生产生活方式，加强生态环保合作，建设生态文明，共同实现 2030 年可持续发展目标。""构建生态环保合作平台，倡议成立'一带一路'绿色发展国际联盟，共同应对全球气候变化问题"。两年后，该联盟正式成立，为"一带一路"绿色发展合作奠定了深厚的基础。[①]另外，依托上海合作组织、澜沧江—湄公河、中非合作论坛等一系列国际合作机制，强化区域生态环保交流，建设了政府、企业、智库、社会组织和公众共同参与的多元合作平台，推动并发起了区域国际生态环境合作多边磋商机制。

绿色"一带一路"建设是中国参与国家生态合作的探索和实践，绿色发展已经成为全球发展的主流趋势。在联合国 2030 年可持续发展议程中，对绿色发展与生态环保的相关内容有详细的阐述与说明，为未来一定时间内各个国家的建设发展提供了重要的导向作用。而绿色"一带一路"建设对沿线国家的绿色发展和生态环保工作的贯彻落实有深远的影响。

二、"三北"工程：全球生态治理的成功典范

"三北"防护林工程（体系）指的是在中国西北、华北和东北建设的大型人工林业生态工程，简称"三北工程"。"三北"防护林体系的东西两端分别为黑龙江宾县和新疆的乌孜别里山口，南沿海河、永定河、洮河下游、喀喇昆仑山向北推进直到边境。整个防护林面积为 406.3 万平方千米，涉及新疆、甘肃、宁夏、河北和东三省等诸多地区。预计到 2050 年，总造林面积将突破 5.35 亿亩，同时"三北"地区的森林覆盖率增长到 14.95%。

"三北"工程建设是全球生态治理的成功典范。20 世纪 70 年代，"三北"地区森林覆盖率仅为 5.05%，每年风沙天数超过 80 天，形成了从新疆到黑龙江的风沙线，土地沙化，农田被侵蚀。在黄土高原丘陵沟壑区，每年流入黄河的泥沙，80% 来自这里。20 世纪 70 年代，党中央、国务院根据当时基本国情提出建设"三北"防护林

---

① "一带一路"绿色发展国际联盟在京成立　打造绿色发展合作沟通平台[EB/OL].[2021-11-04].http://www.gov.cn/ xinwen/2019-04/25/content_5386323.html.

工程的战略要求。这是我国实施的第一个生态建设项目。40 年来，各族干部群众用心血和汗水筑起绿色长城。相关调查统计表明，目前"三北"防护林工程累计造林面积已经达到 3 014.3 万公顷，工程区森林覆盖率达到 13.57%。另外，统计分析发现，自 2005 年开始，工程区内的沙化土地面积逐渐缩减，尤其是科尔沁、毛乌素等地的土地沙化问题得到彻底治理。2018 年经国家林草局推荐，被联合国经社部评为"联合国森林战略规划优秀实践奖"，"三北"工程成为全球生态治理的成功典范。

"三北"森林治理经验获国际社会的高度赞赏。"三北"防护林地跨中国西北、华北和东北 13 个省、自治区、直辖市，自 1978 年启动，预计 2050 年完成。英国《经济学人》杂志指出，中国的"三北"工程是目前为止世界上最大的植树工程，预计到 2050 年工程完成时，防护林将延伸 4 500 千米，直到中国北方沙漠边缘。英国《卫报》指出，如果中国的"三北"工程在 2050 年如期完成，它将成为地球上最大的人造"吸碳海绵"。全球有近 40 亿公顷森林，占陆地面积的 30%，约 1/4 的人口依靠森林获取食物、谋求生计、实现就业、获得收入。森林与人类的生存发展息息相关，同时对整个生态环境也有直接影响。实现森林可持续经营已经得到世界各国的高度重视。中国林业作为世界林业的重要组成部分，积极参与全球森林治理，展现了负责任大国的良好形象。从开展履行《联合国森林文书》示范单位建设到建立履约专家机制，从对标《联合国森林文书》的基本要求创新推动森林可持续经营，到中国经验被写入《联合国森林战略规划（2017—2030 年）》，中国切实履行国际责任和义务，开展了大量卓有成效的履约工作，积累了丰富经验，得到了国际社会的广泛关注和高度评价，为实现全球森林目标贡献了中国智慧和力量。

三、低碳经济：全球气候变化应对的中国担当

中国将应对气候变化作为推动自身发展模式转型升级的良好契机，主动探索构建符合当前社会发展要求的绿色发展模式，坚持绿色可持续发展，在资源、环境的承载范围内，保证碳达峰、碳中和目标顺利实现。

走绿色低碳发展道路。中国从实施减污降碳协同治理、加快形成绿色发展的空间格局、大力发展绿色低碳产业、坚决遏制高耗能高排放项目盲目发展、优化

调整能源结构、强化能源节约与能效提升、推动自然资源节约集约利用、积极构建绿色发展路径等来转变自身发展方式和路径。不仅如此，绿色生活理念已经在"美丽中国"建设过程中有大范围的推广，并且在社会范围内逐渐形成绿色发展的良好氛围。中国长期开展"全国低碳日""世界环境日"等一系列活动，在这一过程中加强对公众关于气候变化专业知识的宣传教育，并将生态文明教育纳入国民教育体系当中，面向社会公众开展一系列培训工作，以增强公众在应对气候变化方面的专业素质与能力。"美丽中国，我是行动者"活动在全社会范围内有大范围的普及和推广。城市公共交通出行量持续扩大，城市慢行系统建设越发完善，绿色、低碳出行理念得到了全体公民的积极响应。如"光盘行动"、节点节能活动、抵制一次性用品活动等，绿色、低碳、可持续的良好氛围逐渐在社会范围内形成，并且随着时间的推移正演变为现代社会发展的主要潮流。

贯彻执行自主贡献目标。2015 年，中国对未来 15 年内的自主行动目标有具体界定，预计到 2030 年，二氧化碳排放达到峰值并在最大时间内实现碳达峰。截至 2019 年，中国在 2020 年的气候行动目标已经顺利完成。2020 年，中国对自主贡献目标有进一步丰富和发展：在 2030 年，中国二氧化碳实现碳达峰，2060 年前达到碳中和；到 2030 年，中国单位 GDP 二氧化碳排放较 2005 年同比下滑幅度超过 65%，非化石能源在一次能源消费中的占比达到 1/4，森林储蓄量增加值达到 60 亿立方米，风电、太阳能发电总装机容量将超过 12 亿千瓦。由上述内容能够了解到，2020 年提出的自主贡献目标较 2015 年的目标相比其要求更加严格。2021 年，中国公开表示不再新建境外煤电项目，用自身行动来践行中国应对气候变化的决心和宗旨。

气候变化对人类的生存发展造成了严重威胁，而要想实现建设美丽家园的目标，就离不开世界各国的共同参与和支持。不管未来国际格局怎样变化，中国都将坚守承诺，始终坚持多边主义，与世界各国共同促进《联合国气候变化框架公约》及《巴黎协定》的全面有效落实，脚踏实地地落实国家自主贡献目标，提高对温室气体排放的管控力度，培养自身适应和应对气候变化的能力，为未来人类社会的建设和发展做出应有的贡献。

第十七章 共建地球生命共同体

习近平总书记关于共建地球生命共同体的重要论述是习近平生态文明思想的重要组成部分，是我国生态文明建设理论与实践的高度凝练和集中表达，也是我们在新时代推进生态文明建设，实现人与自然和谐共生的理论指针。地球生命共同体是基于人与自然生存和发展的需要而结成的命运与共、祸福相依的联合体。地球生命共同体是作为一种社会关系而呈现出来的，通过人与自然的共同理想、共同价值、共同利益、共同需要、共同规范、共同权利、共同义务等体现出人与自然的共同命运。因此，共建地球生命共同体，面对生物多样性锐减、海洋污染、全球气候变化以及淡水资源污染、土地资源污染、毒化学品污染和固体废物污染越界转移等全球性的严峻挑战，必须靠国际社会通力合作，不同生命体遵循人与自然和谐共生原则，不同国家遵循对话协商合作共赢原则，不同代际遵循可持续发展原则，建立健全全球生态治理体系，通过多种形式的全球生态治理合作平台，共同应对全球环境治理前所未有的困难，从而实现地球生命共同体的共建。

第一节 地球生命共同体的概念及内涵

地球生命共同体理论是在对马克思主义共同体思想继承与发展的基础上，吸收了中国传统文化的生态智慧，鉴取了人类生态文明的成果，重新审视了人与自然之间的关系，揭示了人与自然、人与人、人与社会三大和谐共生的基本关系。[①]它正是为应对东西方各国共同面临的、前所未有的生态危机而提出的中国方案、中国智慧，其丰富的科学内涵不仅蕴涵着人与自然生命相依、发展互动的耦合性

---

① 邵发军. 人与自然是生命共同体[N]. 中国社会科学报，2020-08-14（008）.

关系，还为人类未来要如何发展以及如何对待地球生命提出了指引。

一、地球生命共同体的概念

地球生命共同体思想中的"地球"具有多重含义，它不仅是指孕育和支持生命的天体，还是各生命体赖以生存的自然环境，是人类和非人类生命物种共同生活的家园。"共同体"是对某一类事物的集体称谓，小到一种动植物或微生物，大到一个民族和国家，都是不同层次的共同体。"共同体"概念最早由德国社会学家滕尼斯在《共同体与社会》一书中提出，用于指向如家庭生活、乡村生活和以宗教为特色的地域，随后这一概念被推广应用，赋予了更多功能性的内涵。[①]20世纪40年代，西方国家工业革命发展带来严重的生态危机，一批哲学家开始反思人类中心主义伦理观的弊端。其中，《沙乡年鉴》的作者美国科学家奥尔多·利奥波德提出了"大地伦理"思想，他将人与人之间的伦理关照转向人与土地及土地上的生命，认为物种和生态过程是一个整体的地球生态系统，即地球生命共同体。[②]由此，共同体这一社会学概念的属性被解构，边界也随之扩展至大地，人与自然是生命共同体的观念日渐被人们所接受。

习近平总书记作为中国生态文明总设计师，善于运用生命文化形象生动地阐释生态文明实践观念，其生态文明思想中也包含了大量关于共建地球生命共同体的重要论述。他在2013年关于《中共中央关于全面深化改革若干重大问题的决定》的说明中明确提出，"山水林田湖是一个生命共同体，人的命脉在田，田的命脉在水，水的命脉在山，山的命脉在土，土的命脉在树"，形象地阐释了自然生态系统相互依存、相互作用的关系。这种关系主要有两个维度，一是对自然界做出科学的本体性认识，即"山水林田湖是一个生命共同体"；二是基于对人类社会发展的科学论断阐释人与自然之间关系的哲学思考，即"人与自然是生命共同体"。2017年习近平总书记进一步阐释人与自然是一种共生关系，要像对待生命一样对待生态环境，人与自然是生命共同体，人类必须尊重自然、顺应自然、保护自然，对

---

① 李慧凤，蔡旭昶."共同体"概念的演变、应用与公民社会[J]. 学术月刊，2010（6）.
② 奥尔多·利奥波德著，侯文蕙译. 沙乡年鉴[M]. 长春：吉林出版社，1997：224-225.

自然的伤害最终会伤及人类自身。只有尊重自然规律，才能有效防止在开发利用自然上走弯路。①2018 年 5 月，在纪念马克思诞辰 200 周年大会讲话中，习近平总书记强调："自然是生命之母，人与自然是生命共同体，人类必须敬畏自然、尊重自然、顺应自然、保护自然"。②同月，习近平总书记在全国生态环境保护大会讲话中再次强调："山水林田湖草是生命共同体，要统筹兼顾、整体施策、多措并举，全方位、全地域、全过程开展生态文明建设"。③这一时期是习近平总书记关于"生命共同体"理念创立并不断发展的时期。随后，2021 年 4 月，习近平总书记在"领导人气候峰会"上发表题为"共同构建人与自然生命共同体"的重要讲话，阐明了构建人与自然生命共同体的六项基本原则，即坚持人与自然和谐共生、坚持绿色发展、坚持系统治理、坚持以人为本、坚持多边主义、坚持共同但有区别的责任原则。④把"人与自然生命共同体"理念纳入"人与自然和谐发展"的宏观视野，凸显了生态文明建设对共建人类美好家园战略意义。坚持构建人与自然生命共同体的基本原则，对各国实现可持续发展，促进人类命运共同体建设具有重要意义。为此，2021 年 10 月，习近平总书记在《生物多样性公约》第十五次缔约方大会领导人峰会上的主旨讲话中又再次呼吁："国际社会要加强合作，心往一处想、劲往一处使，共建地球生命共同体……让我们携起手来，秉持生态文明理念，站在为子孙后代负责的高度……共同建设清洁美丽的世界！"⑤习近平总书记关于共建地球生命共同体的一系列重要论述，为我们阐明了在人与自然生命共同体中，人与自然是相互依赖而生、相互制约而发展的关系体。人与自然都是自然存在物，二者生命相依，因维护生命利益的一致性而结成生命关系体；人与自然的发展因相互制约、相互适应而结成耦合性关系体；和谐共生、发展共荣是人与自然二者共同的价值诉求。

---

① 陈悦. 地球生命共同体理念的法理内涵与法律表达：以生物多样性保护为对象[J]. 学术探索，2021（8）.
② 习近平. 在纪念马克思诞辰 200 周年大会上的讲话[J]. 实践（思想理论版），2018（6）.
③ 习近平出席全国生态环境保护大会并发表重要讲话[EB/OL]. [2021-11-08].http://www.gov.cn/xinwen/2018-05/19/content_5292116.html.
④ 习近平. 共同构建人与自然生命共同体——在"领导人气候峰会"上的讲话[N]. 人民日报，2021-04-23（002）.
⑤ 习近平. 共同构建地球生命共同体——在《生物多样性公约》第十五次缔约方大会领导人峰会上的主旨讲话（2021 年 10 月 12 日）[N]. 人民日报，2021-10-13（002）.

正因为如此，地球生命共同体理念，可以说是"人与自然是生命共同体"这一重要论断在生物多样性保护领域的延伸和再现。①与人类共同体相比，地球生命共同体是一个更为广阔复杂的共同体，是由地球上所有的人类成员与非人类生命成员组成的地球生命的大家庭，它既包含作为主体的人类，也包括作为客体一部分的非人类生命，它们共同组成人类生命利益与非人类生命利益相互依存的整体，共同存在于同一个地球之上，相互关联。简单地说，自然的命运就是人类的命运，伤害大自然就是伤害人类自身，自然之死必然带来人类之死，这是无法抗拒的自然规律。因为人类生命的延续，依赖自然界所有的非人类生命物种提供的生物资源和健康的生态环境，所有非人类生命物种的繁衍和延续已经不再是纯粹的自然形态和自为状态，而是日益受到人类实践活动的深刻影响，依赖人类对自然界的约束和调控行为。当人类只为了自身利益而不顾其他生命物种的生存利益时，就会破坏生命系统的稳定与和谐，这既损害了其他生命形式的生存利益，同时也损害了人类自身的生存利益。从价值论意义上说，植物、动物和微生物等各种非人类生命物种都应该得到尊重和关心。②

因此，在地球生命共同体理念下，地球成为地球上各生命体共享关系的一个整体存在，它不仅是各类主体的集合，更是生命交互的过程。所有的生命物种都是生命主体，都有自己的生命权益，非人类生命物种的生存权益与人类生命的利益处于一种血肉相连的关系之中，并都有各自存在的价值，且不以人的意志为转移。所以，我们必须要清楚地认识到，人的价值是存在于地球整体价值之中，而非凌驾于某一生命体价值之上，人与其他生命体都是地球生命共同体的平等成员，共同发展是我们共生共存的目标。但承认和保护其他生命体的价值，并非是对人的主体性的否定和消亡，而是将人的价值与地球整体价值建立联系，赋予人的价值以更高意义。这种联系也就是我们经常强调的"和谐共生"关系。

万物各得其和以生，各得其养以成。要实现人与自然的和谐共生，即人的自

① 陈悦. 地球生命共同体理念的法理内涵与法律表达：以生物多样性保护为对象[J]. 学术探索，2021（8）.
② 董彪，柴勇. 构建人类命运共同体与人的发展[M]. 秦皇岛：燕山大学出版社，2020：137.

由全面发展和自然的均衡良性进化，我们"必须转变人类中心主义一贯立场，从地球生命存续的角度看待人类的行为，以自然价值作为评价人类行为的尺度，"[①]使人与各生命体在地球生命共同体的和谐状态下，推进全球生态环境治理，走向生态文明新时代。

二、地球生命共同体的内涵

地球生命共同体具有丰富的内涵，概括地说，它具有人与自然和谐共生的地球家园、经济与环境协同共进的地球家园和世界各国共同发展的地球家园三方面的内容，它们都体现了维护地球家园，促进人类可持续发展的愿景。

1. 人与自然和谐共生的地球家园

人与自然和谐共生的地球家园就是要深怀对自然的敬畏之心，尊重自然、顺应自然、保护自然。

人类社会的兴旺发达，离不开在地球生命共同体中其他动植物的相辅相成，地球生命共同体是我们生活与行动的原点，人类的所有成员与其他物种都是地球生命共同体福祸共连的伙伴。人不负青山，青山定不负人。我们要以生态文明建设为引领，协调人与自然关系，要解决好工业文明带来的矛盾，把人类活动限制在生态环境能够承受的限度内，对山水林田湖草沙进行一体化保护和系统治理。[②]"当人类友好保护自然时，自然的回报是慷慨的；当人类粗暴掠夺自然时，自然的惩罚也是无情的。"[③]

2. 经济与环境协同共进的地球家园

经济与环境协同共进的地球家园就是要加快形成绿色发展方式，实现人类发展与环境保护的双赢。

---

① 陈悦. 地球生命共同体理念的法理内涵与法律表达：以生物多样性保护为对象[J]. 学术探索，2021（8）.
② 罗兰. 携手共建地球生命共同体[N]. 人民日报（海外版），2021-10-13（002）.
③ 习近平. 共同构建地球生命共同体——在《生物多样性公约》第十五次缔约方大会领导人峰会上的主旨讲话[N]. 人民日报，2021-10-13（002）.

绿水青山就是金山银山。良好生态环境既是自然财富，也是经济财富，关系经济社会发展潜力和后劲。我们要建立绿色低碳循环经济体系，把生态优势转化为发展优势，使绿水青山产生巨大效益。要以绿色转型为驱动，助力全球可持续发展。要加强绿色国际合作，共享绿色发展成果。①

3. 世界各国共同发展的地球家园

世界各国共同发展的地球家园就是要加强各民族、各国家、各地区之间在经济、政治、文化等方面的交流与合作，任何国家、地区都已成为全球交往网络中的一个环节，成为"地球生命共同体"中的一个成员，都不可能脱离世界而独立存在。各生命体息息相关，兴亡与共，"一荣俱荣，一损俱损"。我们要团结起来，将所有力量聚集在一起，不断探索，促进世界各国共同发展。

新冠肺炎疫情给全球发展蒙上阴影，推进联合国 2030 年可持续发展议程面临更大挑战。面对恢复经济和保护环境的双重任务，发展中国家更需要帮助和支持。②我们要心系民众对美好生活的向往，实现保护环境、发展经济、创造就业、消除贫困等多面共赢，增强各国人民的获得感、幸福感、安全感。要践行真正的多边主义，有效遵守和实施国际规则，不能合则用、不合则弃。设立新的环境保护目标应该兼顾雄心和务实平衡，使全球环境治理体系更加公平合理。要加强团结、共克时艰，让发展成果、良好生态更多、更公平地惠及各国人民。②

三、共建地球生命共同体的意义

共建地球生命共同体就是要站在对人类文明负责的高度，探索人与自然和谐共生之路，凝聚全球治理合力，提升全球环境治理水平，以生态文明建设为引领，开辟出人类未来发展的新道路。

① 罗兰. 携手共建地球生命共同体[N]. 人民日报（海外版），2021-10-13（002）.
② 习近平. 共同构建地球生命共同体——在《生物多样性公约》第十五次缔约方大会领导人峰会上的主旨讲话[N]. 人民日报，2021-10-13（002）.

1. 人与自然和谐共生，实现保护和发展双赢

自然与人类的生存发展息息相关，并维系着人类的生存和发展。共建地球命运共同体，将携手大家同行，开启人类高质量发展新征程。

以绿色转型为驱动，助力全球可持续发展。中国多年来大力推动绿色产业发展以减少温室气体排放，这一具有前瞻性的做法，为发展中国家避免走先污染后治理的老路提供了启示。原来以损害自然环境为代价谋求经济发展的方式，开始积极转变为追求经济与环境协同共进的生态文明建设。

在发展中保护、在保护中发展。将生态文明建设纳入经济社会发展的各方面、各领域，动员全社会各方面的力量共同保护人类家园。人类的生存发展依靠自然资源，只有保护好地球家园，人类才能得到永续发展。

2. 提升治理能力，生态文明上升为国家战略

共建地球生命共同体，是习近平生态文明思想的重要组成部分，它的提出不仅标志着全球环境治理新格局基本形成，还表明生态文明建设进入新的历史时期。党的十八大以来，以习近平同志为核心的党中央高度重视社会主义生态文明建设，坚持绿色发展，把生态文明建设融入经济建设、政治建设、文化建设、社会建设各方面和全过程，加大生态环境保护力度，推动生态文明建设在重点突破中实现整体推进。"建设生态文明，关系人民福祉，关乎民族未来""走向生态文明新时代，建设'美丽中国'，是实现中华民族伟大复兴的中国梦的重要内容""只有实行最严格的制度、最严密的法治，才能为生态文明建设提供可靠保障"……在习近平生态文明思想引领下，中国秉持人与自然和谐共生理念，坚持保护优先、绿色发展，生态环境保护法律体系日臻完善、监管机制不断加强、基础能力大幅提升，生态文明建设的地位不断提升。

继党的十八大报告将生态文明建设纳入"五位一体"总体布局后，党的十九大进一步提出，加强对生态文明建设的总体设计和组织领导。对生态文明的高度重视，在党的根本大法中同样得到充分体现。《党章》修改中，增加了生态文明的

内容，明确提出，中国共产党领导人民建设社会主义生态文明。十三届全国人大一次会议第三次全体会议经投票表决，通过了《中华人民共和国宪法修正案》，"生态文明"写入宪法。

在今后共建地球命运共同体的行动中，世界各国将会更加注重提升治理能力，除了加大环境保护资金投入力度，还会建立健全环境保护长效机制，完善环境保护政策法规体系，切实组织人力物力推进环境保护行动，倡导全民行动，不断加强环境保护宣传教育和科学知识普及，提高公众参与度。

3. 凝聚全球合力，提供强大持久保护动力

共建地球生命共同体是人类共同的目标，也是保持人与自然和谐相处、实现可持续发展的关键，这需要每个国家不懈努力。人类只有与自然和谐共生，发达国家和发展中国家只有互相合作、取长补短，永续发展才能实现。

共建地球命运共同体的主张将为保护生态环境注入新动力。特别是中国在运用科学技术保护生态环境方面取得了很多成就，向世界展现了保护生物多样性和可持续利用的重要性和方法。同时，保护生态环境是一项长远的有利于子孙后代的伟大事业，需要国际社会投入大量资金，发展中国家更急需资金支持。中国在保护生物多样性中率先出资，充分展示了诚意，为世界各国做出表率，为全球生物多样性保护事业注入强大动力，世界各国也都积极回应，为保护人类共同的地球家园注入新动力。

第二节　共建地球生命共同体的原则

共建地球生命共同体面临诸多严峻挑战。"人类进入工业文明时代以来，在创造巨大物质财富的同时，也加速了对自然资源的攫取，打破了地球生态系统平衡，人与自然深层次矛盾日益显现。近年来，气候变化、生物多样性丧失、荒漠化加剧、极端气候事件频发，给人类生存和发展带来严峻挑战。"①面对这些全球性的

---

① 习近平. 共同构建人与自然生命共同体——在"领导人气候峰会"上的讲话[N]. 人民日报，2021-04-23（002）.

严峻挑战，仅仅凭借一国之力根本无法有效解决，必须依靠国际社会通力合作。因此，不同生命体遵循人与自然和谐共生原则，不同国家遵循对话协商合作共赢原则，不同代际遵循可持续发展原则，大家才能心往一处想、劲往一处使，共同应对全球环境治理前所未有的困难，从而实现地球生命共同体的共建。

一、坚持人与自然和谐共生原则

坚持人与自然和谐共生就是在共建地球生命共同体中承认人与自然是相互依存、休戚与共的关系，是同一个生命共同体，人类应该博爱、善待大自然中的一切生物物种。"大自然是包括人在内一切生物的摇篮，是人类赖以生存发展的基本条件。大自然孕育抚养了人类，人类应该以自然为根，尊重自然、顺应自然、保护自然。不尊重自然，违背自然规律，只会遭到自然报复。自然遭到系统性破坏，人类生存发展就成了无源之水、无本之木。我们要像保护眼睛一样保护自然和生态环境，推动形成人与自然和谐共生新格局。"①

当人类利益与自然利益发生冲突时，应将对自然利益的伤害降到最低程度；当利用生物资源时，应尊重生物自身的规律，尽量给生物带来最小的痛苦；在利用生态资源时，应尽量给生态系统带来最低程度的破坏。

生命利益关系生物的生存，是生物存在发展的最根本利益。当人类的生命利益与其他生物的利益发生冲突时，人类的生命利益高于一切；当人类的非生命利益与其他生物的生命利益发生冲突时，其他生物的生命利益第一；当人类的生命利益与其他生物的生命利益发生冲突时，可以选择一种自然资源取代更为宝贵的生物资源，以同效功能替代实现对其他生物生命利益伤害最小。

人类开发利用自然势必影响甚至破坏自然自身的发展，这内在地要求人们对自然给予适度的补偿。比如，人类社会发展需利用森林资源，我们必须植树造林、退耕还林；人类还可以通过建立自然保护区以弥补对生态系统的破坏。

---

① 习近平. 共同构建人与自然生命共同体——在"领导人气候峰会"上的讲话[N]. 人民日报，2021-04-23（002）.

二、坚持对话协商合作共赢原则

1. 坚持共商共建共享

随着全球化的不断深入，世界每个角落都早已成了全球生态链中紧密相连的一环。这样一来，生态危机就成了一个超越单个地区、民族及国家范畴的共同危机，在它面前，任何个人和国家都不可能孤立自保。以向外转嫁污染源或生态问题来保护自身利益的行为不仅是非正义的，而且还会加剧环境污染的风险，伤及自身。"地球生命共同体"着眼于全球的生态视野，诠释了推动国际社会如何共商共建共享"天蓝、地绿、水净"的人类家园。[①]

坚持共商共建共享，不是封闭的，而是开放包容的，不是某一国家的独奏，而是所有国家的合唱。它是对扩大共识、协同发展、互利共赢的高度凝练，有利于探索全球治理合作的新模式。共建地球生命共同体始终坚持共商共建共享原则，实际上就是把和而不同、平等对话、合作共赢等重要理念贯穿于国际发展合作领域，尤其是区域和跨区域合作层面，建立平等相待、相互合作、彼此尊重、互商互谅的合作伙伴关系，立足现实、谋划未来，同心协力建设一个生态上共建共享、绿色发展成果上共建共享的和谐世界、美丽地球。

我们生活在同一个"地球村"，各国相互依存、休戚与共，未来发展有着共同的利益和命运。共建地球命运共同体，我们要"以绿色转型为驱动，助力全球可持续发展。我们要建立绿色低碳循环经济体系，把生态优势转化为发展优势，使绿水青山产生巨大效益。我们要加强绿色国际合作，共享绿色发展成果。"[②]因此，在共建地球生命共同体的过程中，所有国家都要坚持共建共享原则，谋求在人与自然和谐共生、绿色发展、生态系统综合治理等诸多方面的交流与合作、共同建设、彼此分享绿色发展经验与成果，促进共同发展与进步，共筑生态文明之基，同走绿色发展之路。

---

① 邓玲，王芳. 习近平"生命共同体"重要论述的理论内蕴与时代意义[J]. 治理研究，2019（2）.
② 习近平. 共同构建地球生命共同体——在《生物多样性公约》第十五次缔约方大会领导人峰会上的主旨讲话[N]. 人民日报，2021-10-13（002）.

2. 坚持多边主义

多边主义的精神实质、实现路径与地球生命共同体内涵和目标互联互通，也是人类命运共同体的重要实践形式。2015 年，习近平总书记在第七十届联合国大会上强调："我们要坚持多边主义，不搞单边主义；要奉行双赢、多赢、共赢的新理念，扔掉我赢你输、赢者通吃的旧思维。协商是民主的重要形式，也应该成为现代国际治理的重要方法，要倡导以对话解争端、以协商化分歧。我们要在国际和区域层面建设全球伙伴关系，走出一条'对话而不对抗，结伴而不结盟'的国与国交往的新路。大国之间相处，要不冲突、不对抗、相互尊重、合作共赢。大国与小国相处，要平等相待，践行正确义利观，义利相兼，义重于利。"①作为全球生态文明建设的参与者、贡献者、引领者，中国坚定践行多边主义，努力推动构建公平合理、合作共赢的全球环境治理体系。

积极应对全球气候变化，建设清洁美丽世界，离不开多边主义。"我们要坚持以国际法为基础、以公平正义为要旨、以有效行动为导向，维护以联合国为核心的国际体系，遵循《联合国气候变化框架公约》及《巴黎协定》的目标和原则，努力落实 2030 年可持续发展议程；强化自身行动，深化伙伴关系，提升合作水平，在实现全球碳中和新征程中互学互鉴、互利共赢。要携手合作，不要相互指责；要持之以恒，不要朝令夕改；要重信守诺，不要言而无信。"②因此，在解决全球性的生态问题和环境问题时，要以国际法为基础，践行真正的多边主义，通过多方对话、平等协商来解决，才能有效遵守和实施国际规则，不能合则用、不合则弃，从而使全球环境治理体系更加公平合理。

3. 坚持共同但有区别的责任原则

共同但有区别的责任原则是共建地球命运共同体的基石。国家不分大小、贫

---

① 习近平. 携手构建合作共赢新伙伴 同心打造人类命运共同体——在第七十届联合国大会一般性辩论时的讲话[N]. 人民日报，2015-09-28（002）.
② 习近平. 共同构建人与自然生命共同体——在"领导人气候峰会"上的讲话[N]. 人民日报，2021-04-23（002）.

富、强弱，都是国际社会的平等成员，都要通过充分协商形成全球治理体系变革方案的共识。任何国家都不能从别国的困难中谋取利益，从他国的动荡中收获稳定。如果以邻为壑、隔岸观火，别国的威胁迟早会变成自己的挑战。唯有携手合作，我们才能有效地应对气候变化、海洋污染、生物保护等全球性环境问题，实现联合国 2030 年可持续发展目标。①

由于各国发展水平不一样，"发展中国家面临抗击疫情、发展经济、应对气候变化等多重挑战。我们要充分肯定发展中国家应对气候变化所做的贡献，照顾其特殊困难和关切。发达国家应该展现更大雄心和行动，同时切实帮助发展中国家提高应对气候变化的能力和韧性，为发展中国家提供资金、技术、能力建设等方面支持，避免设置绿色贸易壁垒，帮助他们加速绿色低碳转型。"②共建地球生命共同体是全人类的共同事业，不应该成为地缘政治的筹码、攻击他国的靶子、贸易壁垒的借口。身处在地球村中的所有国家，必须同舟共济、互相理解和帮助，才能建好地球生命共同体。

三、坚持可持续发展原则

1. 坚持绿色发展

"绿水青山就是金山银山。保护生态环境就是保护生产力，改善生态环境就是发展生产力，这是朴素的真理。我们要摒弃损害甚至破坏生态环境的发展模式，摒弃以牺牲环境换取一时发展的短视做法。要顺应当代科技革命和产业变革大方向，抓住绿色转型带来的巨大发展机遇，以创新为驱动，大力推进经济、能源、产业结构转型升级，让良好生态环境成为全球经济社会可持续发展的支撑。"②

人类在与自然的互动中实现自身的发展，人类如果不能善待自然，甚至迁怒于自然，那么必然会遭到自然的报复和惩罚。习近平总书记提出："要倡导绿色、低

① 黄承梁. 构建人与自然生命共同体的基本原则[J]. 红旗文稿，2021（13）.
② 习近平. 共同构建人与自然生命共同体——在"领导人气候峰会"上的讲话[N]. 人民日报，2021-04-23（002）.

碳、循环、可持续的生产生活方式，平衡推进 2030 年可持续发展议程，不断开拓生产发展、生活富裕、生态良好的文明发展道路。"[1]我们共同生活在同一个"地球村"中，要想实现人类繁衍、科技进步、社会发展，就必须倾尽全力保护好这个家园。可以说，生态文明成为世界各国乃至全人类的共同的需求，而这种共同的需求也成为国家活动的基本性约束。从这一点来看，绿色发展与地球生命共同体具有内在的逻辑一致性。面对生态问题的挑战，全人类是一荣俱荣、一损俱损的命运共同体。在生态系统退化等严峻挑战面前，世界各国只有携手同行，牢固树立尊重自然、顺应自然、保护自然的意识，坚持绿色发展理念，倡导低碳、循环、可持续的生产生活方式，才能共建地球生命共同体，共谋全球生态文明之路！因此，在共建地球生命共同体的实践中，各国要秉持绿色发展的基本原则，完善低碳能源体系，一同推动全球经济朝着更加绿色的方向发展，促进人类文明的永续发展。

2. 坚持系统治理

生态系统是一个有机生命躯体，应该统筹治水和治山、治水和治林、治水和治田、治山和治林等。"全国绝大部分水资源涵养在山区丘陵和高原，如果破坏了山，砍光了林，也就破坏了水，山就变成了秃山，水就变成了洪水，泥沙俱下，地就变成了没有养分的不毛之地，水土流失，沟壑纵横。"[2]

山水林田湖草沙是不可分割的生态系统。"人的命脉在田，田的命脉在水，水的命脉在山，山的命脉在土，土的命脉在林和草"，共同构成人类生存发展的物质基础。保护生态环境，不能头痛医头、脚痛医脚。我们要按照生态系统的内在规律，统筹考虑自然生态各要素，从而达到增强生态系统循环能力、维护生态平衡的目标。[3]因此，要像保护眼睛一样保护生态环境，要像对待生命一样对待生态环境。生态是统一的自然系统，必须按照生态系统的整体性、系统性及其内在规律，

---

① 中共中央宣传部，中央文献研究室等. 习近平谈治国理政（第二卷）[M]. 北京：外文出版社，2017：544.

② 中共中央文献研究室. 习近平关于社会主义生态文明建设论述摘编[M]. 北京：中央文献出版社，2017：12-13.

③ 习近平. 共同构建人与自然生命共同体——在"领导人气候峰会"上的讲话[N]. 人民日报，2021-04-23（002）.

整体施策、多策并举，统筹考虑自然生态各要素，进行整体保护、宏观管控、综合治理，达到系统治理的最佳效果。①

3. 坚持以人为本

"生态环境关系各国人民的福祉，我们必须充分考虑各国人民对美好生活的向往、对优良环境的期待、对子孙后代的责任，探索保护环境和发展经济、创造就业、消除贫困的协同增效，在绿色转型过程中努力实现社会公平正义，增加各国人民获得感、幸福感、安全感。"②

以人为本、全面落实以人民为中心发展思想，需要自觉转向绿色发展、高质量发展模式，实现更加公平、更可持续、更为安全的发展，更好地满足人民日益增长的对优美生态环境的需要。就资源生态环境问题本身而言，只有通过高质量发展，也才能有条件、有能力既补好欠账，又不增加新账。

第三节 共建地球生命共同体的实践路径

培育地球生命共同体意识，为共建地球生命共同体奠定思想基础；建立健全全球生态治理体系，为共建地球生命共同体保驾护航；搭建全球生态治理合作平台，为共建地球生命共同体提供合作场所。

一、培育地球生命共同体意识

地球生命共同体的构建需要全社会在较长时间内不断增强环境意识，提升绿色行为自觉性，形成人与自然和谐共生的生态文化，使环境意识与生态文化融入人类的日常生活。大力宣传生态文化，使人与自然和谐共生价值观内化于心、外化于行。以生态文化涵养人与自然生命共同体的构建，需要全社会共同努力，化生态思维与生态文化为实际行动。政府转变政绩考核评价标准、企业建设生态企

① 包存宽. 当代中国生态发展的逻辑[M]. 上海：上海人民出版社，2019：176.
② 习近平. 共同构建人与自然生命共同体——在"领导人气候峰会"上的讲话[N]. 人民日报，2021-04-23（002）.

业文化、社会公众从个人小事做起。

培育人与自然和谐共生的思维方式。地球生命共同体思想秉承人与自然是统一体的思维方式，回答了人与自然对立统一的整体性特征，超越了人类中心主义与非人类中心主义主客二分的思维方式。坚持绿色发展理念，形成人与自然和谐共生的思维方式，形成"绿水青山就是金山银山"的认识。培育人与自然和谐共生的思维方式，就是要形成问题思维，坚持问题导向，着力解决阻碍人与自然生命共同体构建的突出问题；就是要形成底线思维，坚持既满足当代人的需要，又不损害后代人的需要的原则，以不能突破生态阈值为底线；就是要坚持创新思维，以新型生产方式取代传统的生产方式，用新方法、新技术解决环境问题。

二、建立健全全球生态治理体系

全球生态治理是在全球性生态环境危机下国家和其他自主的行动主体共同处理生态环境事务的总和，试图为全球生态环境问题提出合理的治理办法。

健全和加强生态保护制度。推进环境保护与经济社会发展深度融合，加快构筑保护优先、绿色发展的生态经济体系。全面提升环境保护与监管能力，严控重要生态空间用途改变，加强对野生动植物资源利用的全过程监管。提高社会各界保护环境的自觉性和参与度，营造全社会共同参与生物多样性保护的良好氛围。

加强国际合作机制，携手应对全球环境挑战。将地球生命共同体议题纳入国家高层外交活动，不断推进全球生态治理主流化进程。加强双多边在生物多样性保护与绿色发展领域的对话与合作。充分利用世界自然保护联盟（IUCN）世界自然保护大会、"一个星球"峰会、联合国生物多样性峰会等高层外交场合，增强伙伴关系认同，以地球生命共同体的理念引领全球多边环境治理，促使各方凝聚共识，携手共建清洁美丽的世界。

创新生态治理对外技术援助模式。生态治理既不向受援国提出附加条件，又要提高技术援助的针对性、精准性和时效性。健全生态治理对外技术援助项目的规划设计、实施运行、绩效评估等全过程监管机制，根据评估结果，总结经验或教训，在人力资本、知识共享、技术装备、投资成本诸方面形成可以推广或复制的创新模式，为新时代共建地球生命共同体发挥重要作用。

三、建设全球生态治理的合作平台

一是搭建多种环境合作平台。如加入联合国环境规划署、国际环境情报网、绿色和平组织等国际环保组织，依托上海合作组织、金砖国家、中国—东盟、澜沧江—湄公河等组织机构，创设领导人互访、高层对话、高峰论坛、国际研讨等绿色交流合作平台。

二是健全形式多样的环境合作机制，加强与其他国家和地区的双边、多边、区域化务实合作，率先签订《联合国气候变化框架公约》等多项国际环境保护公约，有效助力绿色投资、绿色贸易、绿色金融等国际合作的深入开展。

三是加强国际环保合作培训，实施绿色丝路使者计划、中国南南环境合作—绿色使者计划、环境管理对外援助培训等项目。虽然我们取得了一系列丰硕的成果，但是千里之行始于足下，共建地球生命共同体任重道远。各国只有始终秉持绿色发展理念，在国际社会中以实际行动积极践行和落实联合国 2030 年可持续发展目标，才能为地球生命共同体的最终实现提供动力和保证。

四是举办生态文明国际论坛。典型的像生态文明贵阳国际论坛——这是我国目前唯一以生态文明为主题的国家级国际性论坛，自 2009 年以来已经连续举办了多届，吸引了联合国机构以及国际地方环境行动理事会、世界自然基金会等近 20 家高端国际组织积极参与会议主题设计、论坛设置，并主动承办专题论坛，帮助邀请国际知名人士参与会议，大力促进生态项目、人才培训等方面的合作，极大地拓展了会议的国际视野。这将有利于传播生态文明建设文化，团结国际社会形成地球生命共同体的共识。

后 记

本书旨在通过课堂教育或自学的方式，培育、塑造大学生生态文明的理念及自觉的生态文明思想意识，充分发挥高校在生态文明教育中的示范、引领作用，调动高校学生自觉参与生态文明建设的积极性、主动性，为未来中国生态文明建设培养具有专业素养的专业人才，为国家的生态文明建设贡献新一代建设者的生态才智。

2021年11月，由中国环境出版集团相关部门的领导牵头，中央民族大学历史文化学院周琼教授集结自2015年以来就建成的生态文明研究团队成员编写这部教材。编写人员是来自不同单位、学科、专业的生态文明研究的相关专家、学者，他们借鉴学界相关研究成果，并将其中精华汇聚成本书。书稿能够顺利出版，仰赖于各位学者的凝心聚力。

由于编辑及书稿出版要求，各位撰稿人的工作量及成果版权，无法一一标注。为区分及记录各位专家的工作，特将《生态文明教程》诸位作者具体承担的章节，赘列于下：

第一章《人类文明的演进历程》，云南大学梁轲负责撰写；

第二章《生态危机与生态文明的孕育》，云南大学梁轲负责撰写；

第三章《生态文明与生态文明建设的概念》，云南大学张丽洁负责撰写；

第四章《生态文明建设的思想基础》，云南省社会科学院施磊负责撰写；

第五章《生态文明建设的目标》，广西社会科学院薛辉负责撰写；

第六章《生态文明制度体系建设》，广西社会科学院薛辉负责撰写；

第七章《自然资源管理》，云南大学聂选负责撰写；

第八章《生物多样性保护》，云南大学聂选华负责撰写；

第九章《流域生态文明建设》，重庆工商大学薛晶月负责撰写；

第十章《生态产业的发展》，云南大学杜香玉负责撰写；

第十一章《生态城市的建设》，云南大学曾富城负责撰写；

第十二章《美丽宜居乡村建设》，云南大学徐艳波负责撰写；

第十三章《生态安全屏障保护与建设》，云南大学杜香玉负责撰写；

第十四章《中国生态文明建设的历史必然及现实诉求》，云南大学徐艳波负责撰写；

第十五章《生态文化的构建》，贵州师范大学刘荣昆负责撰写；

第十六章《国际生态合作及中国方案》，云南省社会科学院施磊负责撰写；

第十七章《共建地球生命共同体》，云南大学曾富城负责撰写。

书稿有关内容的研究及撰写，不仅是各位师友多年的积累及沉淀，也是中国环境出版集团的李恩军先生、曲婷女士、孙莉女士共同推进及努力的结果，他们为本书的出版做了大量烦琐、细致的工作。没有参与稿件的撰写，但却对编写工作给予积极有力支持的专家、学者还有云南大学林超民先生、尹绍亭先生、文传浩先生及广西师范大学周长山先生、首都师范大学王洁生先生等，他们也为教材的顺利出版起到了积极的作用，我们感激在心。同时，在书稿付梓之际，一份特别的感谢要献给我们生态文明团队的成员，他们进行了大量的资料收集、整理及实地调研工作，为本书的出版及其他工作的顺利推进做出了积极有益的贡献。

因编写者学识、精力有限，跨学科知识储备不足，很多方面的思考还有待深入，也因各方面条件的限制，书稿存在的错漏难免，敬祈诸位方家多多指正，谨此拜谢！

编者